수학 교사를 위한

그래픽 디자인

with AlgeoMath

일러두기

알지오매스 사이트에서 **아이디**(kyungmoon@kyungmoon.com)와
비밀번호(kms10101*)로 접속하고 **내 문서 폴더**에 들어가면
이 책에서 소개한 실습문항 내용을 확인할 수 있습니다.

수학 교사를 위한
그래픽 디자인
with AlgeoMath

지은이 이정환
펴낸이 조경희
펴낸곳 경문사
펴낸날 2019년 12월 16일 1판 1쇄
등 록 1979년 11월 9일 제 1979-000023호
주 소 04057, 서울특별시 마포구 와우산로 174
전 화 (02)332-2004 팩스 (02)336-5193
이메일 kyungmoon@kyungmoon.com
facebook facebook.com/kyungmoonsa

값 20,000원

ISBN 979-11-6073-316-7

★ 경문사 홈페이지에 오시면 즐거운 일이 생깁니다.
http://www.kyungmoon.com

수학 교사를 위한
그래픽 디자인
with AlgeoMath

이정환 지음

KM 경문사

책을 시작하며

학교 현장에서 학생들을 가르치면서 교육에 대한 많은 고민을 가지고 대학원에 오게 되었습니다. 이곳에서 많은 분들을 만나고, 교육에 대한 생각을 공유하며 조금이나마 우리 학생들을 위한 교육의 방향이 무엇일지를 배우게 하신 하나님께 먼저 감사드립니다.

학교 현장에서 시험을 출제할 때면 항상 제가 가지는 고민이 하나 있었습니다. 평가 문항 속에 그래프, 도형을 포함하는 그래픽을 직접 그려서 제시하고 싶지만 구현된 결과물의 완성도는 수능 및 모의고사에서 제시된 그래픽과 비교했을 때 많이 부족함을 발견하게 되었습니다. 그러다 보니 차츰 문항 그래픽을 제외하고 대수적 풀이를 이용하는 문항을 주로 출제하는 제 모습을 발견하게 되었습니다. 고등학교 수학과 지필평가의 문항을 분석한 양성현, 이환철(2014)의 논문을 보면서 이러한 어려움이 단지 저만 경험하는 것이 아니라 많은 선생님들께서 공유하는 어려움이라 생각하게 되었습니다.

그러면서 직관적 인터페이스, 편리한 단축키 사용, 꾸미기 기능, 캡처 기능 사용 등이 큰 장점이라 평가되는 AlgeoMath가 이에 대한 하나의 해결방안이라 생각하게 되었습니다. AlgeoMath를 소개하는 여러 번의 강의에서 이 주제에 대해 제가 가진 아이디어를 선생님들과 함께 나누면서 선생님들께서 매우 만족해하는 모습을 보게 되었습니다. 제 작은 아이디어가 현장에서 학교 선생님들께 조금이라도 도움이 되었으면 좋겠다는 생각 끝에 이 책을 집필하게 되었습니다.

Chapter 01에서는 AlgeoMath에 대한 간단한 소개로 책을 시작합니다. AlgeoMath의 모든 기능에 대한 설명을 담기보다는 문항 그래픽을 디자인하는 데 필요한 정보만을 요약해서 소개하였습니다.

Chapter 02에서는 '문항 그래픽 디자인하기'라는 문장이 무엇을 의미하는지에 대해 작성하였습니다. 이 책에서 이야기하는 문항 그래픽이라는 단어는 무엇을 의미하는지, 디자인한다는 의미가 무엇인지에 대해 설명하였습니다.

Chapter 03에서부터는 본격적으로 문항 그래픽을 디자인하는 방법에 대해 설명합니다. 기본적인 문항 그래픽 디자인하는 방법, 비연속적인 함수의 그래프를 포함하는 그래픽을 디자인하는 방법, 평면 벡터 및 꾸미기 기능이 포함된 그래픽을 디자인하는 방법에 대해 단계별로 자세하게 설명하였습니다.

Chapter 04에서는 AlgeoMath만을 이용하여 그래픽을 제작하기 어려운 문항들을 무료로 사용할 수 있는 프로그램을 보조 프로그램으로 활용하여 디자인하는 방법에 대해 설명합니다. 3차원 기하를 포함하는 문항 그래픽, 음영처리해야 하는 그래픽의 디자인 마지막으로 무한등비급수에서 제시되는 도형의 디자인까지 단계별로 상세한 설명을 제시하였습니다.

Chapter 05에서는 문항 디자인에서 응용하기 좋은 기술, 교육과정에 제시된 다양한 수식들에 대한 입력과 설명을 제시하였습니다. 문항을 작성하실 때 많은 도움이 되실 것이라 생각됩니다.

마지막으로는 책을 마무리하면서 제가 드리고 싶은 작은 이야기를 적었습니다.

이제 이 책에 나오는 단계에 따라 AlgeoMath를 활용하여 시험문항에 출제할 그래픽을 만들어 보시길 바랍니다. 그동안 그려도 마음에 들지 않았을 수많은 도형, 그래프 들이 선생님들의 마음에 쏙 드는 도형, 그래프로 재탄생하는 결과를 보게 될 것입니다.

아직은 많이 부족하다고 느끼는 저에게 교사연구단에서 활동할 수 있는 기회를 주신 한국과학창의재단과 훌륭한 프로그램을 만들고 계속 개발하기 위해 불철주야 고생하는 ㈜셈웨어 대표님 및 직원 여러분께 먼저 감사드립니다.

더불어, 세종특별자치시를 대표하여 교사연구단에 추천해주신 세종시교육청 주원석 장학사님, 학문적으로 부모님이 되어 주신 충남대학교 수학과 강병련 교수님과 한국교원대학교 수학교육과 이수진 교수님께도 감사의 말씀 드립니다.

또한, 1차년도부터 같이 고생하면서 AlgeoMath의 확산과 홍보를 함께해주신 '교사 연구단' 선생님들, 교사 연구단 워크숍 기획 등 보이지 않는 곳에서 최선을 다해주신 정나리, 전소현, 이호 연구원님, 선생님들께서 더 잘 읽으실 수 있도록 부족한 글을 검토해준 박찬우 선생님, 그 누구보다 꼼꼼하게 검토하여 좋은 책이 나오게 도와준 이민호 선생님, 책을 검토하면서 선생님들이 사용할 때 더 편리한 기능에 대해 좋은 조언을 많이 해준 이요한 선생님께 진심으로 감사하다는 말을 전하고 싶습니다.

마지막으로 항상 기도로 도와주시는 부모님, 교육에 대해 같이 이야기하고 생각하는 동료이자 영원한 동반자 제 아내에게 감사하다는 말을 전하고 싶습니다.

PREVIEW 기출문항 그래픽 미리보기

CHAPTER 3-1

기본적인 그래프 문항 디자인

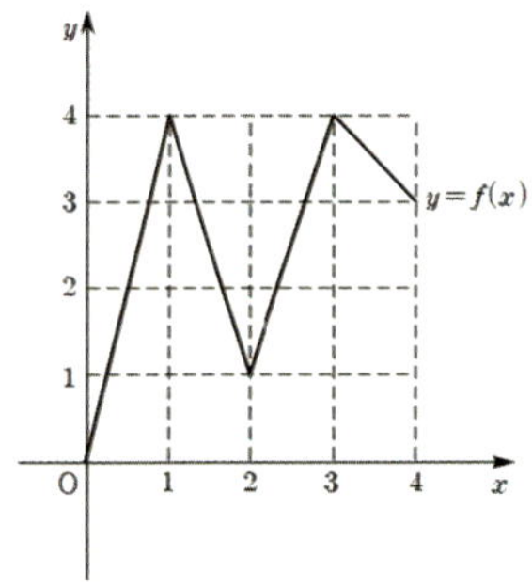

CHAPTER 3-1

실습문항 1

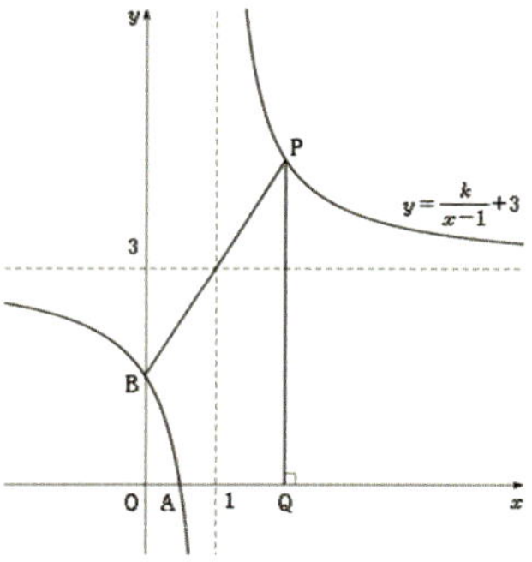

CHAPTER 3-2

기본적인 도형 문항 디자인

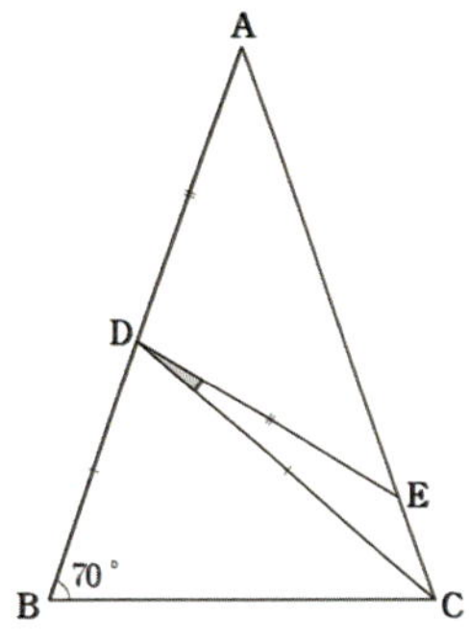

CHAPTER 3-2

실습문항 2

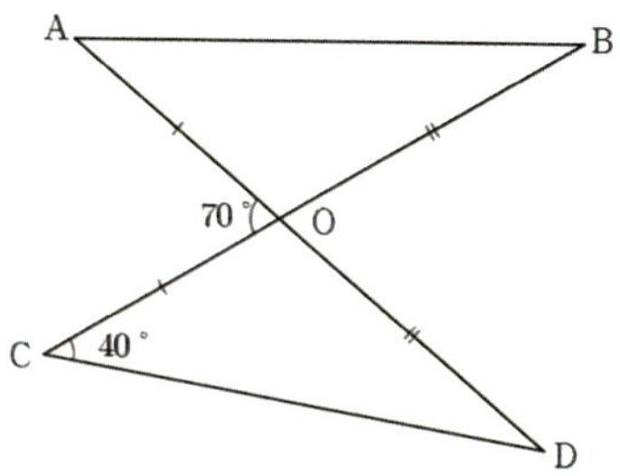

CHAPTER 3-3
비연속적인 함수의 그래프가 포함된 문항 디자인

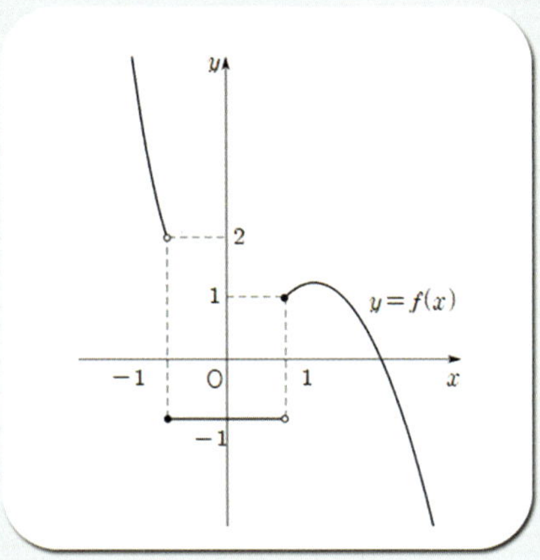

CHAPTER 3-3
실습문항 3

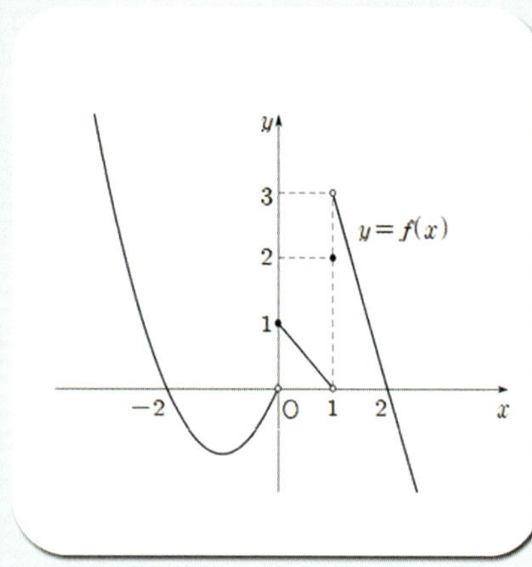

CHAPTER 3-4
평면벡터가 포함된 문항 디자인

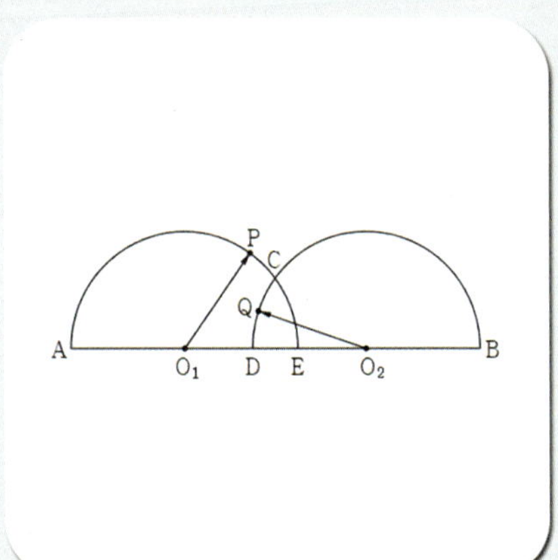

CHAPTER 3-4
실습문항 4

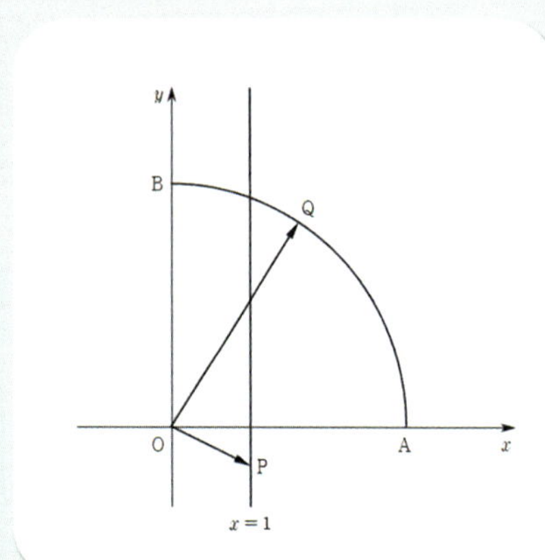

CHAPTER 3-5
도형이 제시된 함수의
극한 문항 디자인

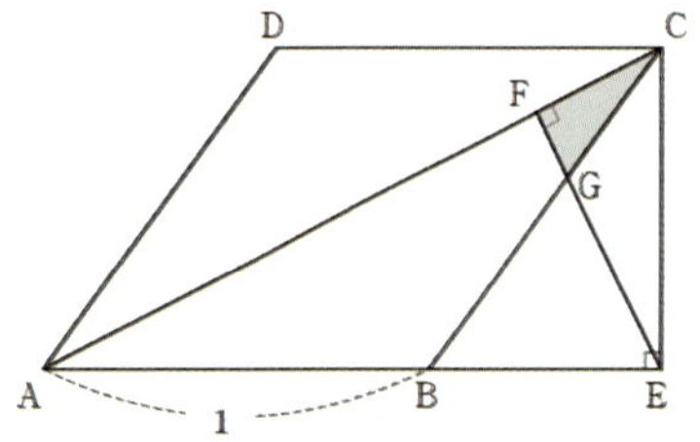

CHAPTER 3-5
실습문항 5

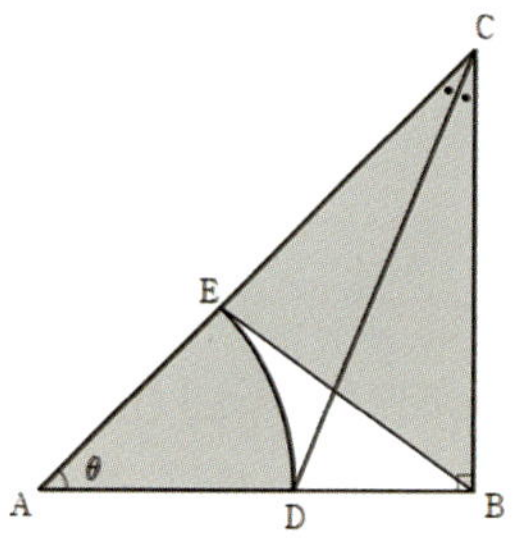

CHAPTER 3-6
실습문항 6

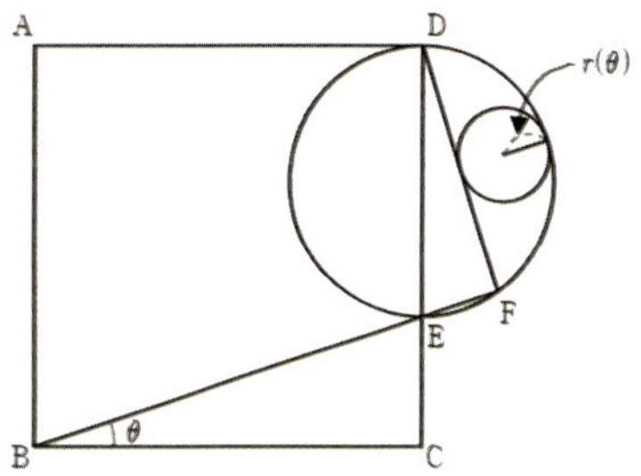

CHAPTER 4-1
3차원 기하 그래픽 투영하기

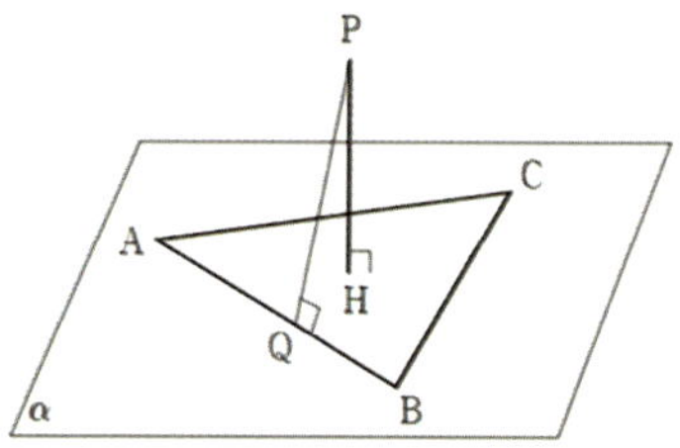

CHAPTER 4-1
실습문항 7

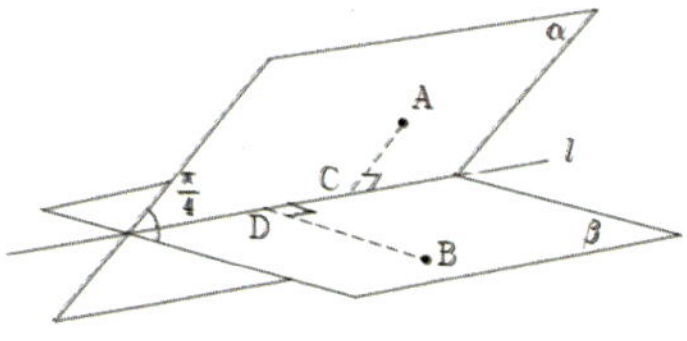

CHAPTER 4-1
실습문항 8

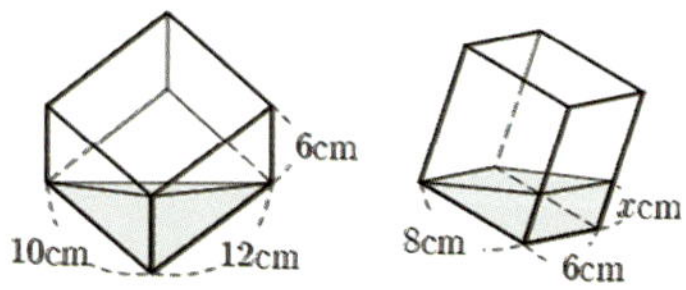

CHAPTER 4-2
음영처리된 도형 문항 디자인하기

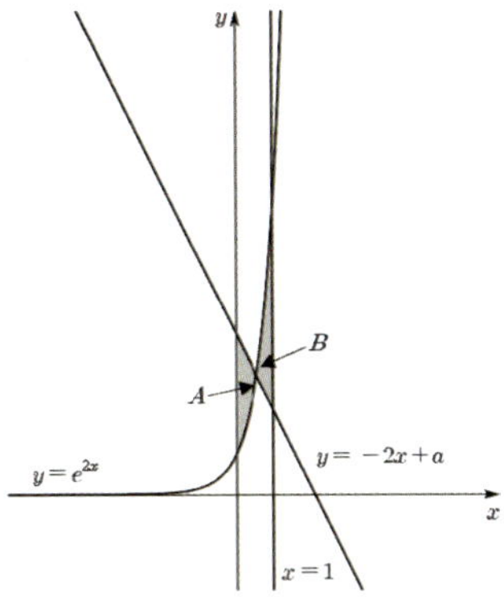

CHAPTER 4-2
실습문항 9

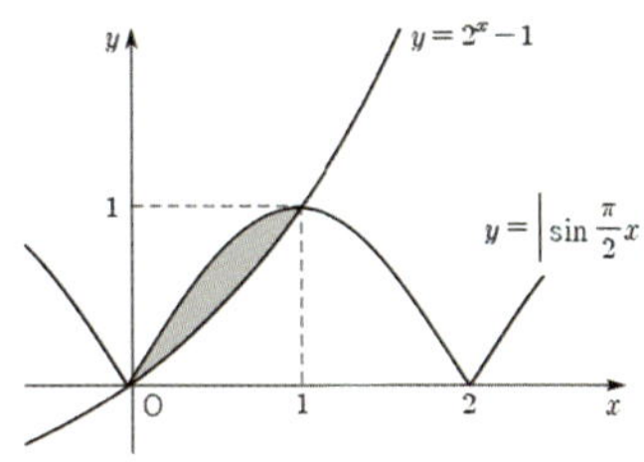

CHAPTER 4-3
특정 영역이 음영처리된 무한등비급수 문항 디자인하기

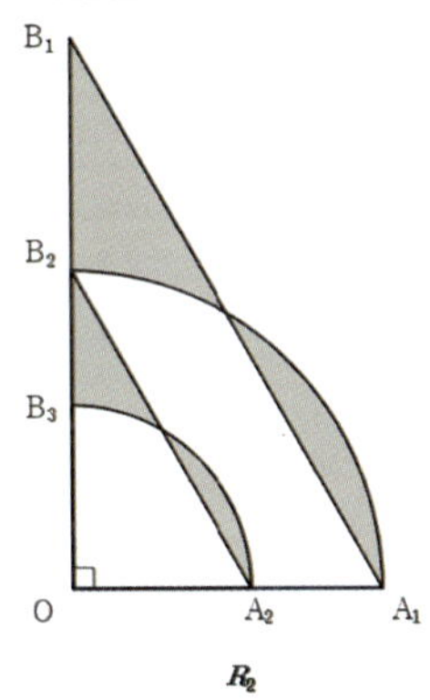

CHAPTER 4-3
실습문항 10

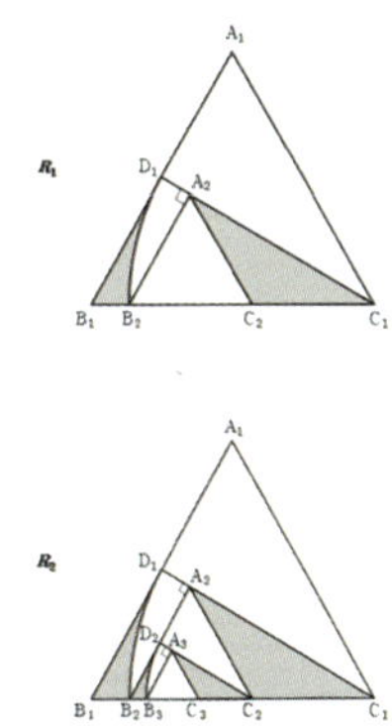

CHAPTER 5-6
히스토그램 표현하기

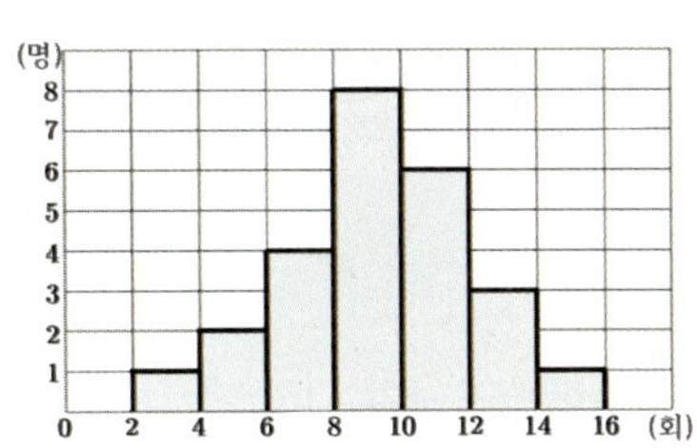

CHAPTER 5-7
함수의 대응을 표현한 그림 그래픽하기

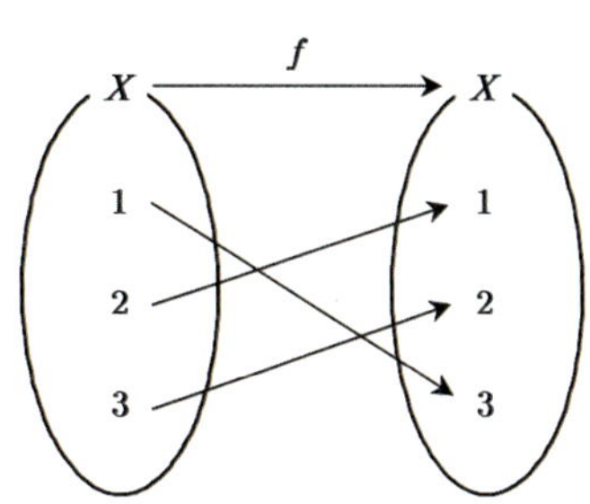

차례

CHAPTER 01

AlgeoMath 시작하기

CHAPTER 02

문항 그래픽 디자인이란

'시험 문항 그래픽 디자인하기'라는 책 제목을 보면 다음과 같은 질문을 하게 됩니다.

'그래픽이 뭐지?', '그래픽과 디자인은 무슨 차이가 있지?'

이번 Chapter에서는 먼저 혼란스러운 두 용어들을 정리하고자 합니다.

먼저 아래 제시된 그림들은 국가수준의 수능, 성취도평가 기출문항에서 제시된 그림들을 분류한 표입니다.

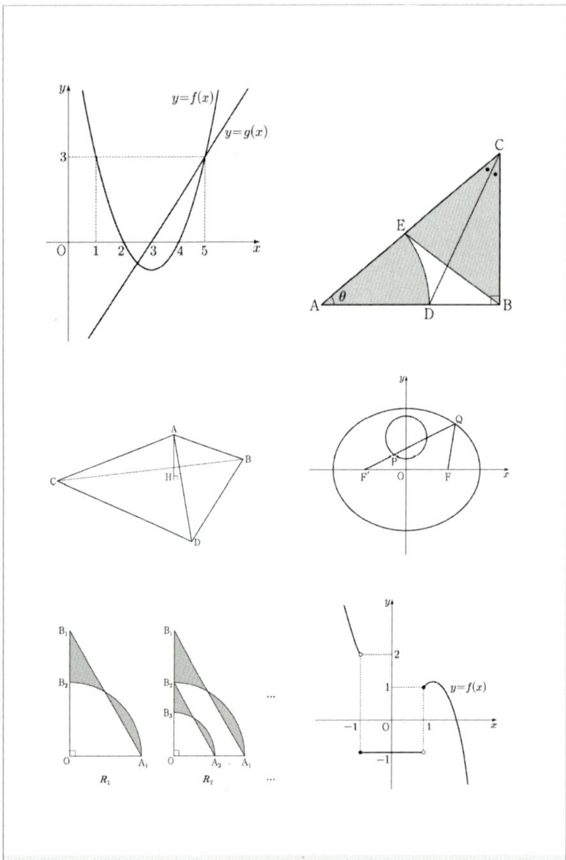

그래픽 예시

삽화 예시

문항에서 제시되는 그림이나 그래프는 학생들이 문제를 이해하거나 해결하는 데 있어 직·간접적으로 도움을 줄 수 있는 유용한 정보입니다. 왼쪽 페이지에 예시를 든 도형 및 그래프를 본 책에서는 **그래픽(Graphic)**이라는 용어로 정의합니다. 한편, 오른쪽처럼 수학적 대상이 아닌 인물이나 배경, 기타 대상들을 그리는 것에 대해서는 **삽화**라는 용어로 정의하여 그래픽과 구분하고자 합니다.

더불어 그래픽을 그리고 설계하는 과정을 **디자인(Design)**이라는 용어로 표현하고자 합니다.

본 책에서 사용된 **시험문항 그래픽 디자인하기**라는 표현은 학생들에게 문항과 함께 제시되는 그래프나 도형을 포함한 그림을 공학적 도구를 이용하여 설계하는 활동을 의미합니다.

CHAPTER 03

기출문항 그래픽 디자인하기 (기본편)

들어가기 전에

수능 및 모의고사 문항에서 제시되는 그래프 및 도형처럼 교사들이 직접 그려서 학교 내신에 출제할 수 있다면 얼마나 좋을까요? 문제를 해결하는 데 필요한 정보만을 담아 그래픽을 직접 디자인하고, 교사 고유의 문항을 제작하는 것은 수학교사라면 누구나 한 번쯤은 꿈꿔왔던 모습입니다.

학교 현장에서 중간고사, 기말고사를 비롯한 평가문항을 제작할 때, 수학교사들은 몇 가지 어려움을 겪게 됩니다.

첫 번째는 질 높은 그래픽을 디자인하기 어렵다는 점을 들 수 있습니다. 기존의 공학 도구를 이용하여 문항을 출제하기 위해 컴퓨터 앞에 앉았지만 결과물은 기대한 바에 못 미치게 되고 이로 인해 자신감을 잃는 경우가 있습니다. 인터넷이나 어떤 책을 들춰보아도 문항 그래픽 디자인에 대해 명쾌하게 설명한 책이 없는 것 또한 이러한 어려움을 더 크게 만드는 요인입니다.

두 번째는 잘못된 신념에서 오는 학습된 무기력입니다. 우리는 종종 수능 및 모의고사에서 제시되는 문항처럼 그래픽을 디자인하려면 전문적인 프로그램을 이용해야 한다는 생각을 가지게 됩니다. 전문적 프로그램을 구입하지 않으면 그래픽 디자인이 어렵고, 이로 인해 학교 현장에서 기하적 문항을 출제하는 것보다는 대수적 문항을 출제하려는 경향이 강해지고 있습니다.

지금부터 아래 제시된 [2019학년도 수능 가형, 홀수 14번 문항]과 [2019학년도 수능 나형, 홀수 20번 문항]을 보면서 이 책이 제시하고자 하는 방향에 대해 설명하고자 합니다.

먼저 [그림 3-1]에서 유심히 보고자 하는 부분은 ❶ $y=f(x)$, ❷ $y=g(x)$로 표현된 부분입니다. **수식의 크기, 글자 모양이 모두 동일함**을 볼 수 있습니다. 한글 프로그램을 이용하여 많은 선생님들께서 문제를 제작하는 사실에 기초하면, 그래프 위의 ❶ $y=f(x)$, ❷ $y=g(x)$ 수식도 동일하게 한글 프로그램을 이용하여 제작한 것임을 알 수 있습니다.

[그림 3-2]의 ❸ $y=\dfrac{k}{x-1}+3$ 관계식도 마찬가지로 **크기 및 모양이 모두 동일함**을 볼 수 있습니다.

즉, 그래프 및 도형을 포함하는 그래픽을 디자인하는 데 아래에 제시된 모든 항목들은 **문제를 입력하는 프로그램**에서 작성된 것임을 확인할 수 있습니다.

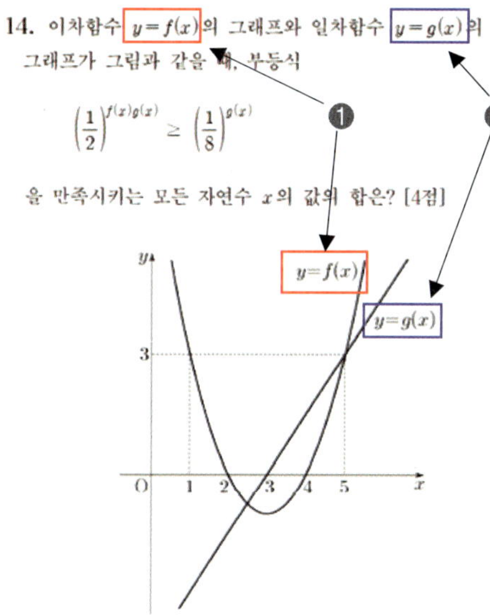

[그림 3-1] 2019학년도 수능 가형, 홀수 14번 문항

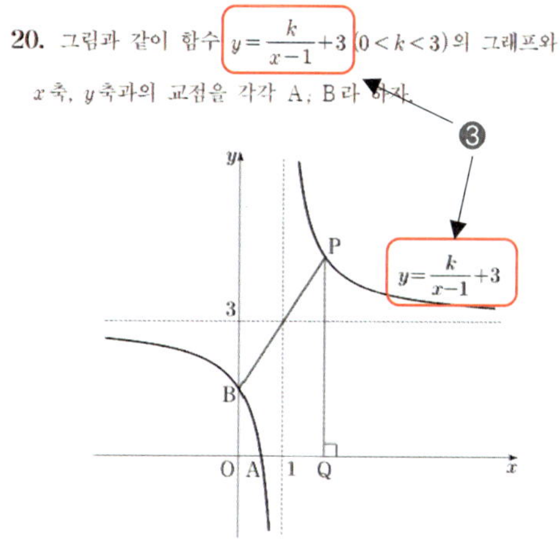

[그림 3-2] 2019학년도 수능 나형, 홀수 20번 문항

1 x축과 y축을 나타내기 위해 사용되는 문자 x, y, 원점 O
2 점 P, 점 Q의 표현
3 $y=f(x)$ 형태의 관계식
4 좌표를 나타내는 숫자

이제부터는 아래의 방식을 제안하고자 합니다.

기존 방식		새로운 방식
그래프를 그리는 프로그램에서 모든 것을 제작하고 문서에 편집	➡	그래프를 그리는 프로그램에서는 기본적인 틀만 제작하고, 나머지는 문서 편집 프로그램에서 작성

본 책에서는 AlgeoMath를 이용하여 문항에 제시할 그래픽의 골격을 완성하고 아래에 해당하는 내용들은 문서편집 프로그램(이하 한글)과 기타 무료로 사용할 수 있는 프로그램을 사용하여 문항 그래픽 디자인하는 방법을 설명하고자 합니다. 물론 AlgeoMath가 아닌, 선생님들께서 주로 사용하는 공학적 프로그램을 이용하여 작성해도 충분하다고 생각됩니다. 제시되는 방법을 따라하다 보면 그동안 학교 현장에서 고민하셨던 부분에 대한 답변을 얻을 수 있을 것이라 생각됩니다.

SECTION 01

기본 그래프 문항 디자인

KEY POINTS 기본적인 그래픽 디자인, 점선 표현

이번 SECTION부터는 본격적으로 그래프 문항을 디자인하는 방법을 다룹니다. AlgeoMath 도형을 사용하여 그래프의 기본 틀을 그리는 방법에 대해 먼저 자세히 소개한 후 스크린 샷 기능을 활용하여 원하는 영역을 캡처하는 방법, 한글에서 원하는 그래픽으로 편집하는 방법에 대해 단계별로 자세히 설명하였습니다.

[2018학년도 수능 나형, 홀수 21번 문항]에 제시된 그래프를 아래 제시된 단계를 따라하면 문항 디자인의 기본적인 흐름을 이해할 수 있을 것이라 생각됩니다.

2018학년도 수능 나형, 홀수 21번 문항

21. 그림과 같이 닫힌 구간 $[0, 4]$에서 정의된 함수 $f(x)$의 그래프는 점 $(0, 0)$, $(1, 4)$, $(2, 1)$, $(3, 4)$, $(4, 3)$을 이 순서대로 선분으로 연결한 것과 같다.

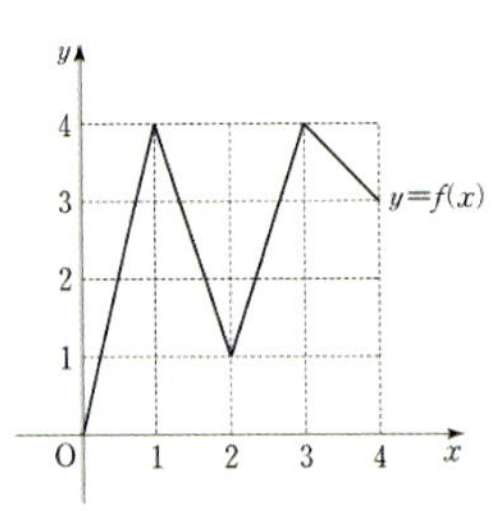

다음 조건을 만족시키는 집합 $X = \{a, b\}$의 개수는? (단, $0 \le a < b \le 4$) [4점]

> X에서 X로의 함수 $g(x) = f(f(x))$가 존재하고 $g(a) = f(a)$, $g(b) = f(b)$를 만족시킨다.

① 11 ② 13 ③ 15 ④ 17 ⑤ 19

- **단계 및 순서**

[1단계] AlgeoMath 도형을 이용하여 기본도형 그리기

[2단계] 그림파일로 변환하고 [그림판]으로 이동하기
  (1) [환경설정]에서 격자 및 각종 표시 비활성화하기
  (2) 캡처하기

[3단계] 한글을 이용하여 문항 그래픽 완성하기
  (1) 한글에서 저장된 그림파일을 불러오기
  (2) 글상자와 수식을 활용하여 문항에 맞게 입력하기
  (3) [개체 묶기(G)]를 이용하여 그래픽 완성하기

1단계 | AlgeoMath 도형을 이용하여 기본 도형 그리기

01 대수 창의 입력란( )에 $(0, 0)$, $(1, 4)$, $(2, 1)$, $(3, 4)$, $(4, 3)$을 각각 입력합니다.

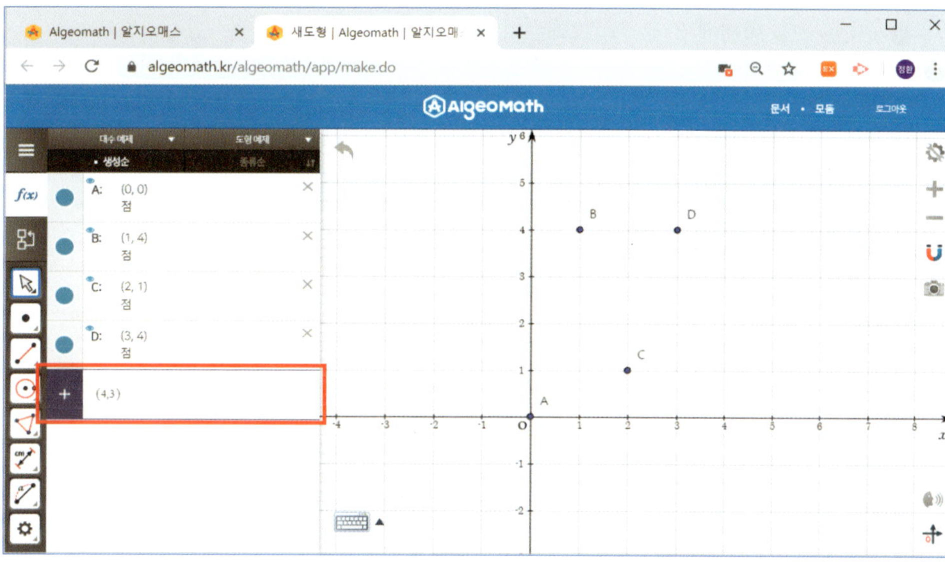

02 선분(, 단축키 S)을 이용하여 아래 그림과 같이 각 점을 연결합니다.

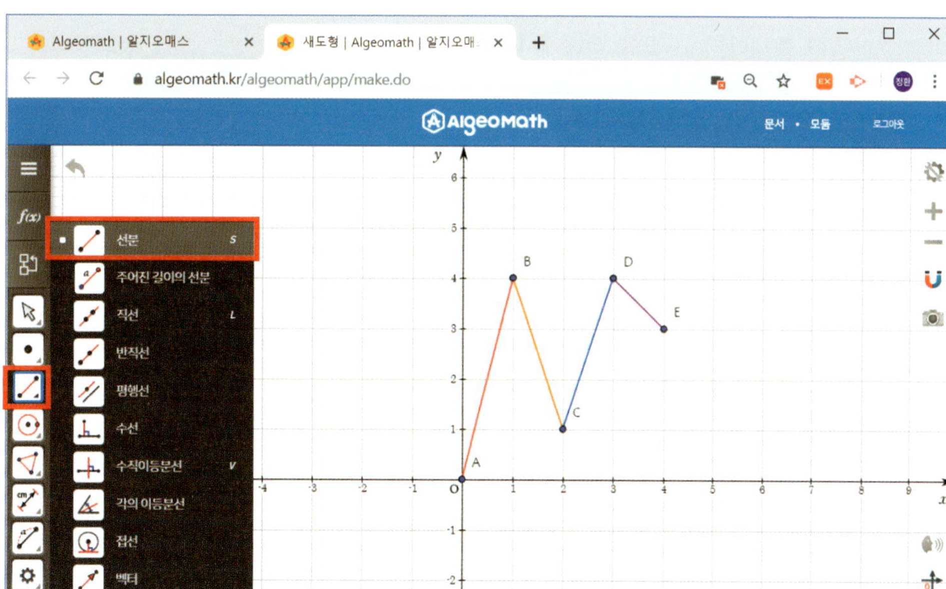

03 $x=a$, $y=b$ 그래프로 점선 표현하기

❶ 대수 창의 입력란( )에 $x=1$을 입력합니다.

❷ 범위를 입력하는 (⋯)에 $(0<y<4)$를 입력하고 enter를 클릭합니다.*

선생님들께 드리는 작은 Tip

* 정의역을 제한하실 때는 반드시 괄호( )를 포함하여 작성해주세요!
* 마우스 클릭만으로는 정의역이 제한되지 않으니 **반드시 enter키를 눌러주세요.**

❸ $0<y<4$ 범위에서 $x=1$ 그래프가 그려지는 것을 확인할 수 있습니다.

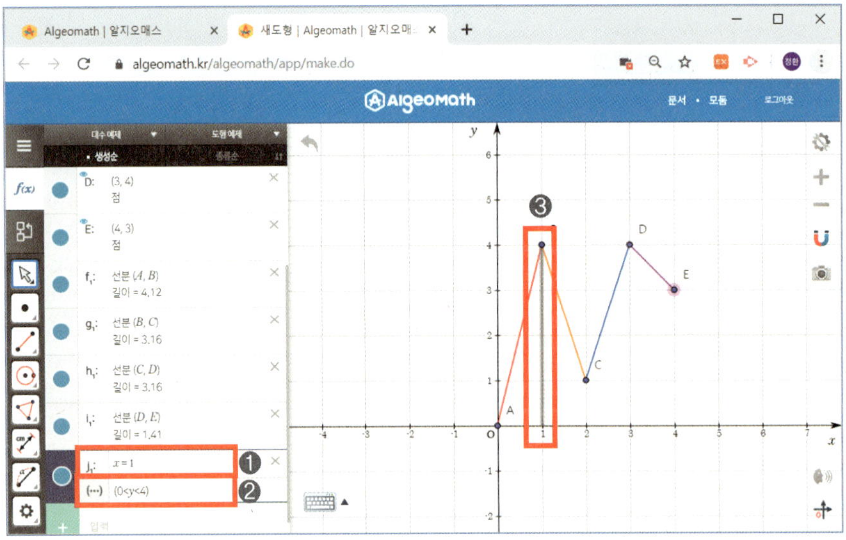

❹ 비슷한 방식으로 주어진 범위의 그래프 $x=2$, $x=3$, $x=4$, $y=1$, $y=2$, $y=3$, $y=4$을 만들어 줍니다. ($y=k$의 형태에서는 정의역의 범위를 $(0<x<4)$로 정의합니다.)

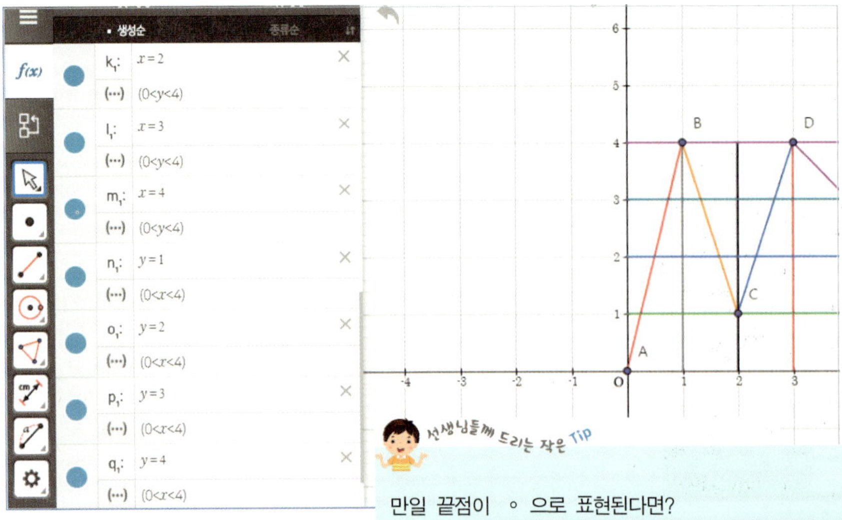

선생님들께 드리는 작은 Tip

만일 끝점이 ∘ 으로 표현된다면?
우측 위의 **[환경설정] - [대수] - [영역 끝 꾸미기 설정]**을 해제해 주세요.

04 점선으로 바꾸기

❶ 스타일을 변경할 선분을 클릭합니다.

❷ 나타난 아이콘( ) 중에 선 스타일 아이콘( )을 클릭합니다.

❸ 선 스타일 설정(▼)을 클릭합니다.

❹ 여러 개의 스타일 중 점선(--------)을 클릭합니다.

❺ 마지막으로 선 굵기를 1px로 변경합니다.

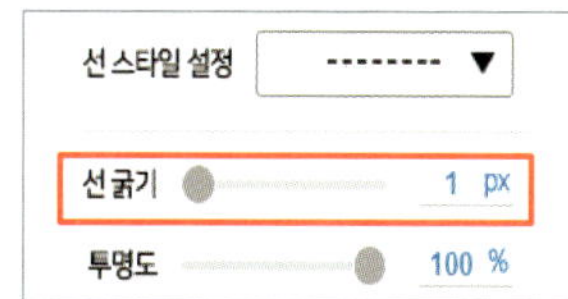

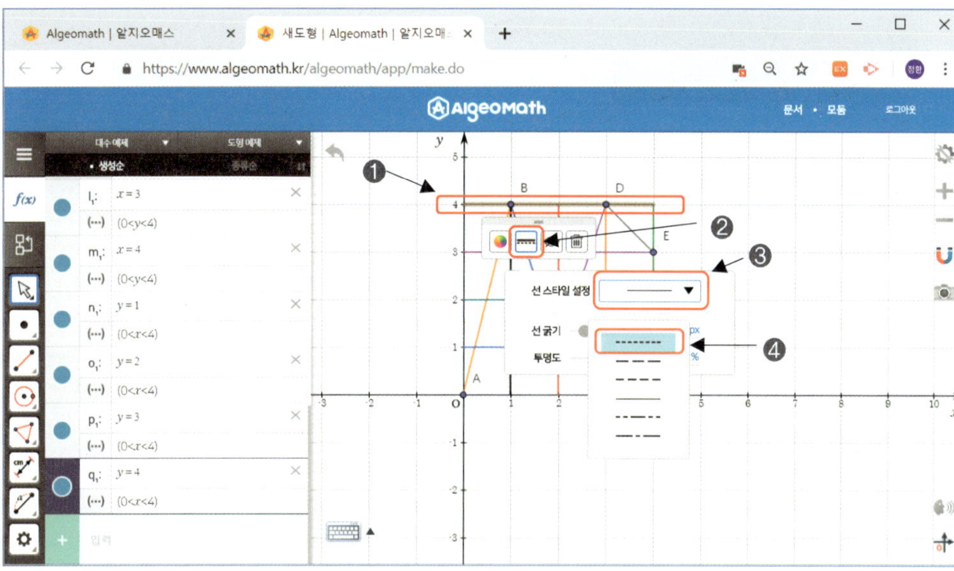

선생님들께 드리는 작은 Tip

선 굵기를 1px로 변경하면 점선이 조금 더 약하게 표현되어 실제 그래프의 개형을 조금 더 분명하게 살려주는 효과를 줄 수 있습니다.

05 색상 바꾸기

❶ 색을 변경하길 원하는 선분을 클릭합니다.

❷ 나타난 아이콘() 중에 색 아이콘()을 클릭합니다.

❸ 검은색을 클릭합니다.

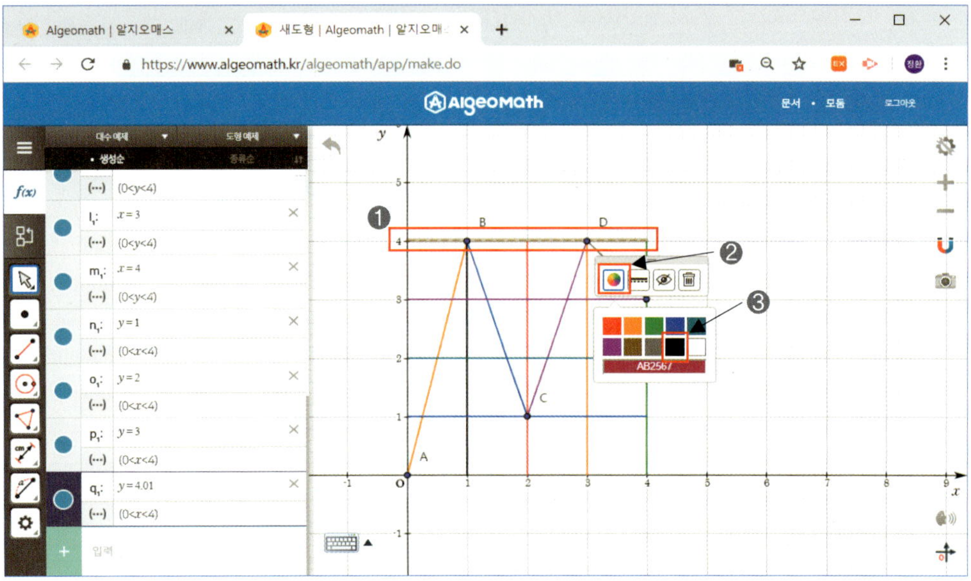

선분, 함수의 색을 하나하나 바꾸는 작업이 다소 번거로울 수 있습니다.
이 경우 보다 편리한 방법을 CHAPTER 05 - SECTION 02, 03에 자세히 서술해 놓았습니다.

06 대상 숨기기

대상 숨기기(👁, 단축키 *H*) 기능을 선택하고 숨기고자 하는 점을 클릭합니다.
숨기고자 하는 점과 점을 표현하는 문자가 모두 숨겨지는 것을 확인할 수 있습니다.

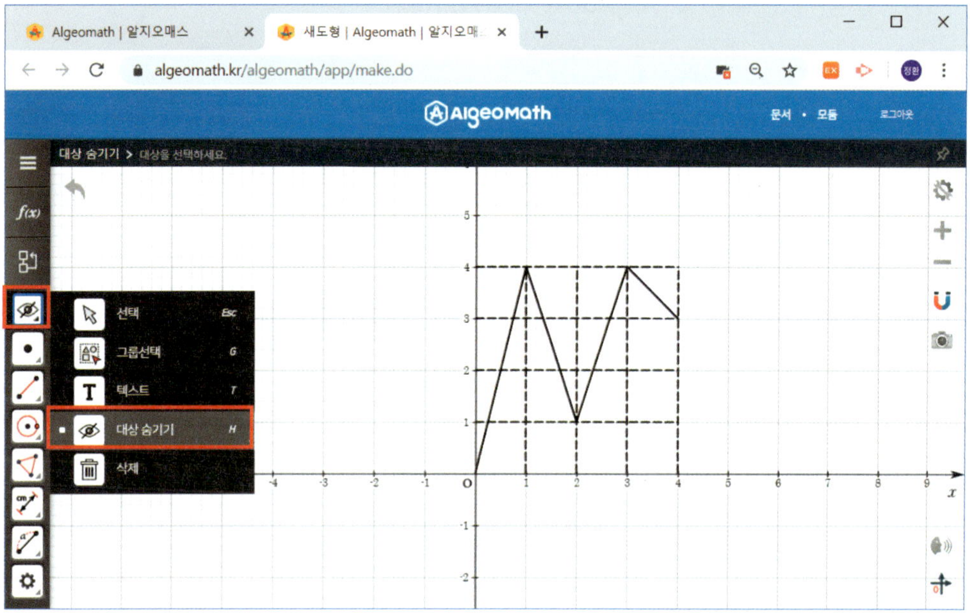

선생님들께 드리는 작은 Tip

점을 모두 숨긴 후, 수정을 위해 숨긴 점을 찾는 것은 매우 번거로운 일입니다.
점의 이름만 숨기고 모든 점의 크기를 0으로 조절하면 차후 더욱 편리하게 수정작업을 진행하실 수 있습니다.
CHAPTER 05 - SECTION 01에서 이에 대해 보다 자세히 서술해 놓았습니다.

2단계 | 그림파일로 변환하고 [그림판]으로 이동하기

(1) [환경설정]에서 격자 및 각종 표시 비활성화하기

01 화면 우측 위의 [환경설정]을 클릭합니다.

02 [그리드 보기 설정]에서 x축, y축을 제외하고 모두 비활성화시켜 줍니다.

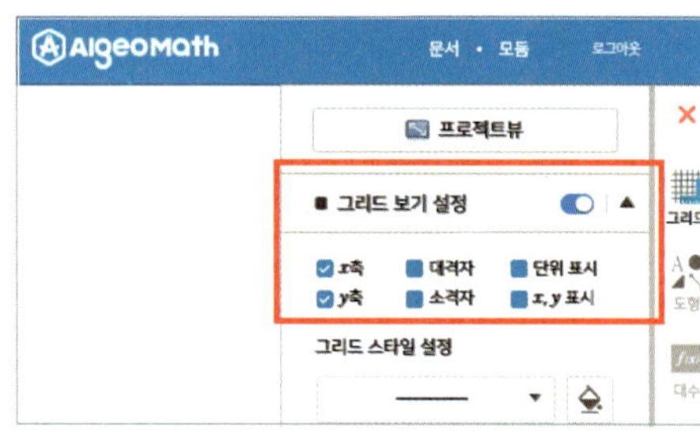

(2) 캡처하기

01 화면 우측 편에 있는 [스크린샷]을 클릭합니다.

02 캡처 설정에서는 [영역 캡처], 캡처 영역 설정에서는 [격자 단위]를 선택하고 [캡처하기]를 클릭합니다.

03 원하는 영역을 선택한 후 ❶ [PNG로 다운로드]를 클릭합니다.
그 이후 ❷ 하단에 다운로드 된 파일을 클릭하면 [사진 창]이 생성됩니다.

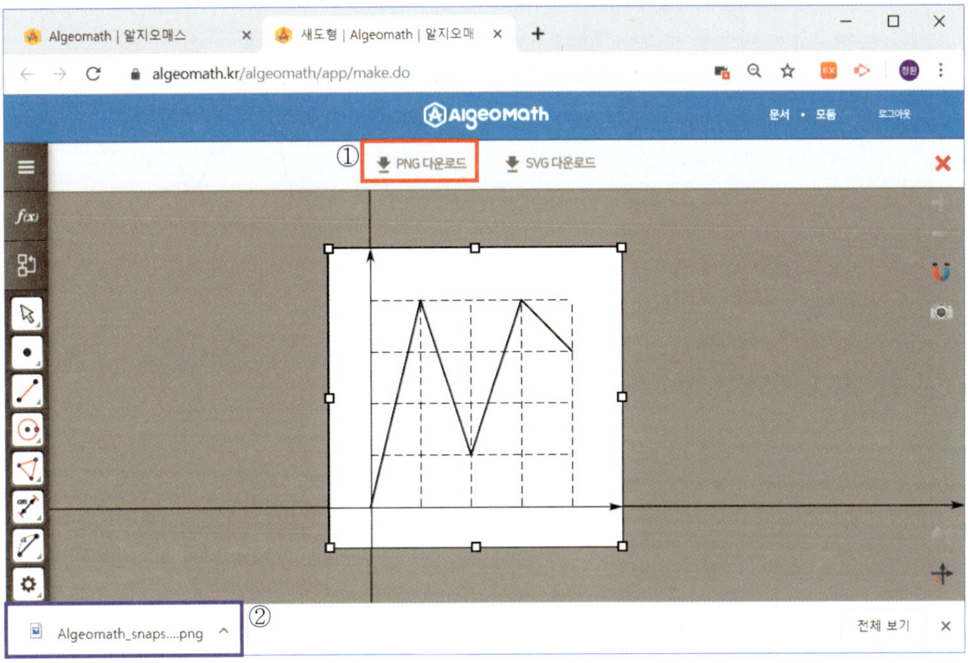

04 생성된 사진 창에서 [Ctrl + A](전체 선택)를 누르고 [Ctrl + C](복사하기)를 시행합니다.
복사된 그림은 [클립보드]*에 저장됩니다.

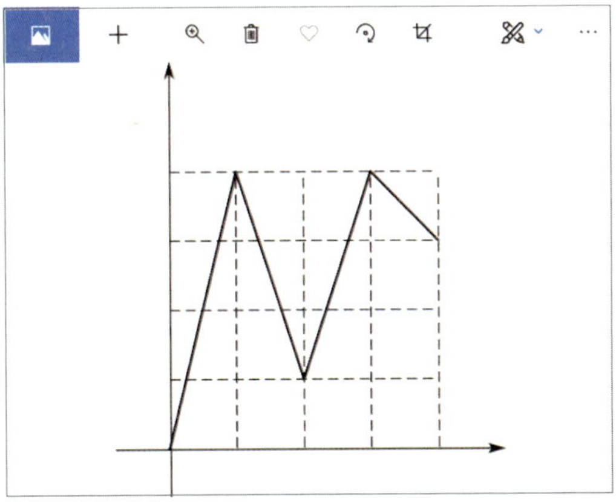

* [클립보드]란 하나의 프로그램에서 다른 프로그램으로 데이터를 복사하거나 붙여넣기 할 때 임시 저장공간으로 사용되기 위해 확보되어 있는 메모리 영역입니다. 임시 저장 공간에 저장되어 있는 중이라고 생각하시면 됩니다.

선생님들께 드리는 작은 Tip

❶ 마우스로 캡처할 영역을 드래그하면 캡처될 이미지가 보이게 됩니다. 이 때 x**축과** y**축을 표현하는 화살표 모양(→)이 자동적으로 생성**되는 모습을 볼 수 있습니다. 이 **화살표 생성 기능**은 AlgeoMath 도형에서 문항을 그래픽하는 데 있어 가장 매력적인 장점 중 하나라 생각됩니다.

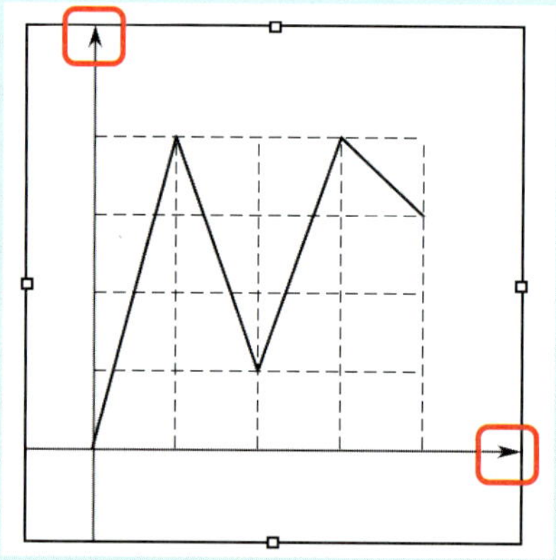

❷ 캡처하기를 진행하는 과정에서 영역을 재설정하고 싶은 경우에는 영역이 설정된 상태에서 상하좌우에 있는 **영역 이동 버튼**을 마우스로 드래그하면 영역의 크기를 조절할 수 있습니다.

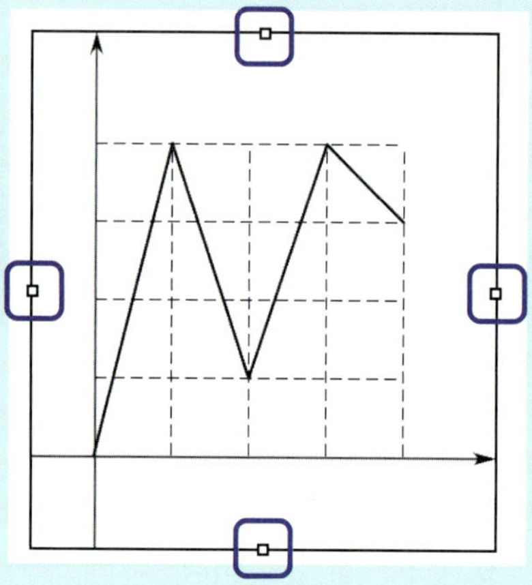

3단계 | 한글을 이용하여 문항 그래픽 완성하기

(1) 한글에서 저장된 그림파일을 불러오기

한글 프로그램을 실행시키고 문서 위에서 [Ctrl + V](붙여넣기)를 시행합니다. 이때, 그림이 비교적 크게 들어가게 되므로, 그림 클릭 후 우측 하단의 **크기조절** 창을 이용하여 원하는 크기에 맞게 줄여줍니다.

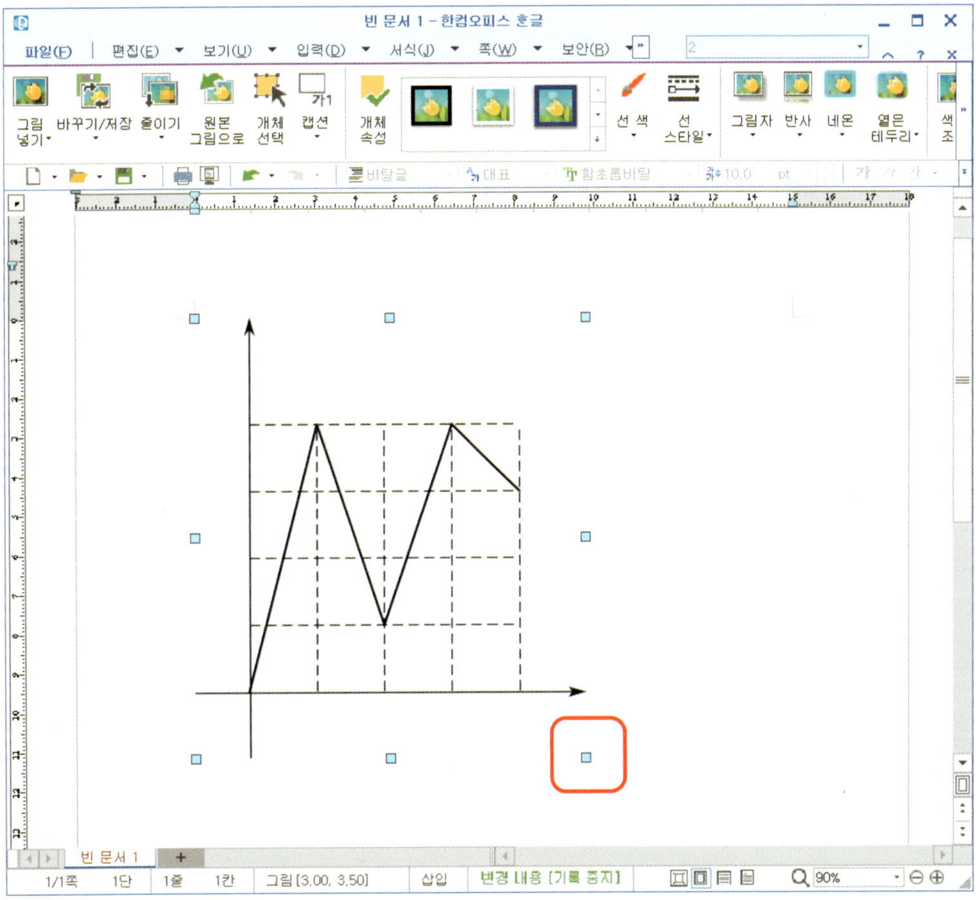

선생님들께 드리는 작은 Tip

저장된 그림파일을 불러오신 후 꼭! 그림파일의 크기를 먼저 문항에 맞게 조절해주세요.
그래픽이 완성된 다음 크기를 키우거나 줄일 경우, 글상자의 크기도 같이 변형되어 의도된 대로 디자인이 안 될 수 있습니다.

(2) 글상자와 수식을 활용하여 문항에 맞게 입력하기

01 한글에서 적당한 크기의 글상자($ctrl + n + b$)를 만들어주세요.

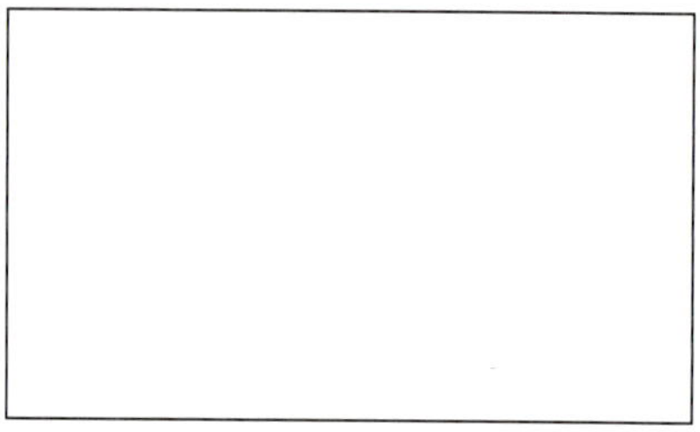

02 글상자 내부에 수식편집기($ctrl + n + m$)를 이용하여 입력할 수식 및 수를 글상자 속에 입력해주세요.

03 글상자를 클릭하신 후 마우스 오른쪽 단추를 누르면 나오는 [개체속성]을 클릭합니다.

❶ [선] → [종류(L)] → [선 없음]

❷ [채우기] → [색 채우기 없음(V)]으로 변경합니다. 그 이후 글상자의 크기를 적절히 조정해주세요.

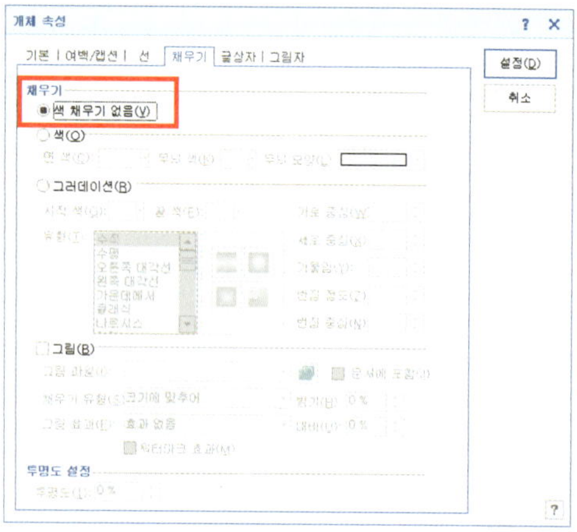

04 글상자를 여러 개 복사한 후, 문항에 맞게 글상자를 배치합니다.

[채우기 없음]과 [선 없음]으로 그림 위에서의 배치가 가능해집니다.

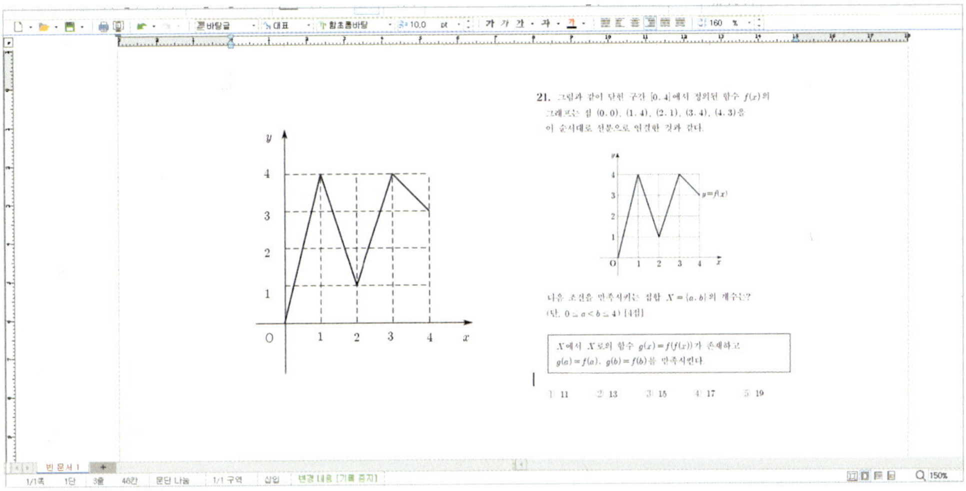

선생님들께 드리는 작은 Tip

[선 없음]으로 글상자를 선택하기 어려울 수 있습니다. 이 경우 **[보기]**를 클릭하면 나오는 **[기본 도구 상자]**에서 **[투명 선]**을 클릭하면 **[선 없음]** 처리된 부분이 **빨간 점선**으로 표현되어 선택이 더욱 편리해집니다.
자세한 내용은 CHAPTER 05 - SECTION 04를 참고해주세요.

05 개체 정렬

y축 왼편에 있는 원점 O와 숫자 1, 2, 3, 4 그리고 문자 y를 Shift키를 이용하여 하나하나 클릭면 여러 개가 동시에 선택됩니다. 선택 후 화면 상단의 [그림] 탭에서 [맞춤] → [오른쪽 맞춤]을 클릭하여 y축 왼편의 글상자들을 일렬로 정렬합니다.

비슷하게 원점 O와 숫자 1, 2, 3, 4 그리고 문자 x를 선택한 후 [그림] 탭에서 [맞춤] → [위쪽 맞춤]을 클릭하여 x축 아래의 글상자들을 일렬로 정렬합니다.

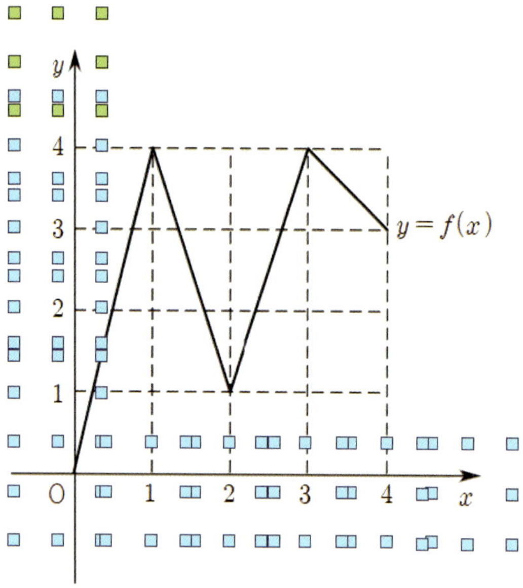

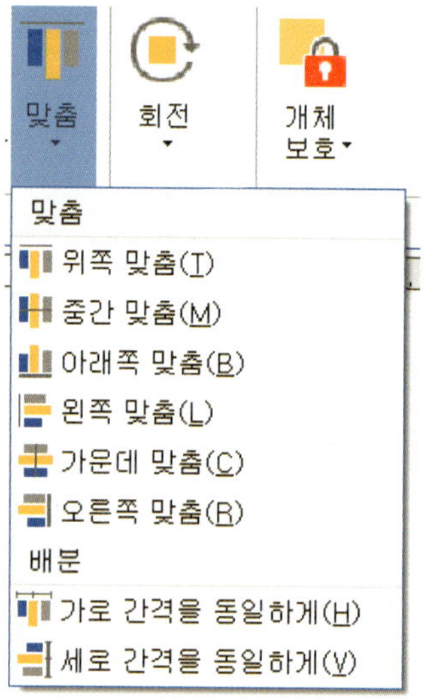

선생님들께 드리는 작은 Tip

❶ 여러 개의 글상자를 동시에 선택 시

Shift 키를 누른 상태에서 선택하고자 하는 개체들을 클릭하면 여러 개의 글상자를 다중 선택할 수 있습니다.

❷ 선택한 개체의 위치를 미세하게 조정 시

글상자 및 개체를 선택하신 후 키보드에 있는 **상하좌우 키(그림)**를 이용하면 편리하게 조정할 수 있습니다.

❸ 글상자 및 개체의 크기 조정 시

글상자 및 개체를 선택하신 후 **Shift + 상하좌우 키(그림)**를 이용하면 편리하게 크기를 조정할 수 있습니다.

(3) [개체 묶기(G)]를 이용하여 그래픽 완성하기

01 하나의 개체를 선택한 후 [도형] 탭의 [기본 도구 상자 왼쪽 편에 있는 [개체 선택]을 클릭합니다.

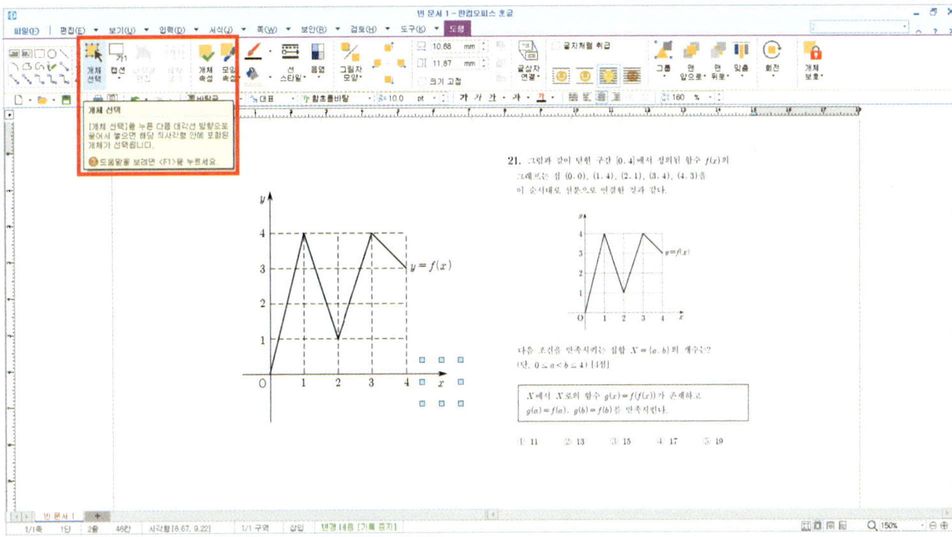

02 마우스 드래그를 통해 모든 개체를 선택합니다.
그 이후 마우스 오른쪽 단추를 눌러 [개체 묶기(단축키 *G*)]를 실행합니다.

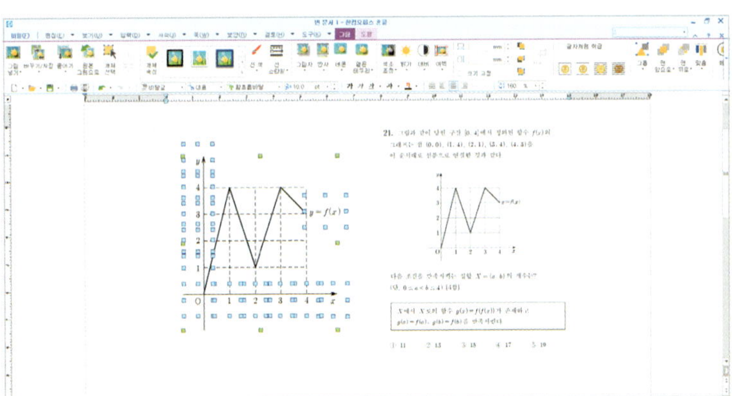

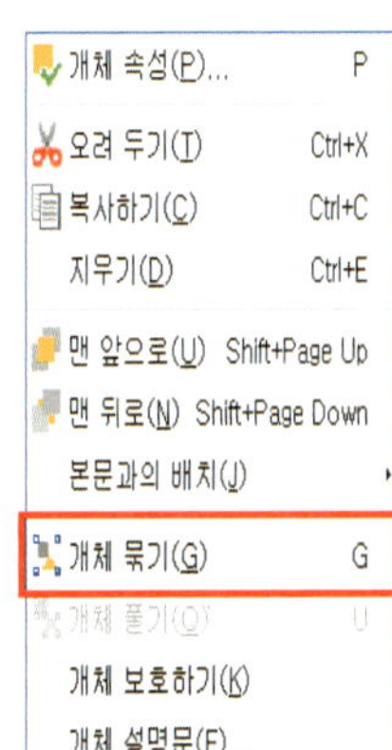

03 [개체 묶기]에 대한 안내창에서 [실행]을 클릭하면, 하나의 그래픽이 완성됩니다.

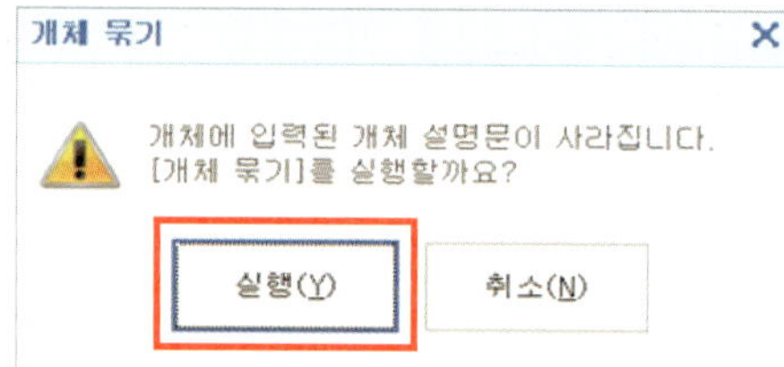

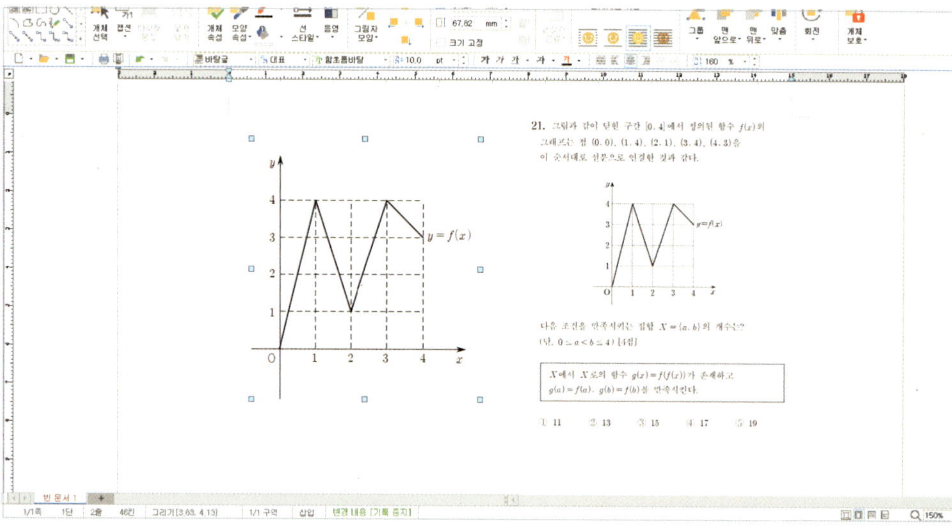

선생님들께 드리는 작은 Tip

하나의 그래픽이 완성된 후, 크기를 늘리거나 줄이면 수식의 크기 및 배치가 어긋나는 경우가 생깁니다. 이 경우

❶ **생성한 그래픽을 새로운 그림파일로 재생성한 후 늘이고 줄이는 방법**

❷ **수식 크기 및 위치를 재조정하는 방법**

으로 해결할 수 있습니다. 하지만 **가장 좋은 방법**은 저장된 그림파일을 한글로 불러오는 첫 단계에서 **문항에 맞게 그림의 크기를 조절**해두고 다음 작업을 진행하는 것입니다. 이 방법이 여러 모로 편리합니다.

실습문항 1 | 2019학년도 수능 나형, 홀수 20번 문항

아래 제시된 실습문항을 그래픽 해보세요.

다음 장에는 AlgeoMath 도형에서 그래프를 그리는 단계와 편집한 결과를 차례대로 설명하고 있습니다.

2019학년도 수능 나형, 홀수 20번 문항

20. 그림과 같이 함수 $y=\frac{k}{x-1}+3\ (0<k<3)$의 그래프와 x축, y축과의 교점을 각각 A, B라 하자.

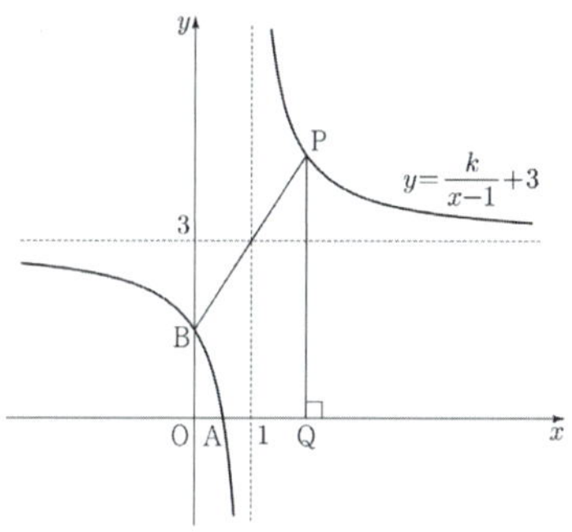

이 그래프의 두 점근선의 교점과 점 B를 지나는 직선이 이 그래프와 만나는 점 중 B가 아닌 점을 P, 점 P에서 x축에 내린 수선의 발을 Q라 할 때, <보기>에서 옳은 것만을 있는 대로 고른 것은? [4점]

<보 기>

ㄱ. $k=1$일 때, 점 P의 좌표는 $(2, 4)$이다.

ㄴ. $0<k<3$인 실수 k에 대하여 직선 AB의 기울기와 직선 AP의 기울기의 합은 0이다.

ㄷ. 사각형 PBAQ의 넓이가 자연수일 때, 직선 BP의 기울기는 0과 1 사이의 값이다.

① ㄱ　② ㄱ, ㄴ　③ ㄱ, ㄷ
④ ㄴ, ㄷ　⑤ ㄱ, ㄴ, ㄷ

선생님들께 드리는 작은 Tip

❶ 문제에 제시된 유리함수는 $y=\frac{1.5}{x-1}+3$로 그렸습니다.

❷ 점 Q 위의 직각은 어떻게 생성하면 좋을지 생각해보세요.

실습문항 1에 대한 해설

● 1단계 AlgeoMath 도형에서 그래프 그리기

[1단계]는 AlgeoMath 도형에서 그래프의 개략적인 형태를 그리는 단계입니다.
선생님들의 이해를 돕고자 그림과 설명을 같이 넣어 자세히 설명하였습니다.

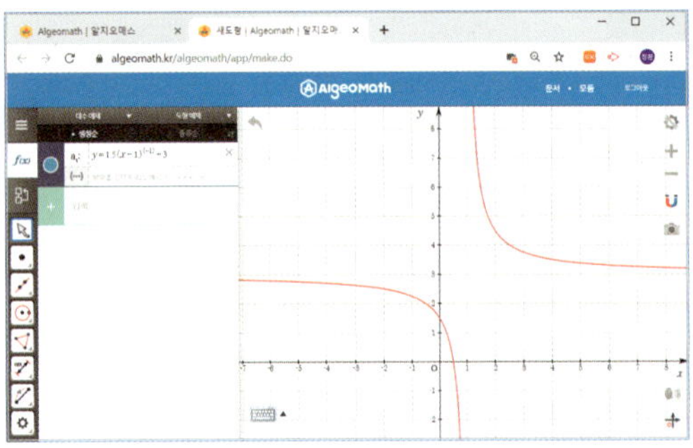

❶ 대수 창에 $y=\dfrac{1.5}{x-1}+3$을 입력합니다.

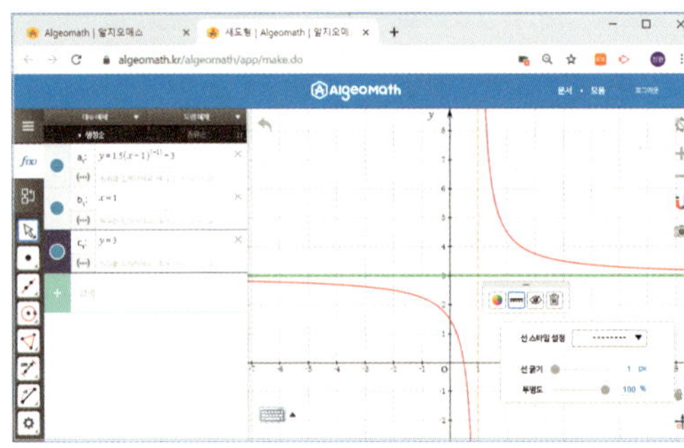

❷ 대수 창에 $x=1, y=3$ 입력 후, 선 스타일을 점선, 1px로 변경합니다.

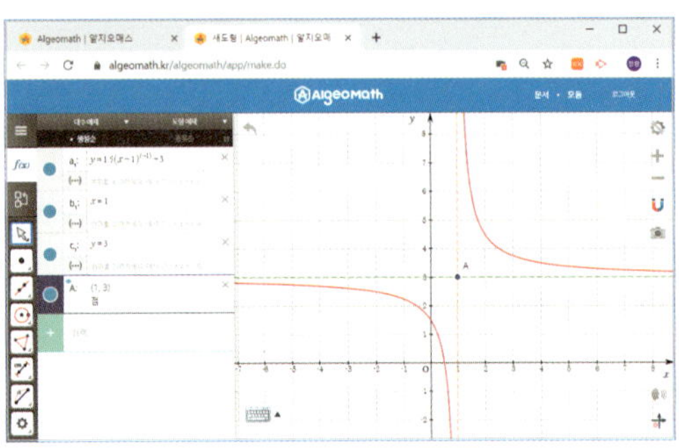

❸ 대수 창에 점 $(1, 3)$을 입력합니다.

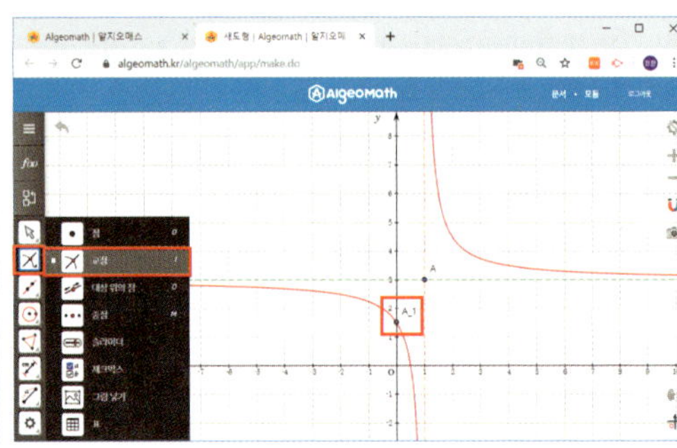

❹ 교점(☒, 단축키 I) 기능을 이용하여 함수 $y=\dfrac{1.5}{x-1}+3$의 그래프와 y축과의 교점 A_1을 생성합니다.

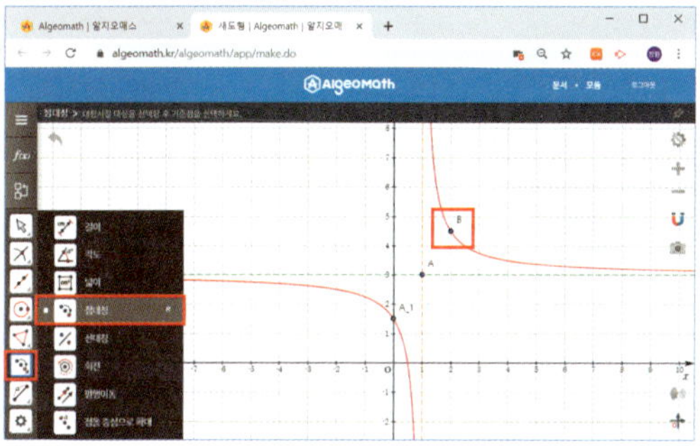

❺ 점대칭(▣, 단축키 R) 기능을 사용하여 점 A를 기준으로 점 A_1과 대칭인 점 B를 생성합니다.

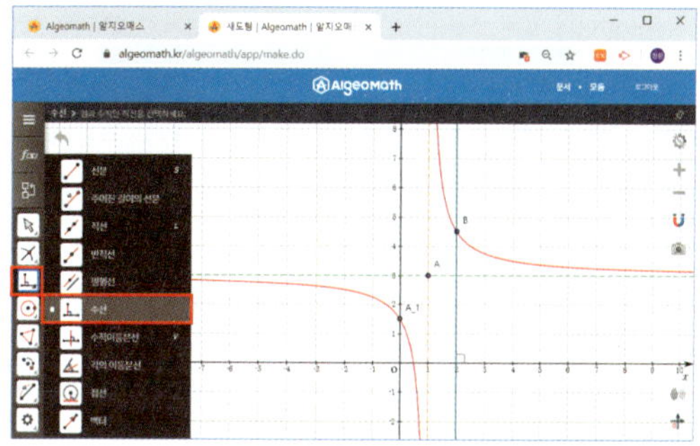

❻ 점 B에서 x축의 방향으로 수선(⊥)을 내립니다.

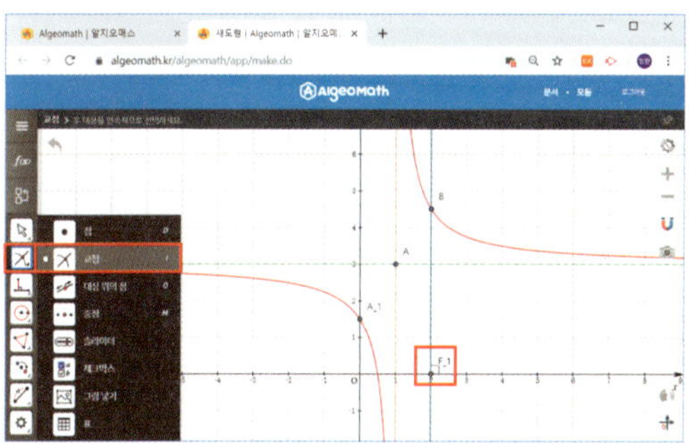

❼ 교점(☒, 단축키 I) 기능을 사용하여 x축과 수선의 교점 F_1을 생성합니다.

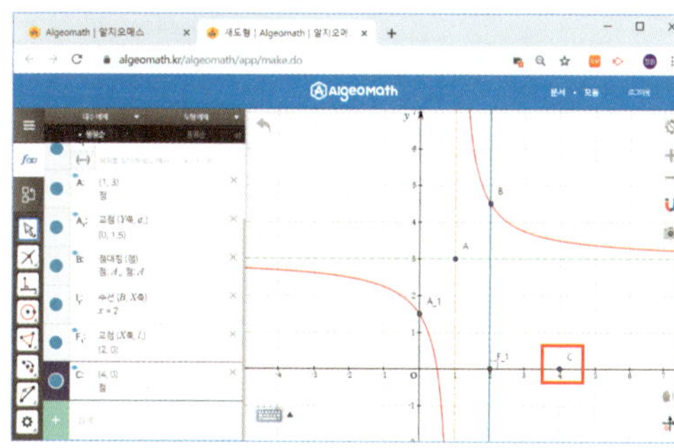

❽ 대수 창에 점 $(4, 0)$을 입력합니다.

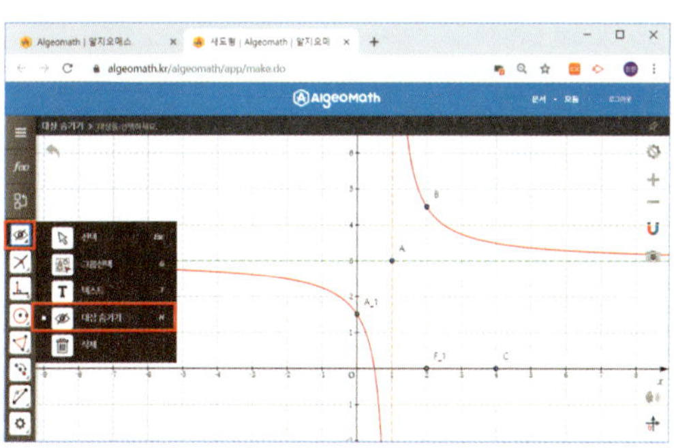

❾ 대상숨기기(◉, 단축키 H) 기능을 이용하여 수선을 숨겨줍니다.

선생님들께 드리는 작은 Tip

점 $(4, 0)$을 입력한 이유는 꾸미기:각도(▽) 기능을 이용하여 직각을 생성하기 위해서입니

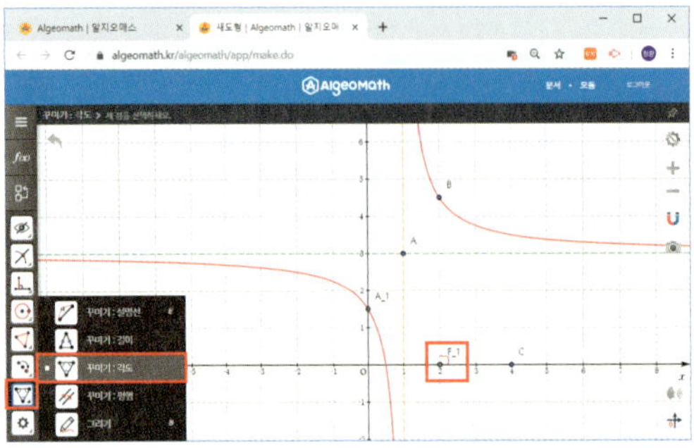

⑩ 꾸미기:각도(▽) 기능을 사용하여 $\mathrm{F_1}$ 위의 직각 표현을 생성합니다.

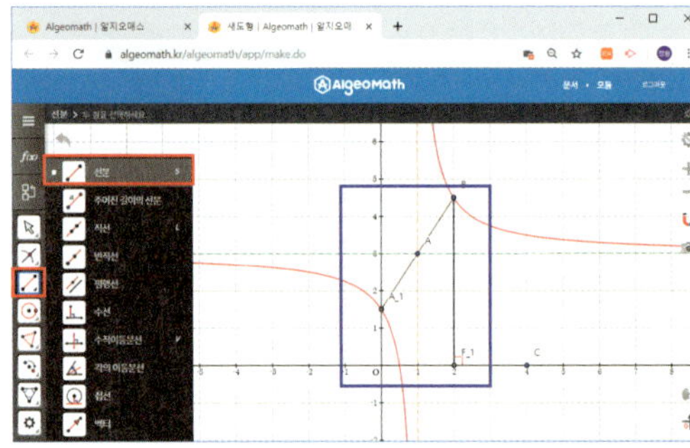

⑪ 선분(⟋, 단축키 S) 기능을 사용하여 $\overline{\mathrm{A_1B}}$, $\overline{\mathrm{BF_1}}$을 생성합니다.

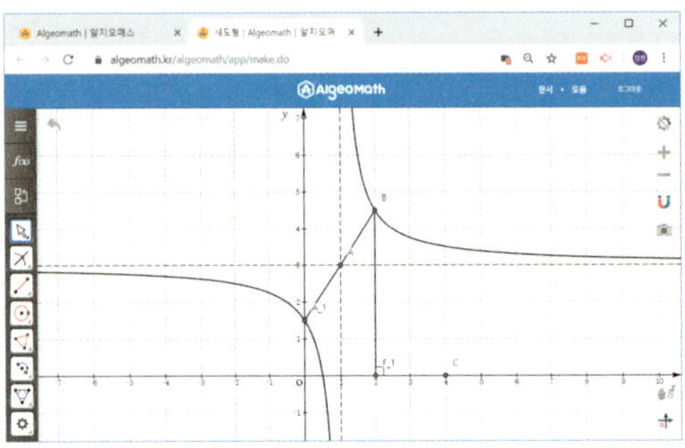

⑫ 모든 선분의 색을 검은색으로 변경합니다.

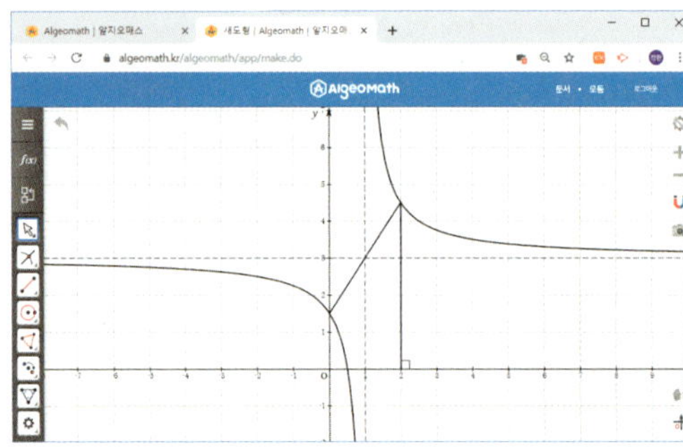

⑬ 대상숨기기(👁, 단축키 H) 기능을 사용하여 모든 점을 숨깁니다.

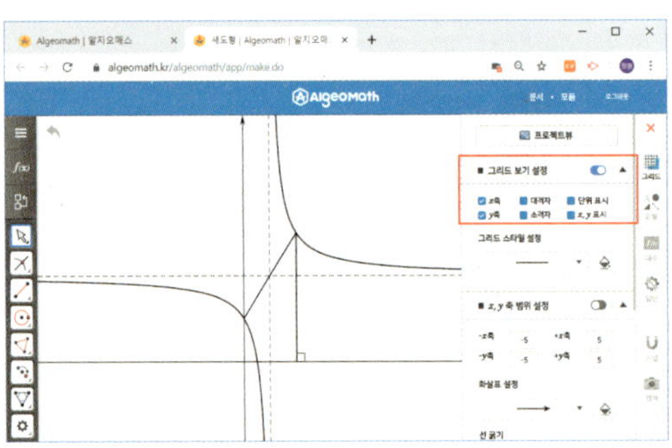

⑭ [환경설정] - [그리드 보기 설정]에서 x축, y축을 제외하고 모두 비활성화합니다.

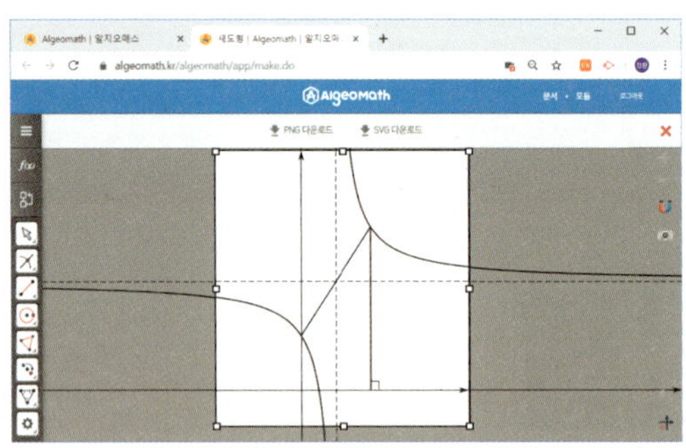

⑮ [캡처하기] 기능을 사용하여 그래프를 그림 파일로 저장합니다.

● 2단계 한글에서 그래픽 디자인 마무리하기

앞에서 실습한 바와 같이 한글프로그램에서 **글상자**와 **수식**을 이용하여 원하는 위치에 글상자를 배치합니다. 그 이후 모든 객체를 선택한 후 **[그룹 묶기]**를 실시해 줍니다. 오른쪽 그림과 같이 하나의 완성된 그래픽이 나오게 됩니다.

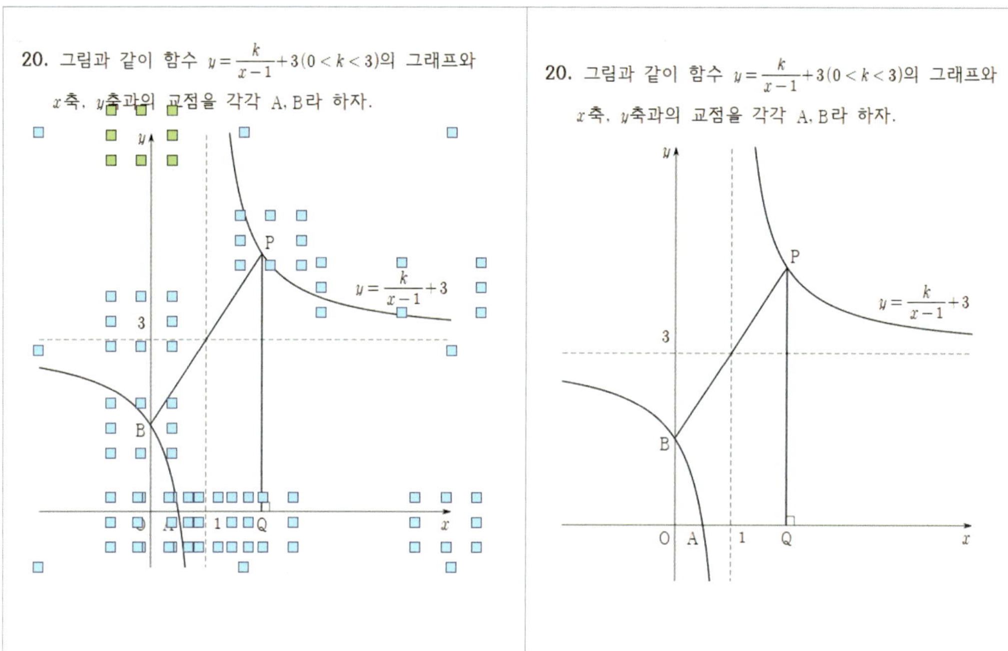

SECTION 02 기본적인 도형 문항 디자인

KEY POINTS 회전(◎) 기능, 꾸미기:길이(△)기능, 꾸미기-각도(▽) 기능

이번 SECTION에서는 기본적인 도형을 디자인하는 방법을 다룹니다. AlgeoMath는 '꾸미기 기능' 을 직관적이고 편리하게 할 수 있다는 장점이 있습니다. AlgeoMath 도형을 사용하여 도형의 기본 틀을 그리는 방법에 대해 소개한 후 한글에서 원하는 그래픽으로 편집하는 방법까지 단계별로 설명합니다.

아래 제시된 단계를 따라 [2019년 국가수준 학업성취도평가 중3 22번 문항]에 제시된 도형을 그려보면 좀더 숙련된 그래픽 제작이 가능할 것이라 생각합니다.

2019년 국가수준 학업성취도평가 중3 22번 문항

22. 그림에서 $\triangle ABC$ 는 $\overline{AB}=\overline{AC}$ 인 이등변삼각형이고, $\overline{CB}=\overline{CD}$, $\overline{DA}=\overline{DE}$, $\angle B=70°$ 이다. $\angle CDE$ 의 크기는?

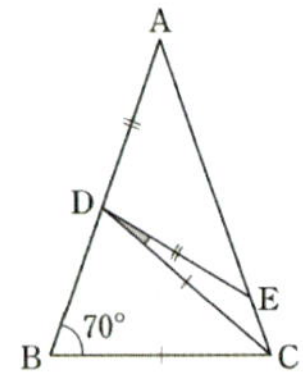

① 8° ② 10° ③ 12° ④ 14° ⑤ 16°

• **단계 및 순서**

[1단계] AlgeoMath 도형을 이용하여 기본도형 그리기

[2단계] 그림파일로 변환하고 [그림판]으로 이동하기

(1) [환경설정]에서 격자 및 각종 표시 비활성화하기

(2) 캡처하기

[3단계] 한글을 이용하여 문항 그래픽 완성하기

(1) 한글에서 저장된 그림파일을 불러오기

(2) 글상자와 수식을 활용하여 문항에 맞게 입력하기

(3) [개체 묶기(G)]를 이용하여 그래픽 완성하기

1단계 | AlgeoMath 도형을 이용하여 기본 도형 그리기

01 대수 창에 (0, 0), (10, 0)을 각각 입력합니다.

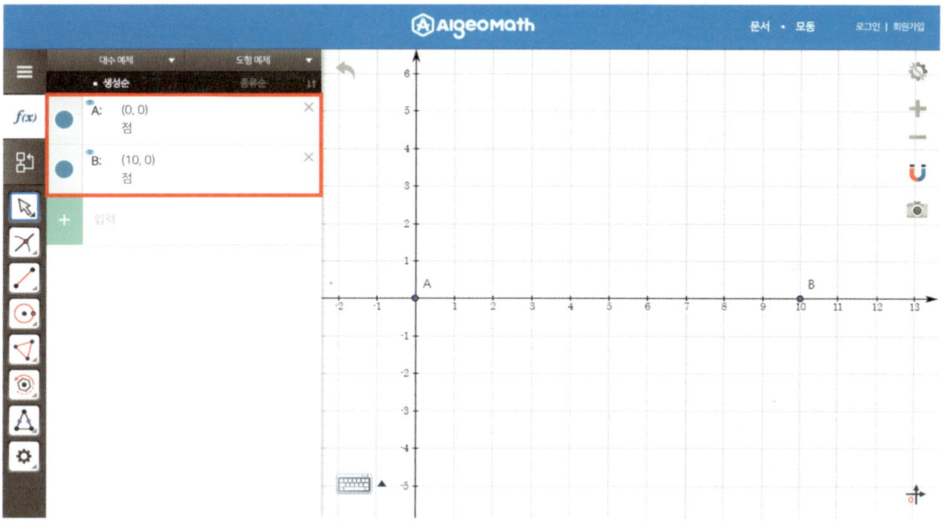

02 회전( ) 기능을 선택하고 점 B와 점 A를 선택합니다.
그 이후 나타나는 알림창에 70, 반시계방향을 선택합니다.
점 B를 점 A(기준점)를 중심으로 반시계방향, 70° 회전한 위치에 점 C를 생성하게 됩니다.
이때, 점 A에서 생성된 C까지의 길이는 $\overline{AB}$의 길이와 같습니다.

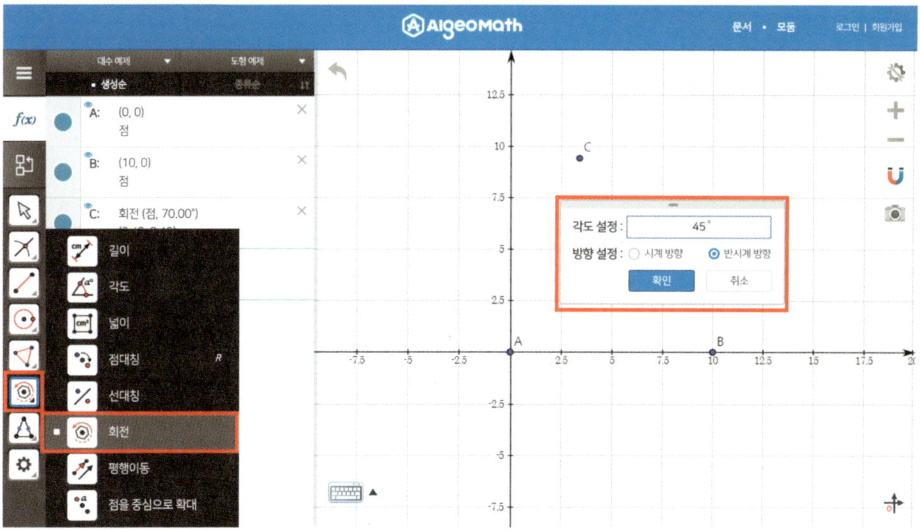

03 회전( ) 기능을 선택하고 점 A와 점 C를 선택합니다.
그 이후 나타나는 알림창에 40, 반시계방향을 선택합니다.
점 A를 점 C(기준점)를 중심으로 반시계방향, 40° 회전한 위치에 점 D를 생성하게 됩니다.

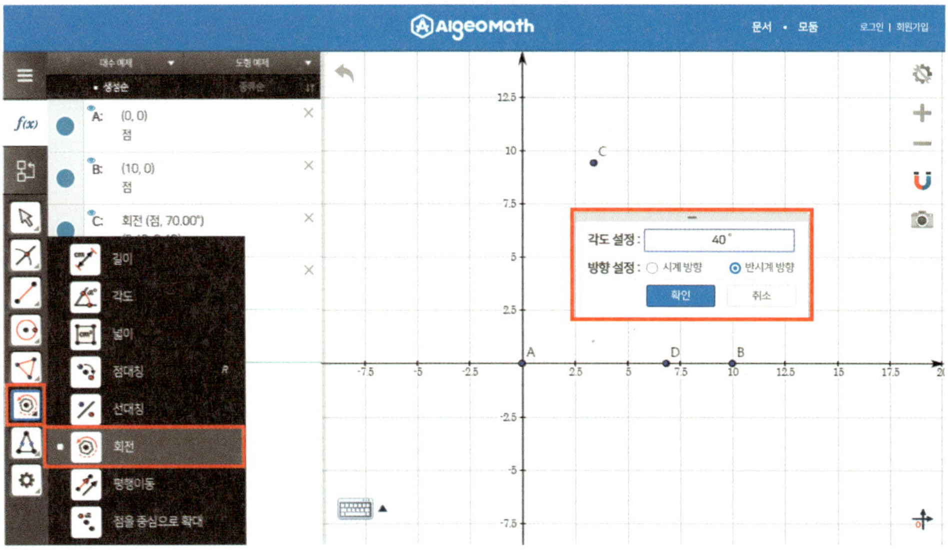

04 선분(, 단축키 *S*)을 이용하여 선분 $\overline{AD}$, $\overline{AC}$, $\overline{CD}$를 생성합니다.

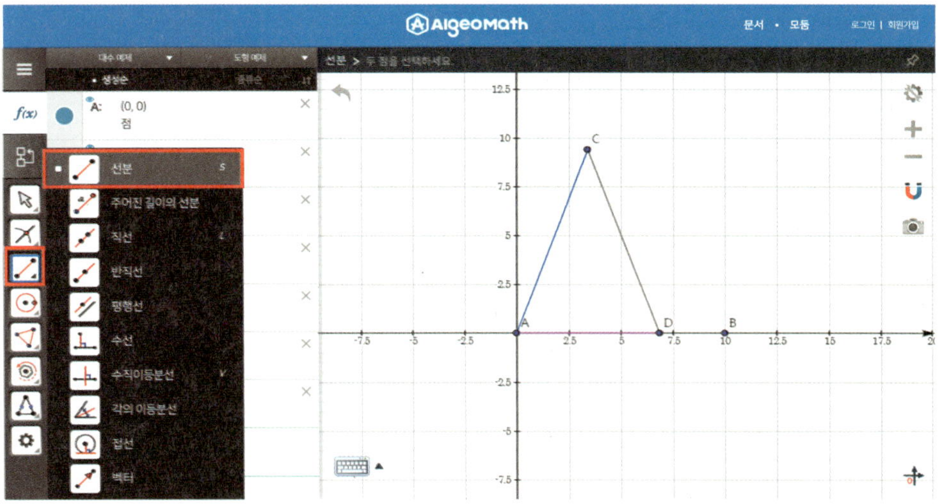

05 원:중심과 한 점(, 단축키 C) 기능을 선택하고 ① 점 D와 ② 점 A를 차례로 클릭합니다.

점 D를 중심으로 하고 반지름의 길이가 $\overline{\mathrm{AD}}$인 원이 생성됩니다.

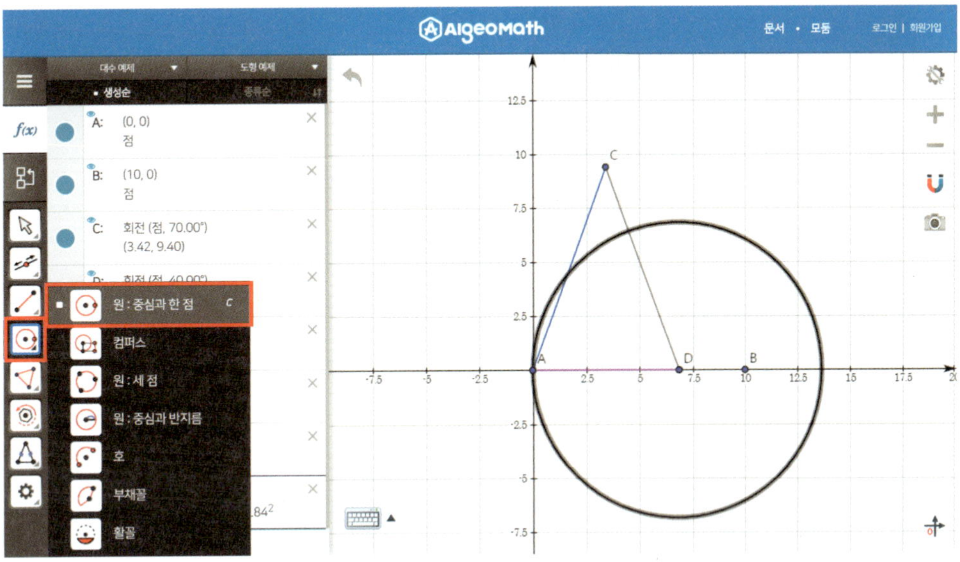

06 교점(, 단축키 I) 기능을 선택하고 원 → $\overline{\mathrm{AC}}$를 차례로 클릭합니다. 교점 A_1이 생성됩니다.

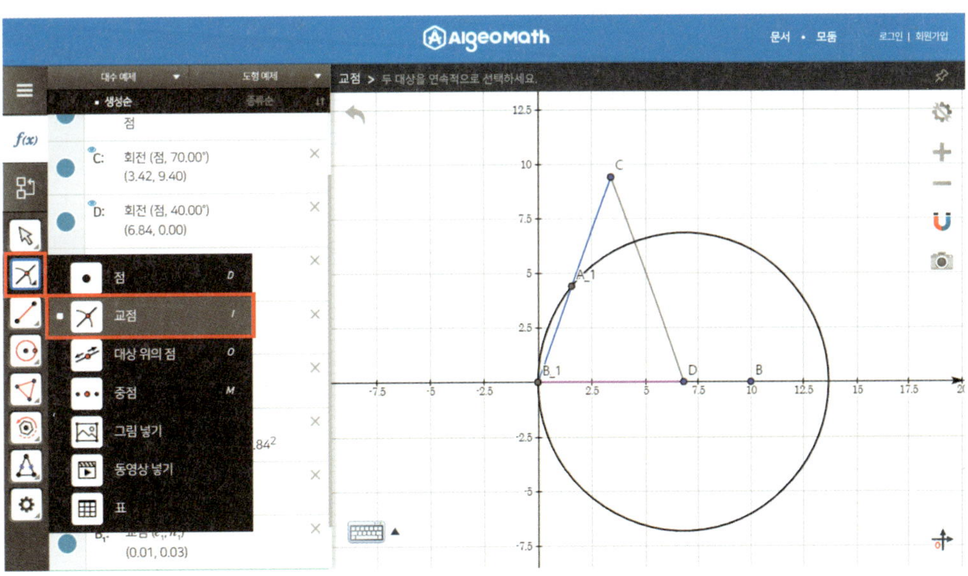

07 비슷하게 원:중심과 한 점(⊙, 단축키 *C*) 기능을 선택하고 ① 점 A_1과 ② 점 C를 차례로 클릭합니다. 점 A_1을 중심으로 하고 반지름의 길이가 $\overline{A_1C}$인 원이 생성됩니다.

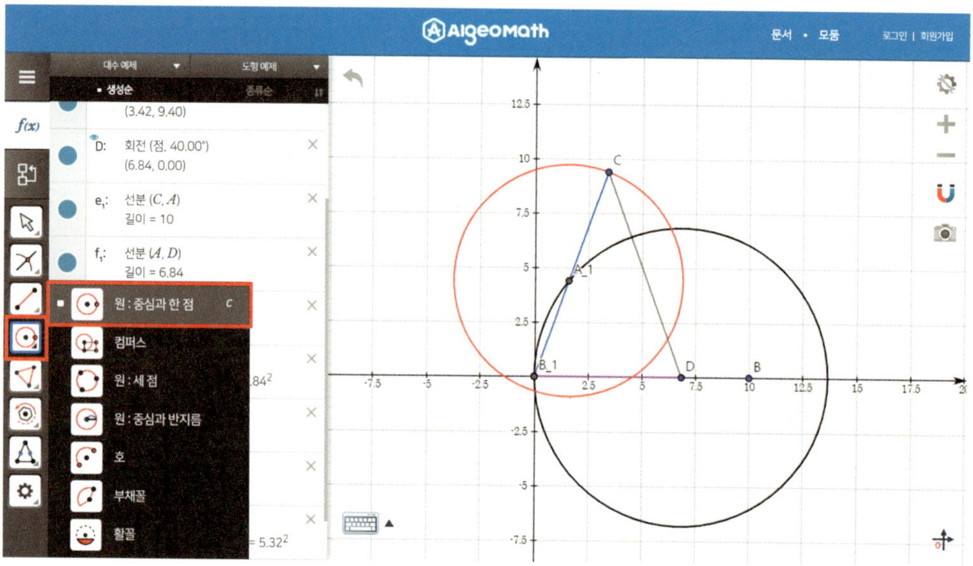

08 교점(⨯, 단축키 *I*) 기능을 선택하고 원 → $\overline{CD}$를 차례로 클릭합니다. 교점 C_1이 생성됩니다.

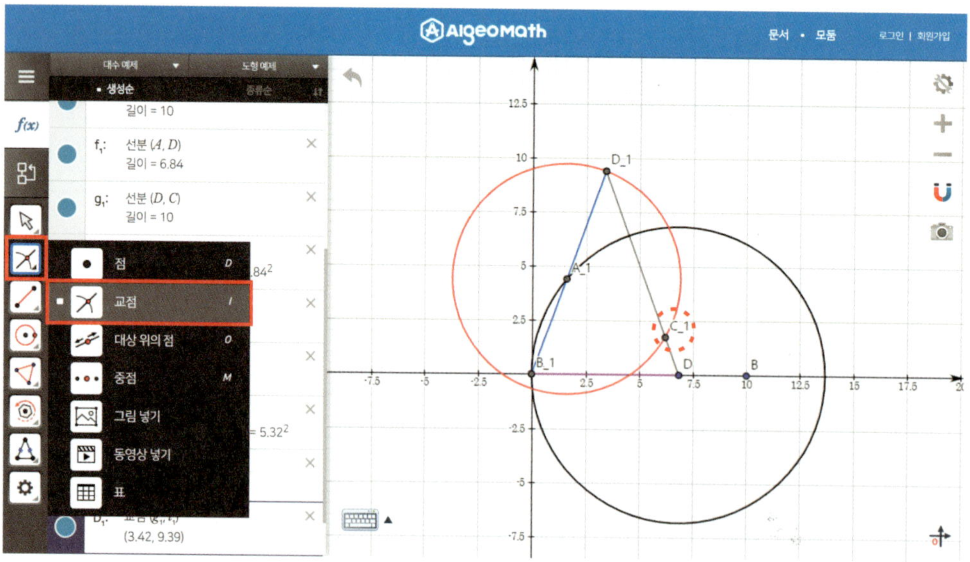

09 대상 숨기기(, 단축키 H)를 선택하고 두 원을 숨겨줍니다.

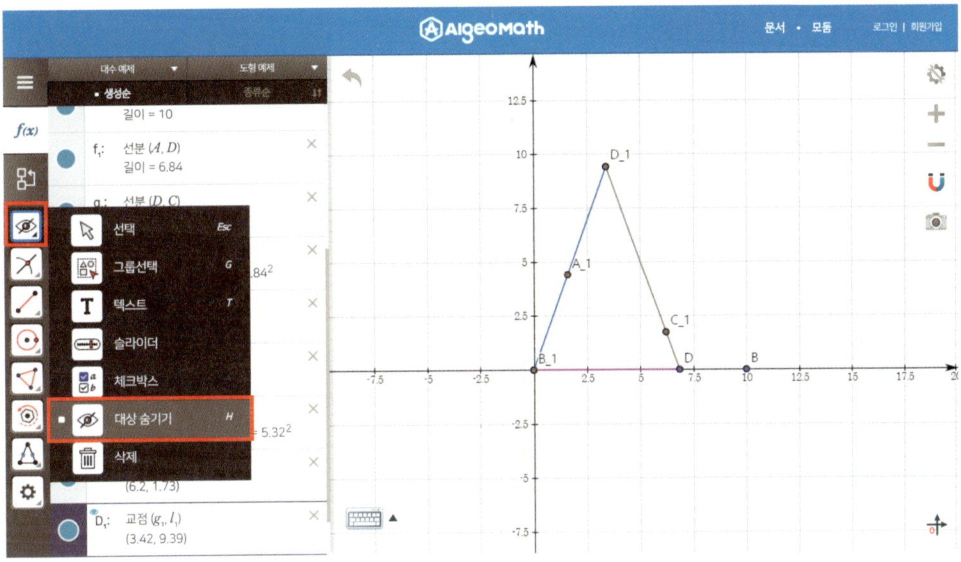

10 선분(, 단축키 S) 기능을 이용하여 $\overline{A_1D_1}$, $\overline{A_1B_1}$, $\overline{A_1C_1}$, $\overline{A_1D}$를 생성합니다.

(차후, $\overline{A_1D_1} = \overline{A_1C_1}$임을 표현하기 위해 필요한 작업입니다.)

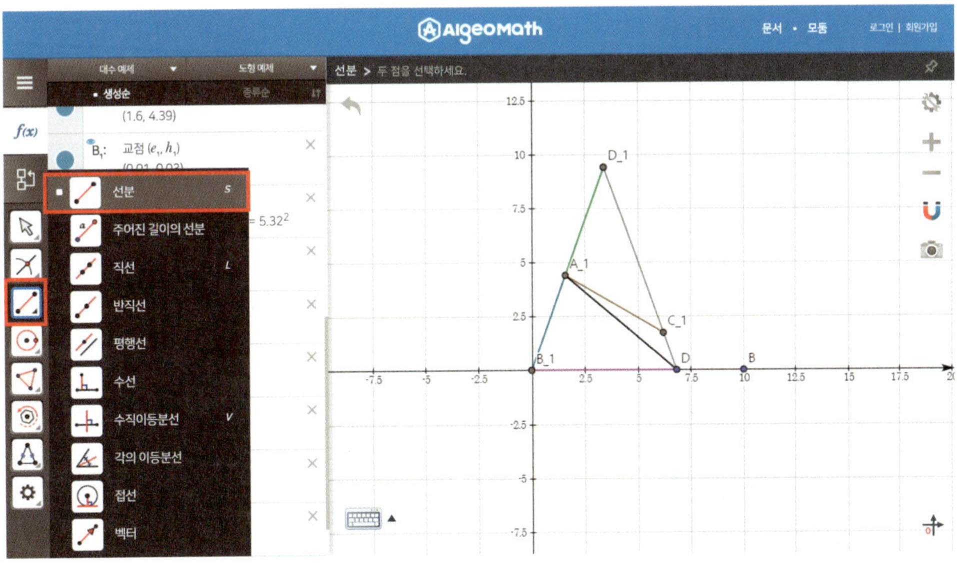

※ 11번부터 13번은 부채꼴( ) 기능을 이용하여 음영처리된 각을 표현하는 방법을 서술하였습니다.

11 원:중심과 한 점(, 단축키 *C*) 기능을 선택하고 ① 점 A_1과 ② 선분 $\overline{A_1D}$ 위의 한 점을 선택합니다. 점 E가 자연스럽게 생성됩니다.

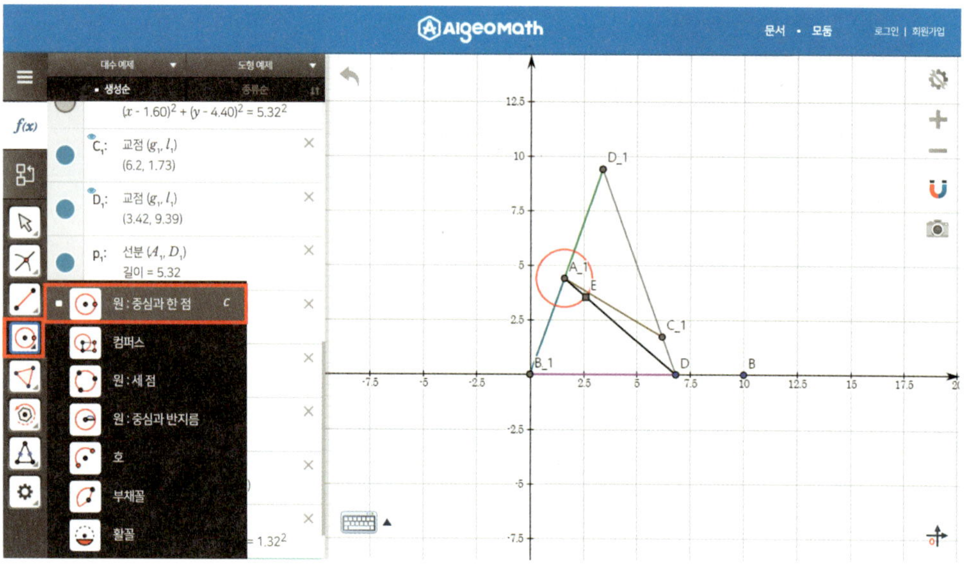

12 교점(, 단축키 *I*) 기능을 선택하고 원 → $\overline{A_1C_1}$을 차례로 클릭합니다. 점 F_1이 생성됩니다.

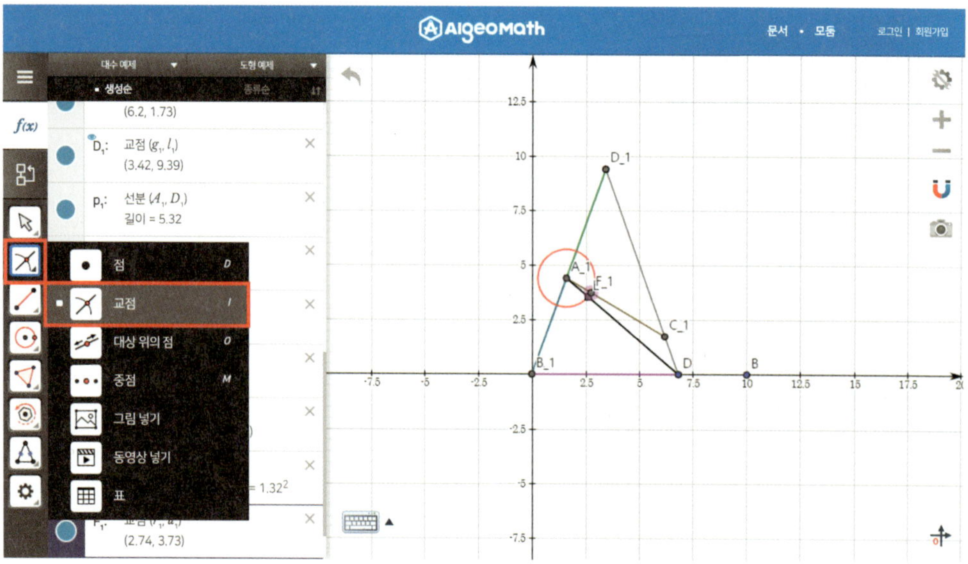

13 대상 숨기기(👁, 단축키 H)를 이용하여 원을 숨겨줍니다.
그 이후 부채꼴( ) 기능을 선택하고 점 A_1 → 점 E → 점 F_1을 차례로 클릭합니다.
생성된 부채꼴의 색을 검은색, 패턴을 그림과 같이 변경합니다.

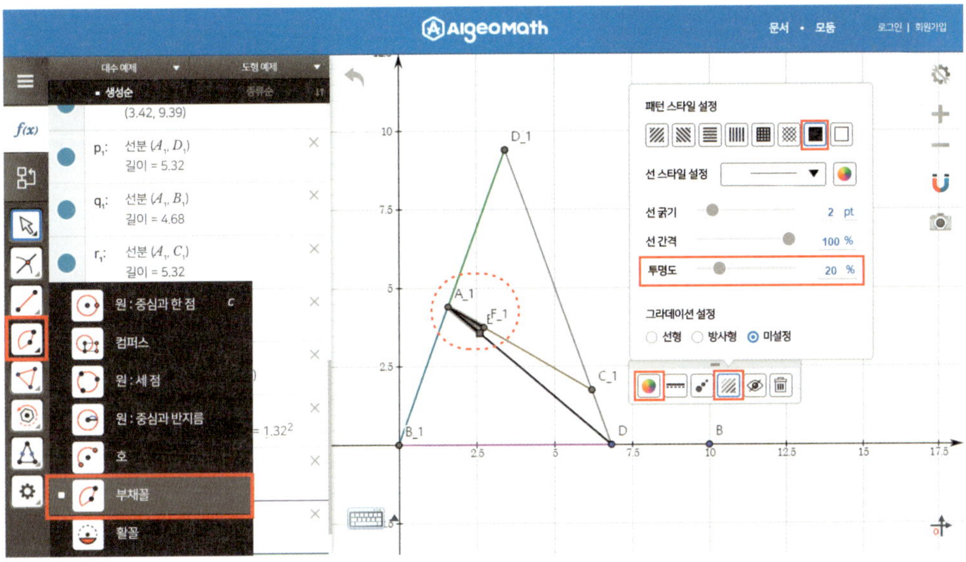

14 꾸미기:길이( ) 기능을 선택하고 같은 길이를 표현할 선분들을 클릭합니다.
생성된 표현을 클릭하면 나타나는 상황창을 통해 다양한 표현으로 변경할 수 있습니다.

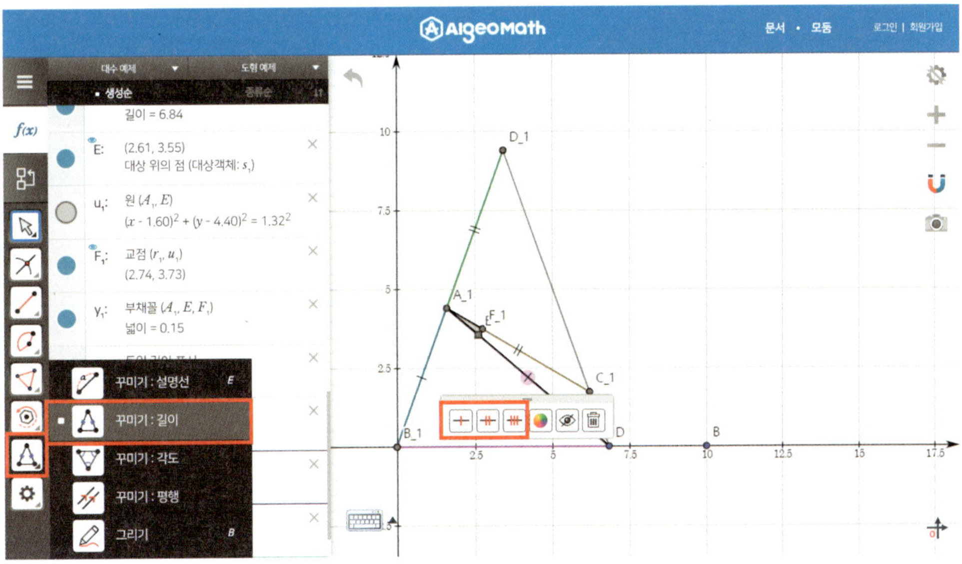

15 꾸미기-각도(▽) 기능을 선택하고 점 D → 점 B_1 → 점 D_1을 순서대로 선택하면 원하는 각을 표현하게 됩니다. 색상을 검은색으로 변경합니다.

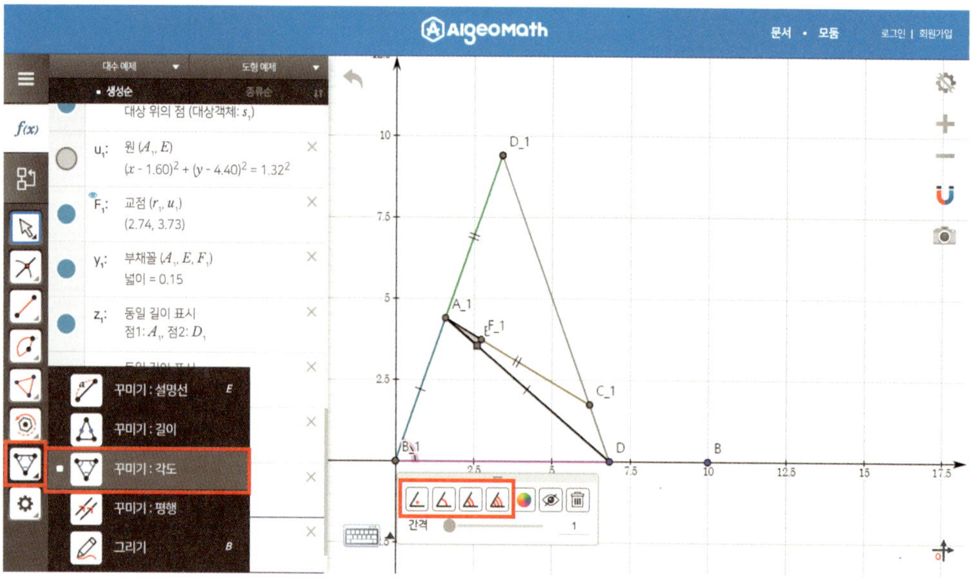

16 ① 대상 숨기기(👁, 단축키 H)를 선택하고 모든 점들을 숨겨줍니다.

② 선분의 색상을 모두 검은색으로 변경합니다.

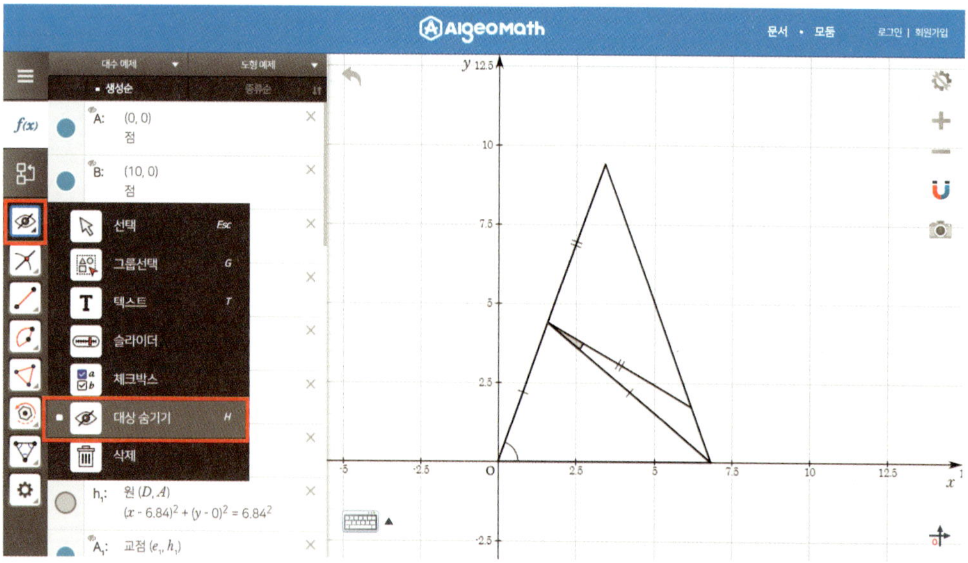

2단계 | 그림파일로 변환하고 [그림판]으로 이동하기

(1) [환경설정]에서 격자 및 각종 표시 비활성화하기

01 화면 우측 위의 [환경설정]을 클릭합니다.

02 [그리드 보기 설정]에서 모든 항목을 비활성화 시켜줍니다.

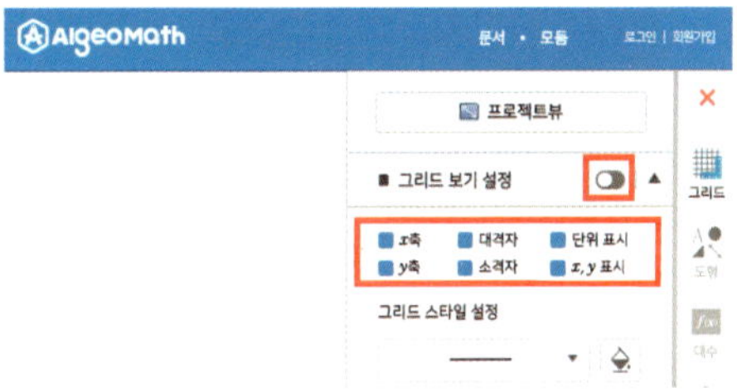

(2) 캡처하기

01 화면 우측 편에 있는 [스크린샷]을 클릭합니다.

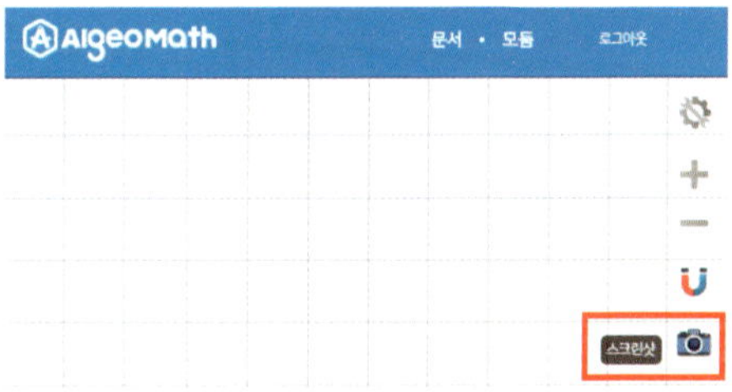

02 캡처 설정에서는 [영역 캡처], 캡처 영역 설정에서는 [격자 단위]를 선택하고 [캡처하기]를 클릭합니다.

03 문항과 비슷하게 맞춘 후, ① [PNG로 다운로드]를 클릭합니다.
그 이후 ② 하단에 다운로드된 파일을 클릭하면 [사진 창]이 생성됩니다.

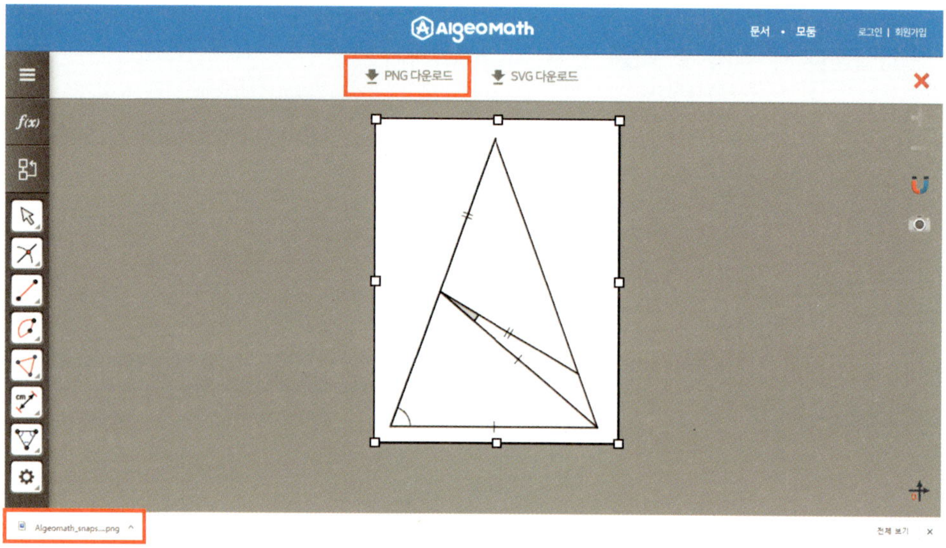

04 생성된 사진 창에서 [Ctrl + A](전체 선택)를 누르고 [Ctrl + C](복사하기)를 실행합니다.
복사된 그림은 [클립보드]에 저장됩니다.

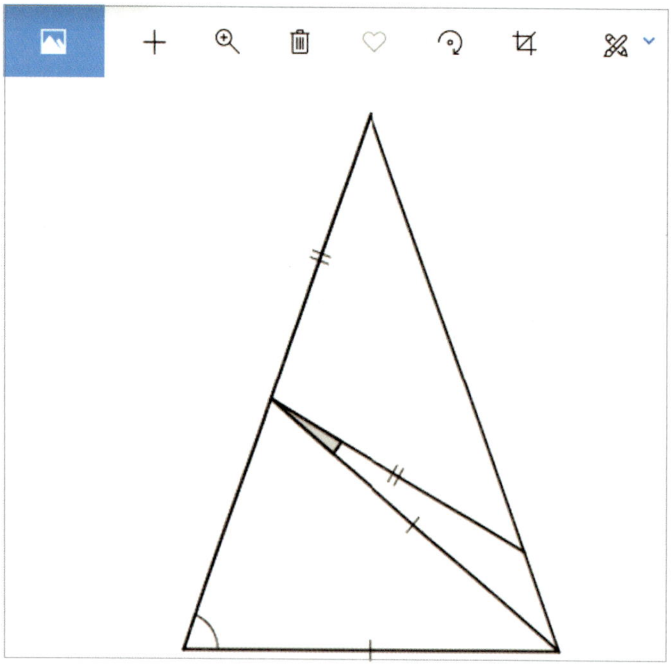

3단계 | 한글을 이용하여 문항 그래픽 완성하기

(1) 한글에서 저장된 그림파일을 불러오기

한글을 실행하고 문서 위에서 [Ctrl + V (붙여넣기)]를 실행합니다. 이때, 그림이 비교적 크게 들어가게 되므로, 그림 클릭 후 우측 하단의 크기조절 창을 이용하여 적절하게 줄여줍니다.

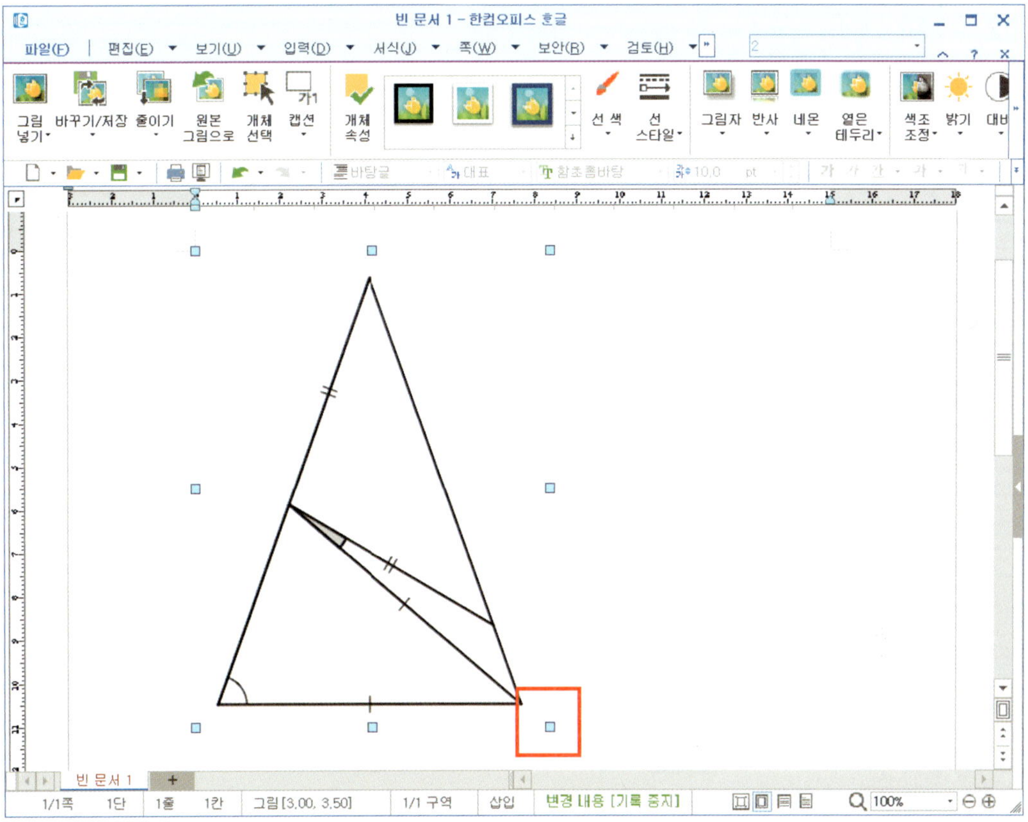

(2) 글상자와 수식을 활용하여 문항에 맞게 입력하기

01 한글에서 적당한 크기의 글상자($ctrl + n + b$)를 만들어주세요.

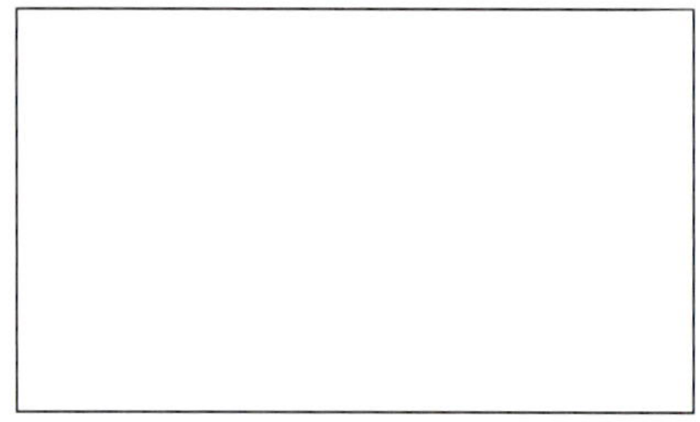

02 수식편집기($ctrl + n + m$)를 이용하여 입력할 문자들을 글상자 속에 입력해주세요.

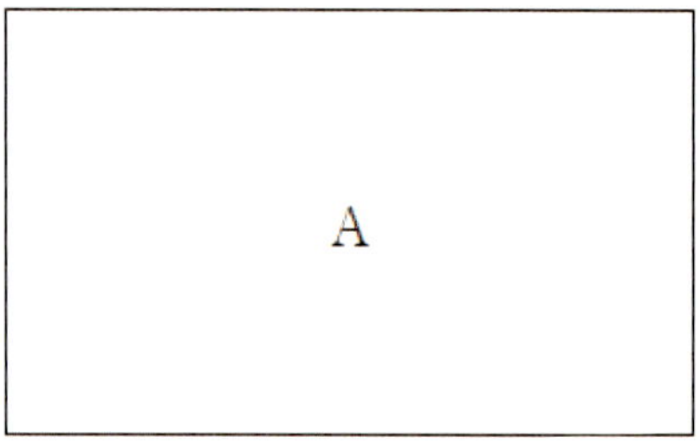

03 글상자를 클릭하신 후 마우스 오른쪽 단추를 누르면 나오는 [개체속성]을 클릭합니다.

❶ [선] → [종류(L)] → [선 없음]

❷ [채우기] → [색 채우기 없음(V)]으로 변경합니다.

그 이후, 글상자의 크기를 적절히 조정해주세요.

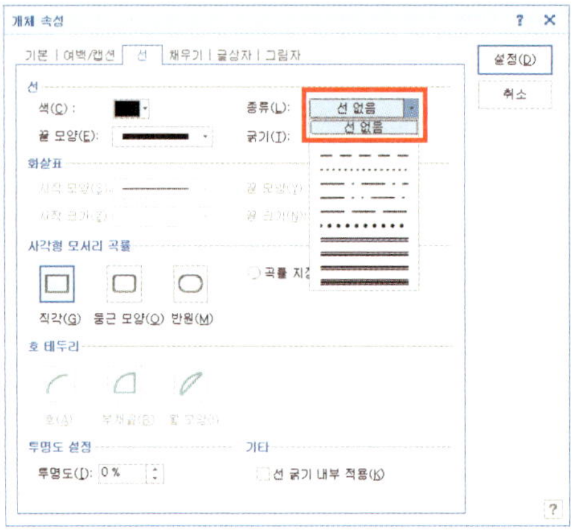

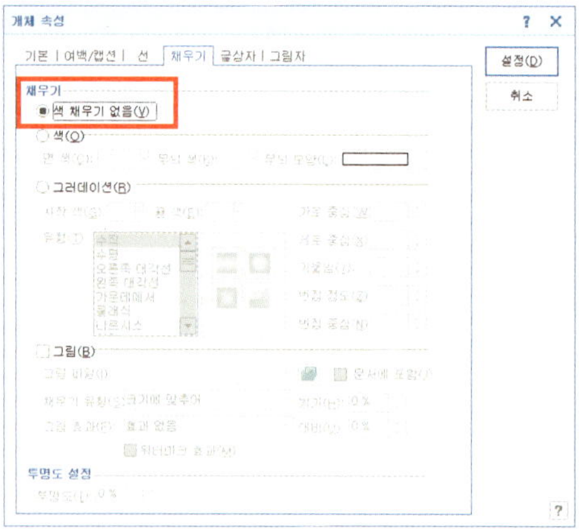

04 글상자를 여러 개 복사한 후, 그리고자 하는 문항에 맞게 글상자를 배치해주세요. [채우기 없음]과 [선 없음]으로 그림 위에서의 배치가 가능해집니다.

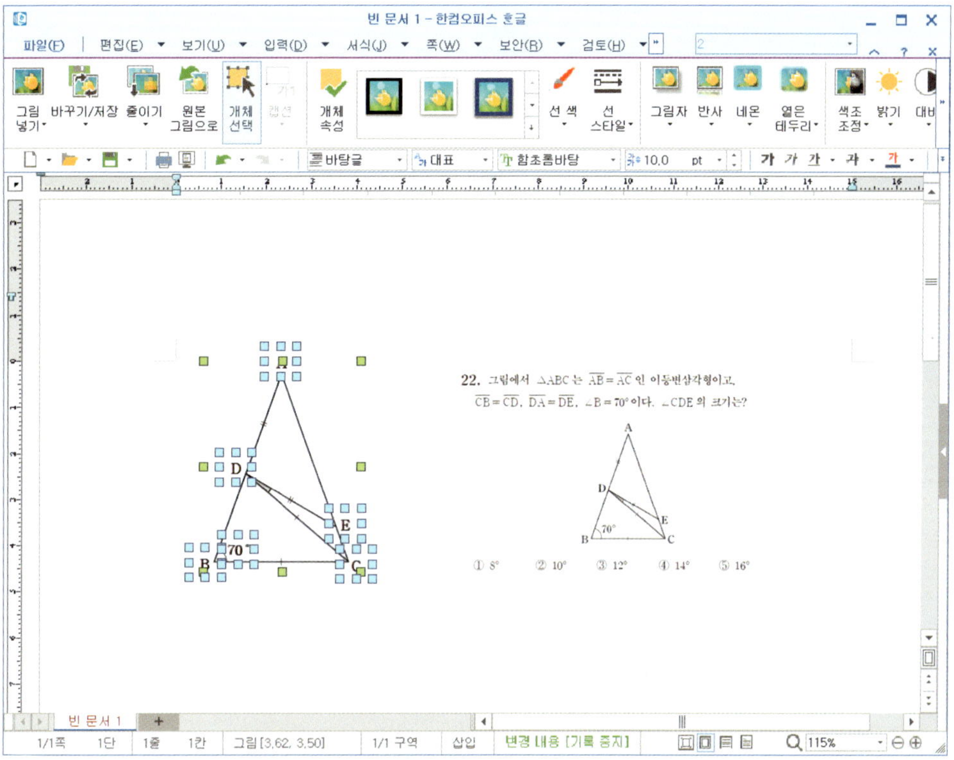

선생님들께 드리는 작은 Tip

[선 없음]으로 글상자를 선택하기 어려울 수 있습니다. 이 경우 **[보기]**의 **[기본 도구 상자]**에서 **[투명 선]**을 클릭하면 **[선 없음]** 처리된 부분이 **빨간 점선**으로 표현되어 선택이 더욱 편리해집니다. 자세한 내용은 CHAPTER 05 - SECTION 04를 참고해주세요.

(3) [개체 묶기(G)]를 이용하여 그래픽 완성하기

01 하나의 개체를 선택한 후 [도형] 탭의 [기본 도구 상자] 왼쪽에 있는 [개체 선택]을 클릭합니다.

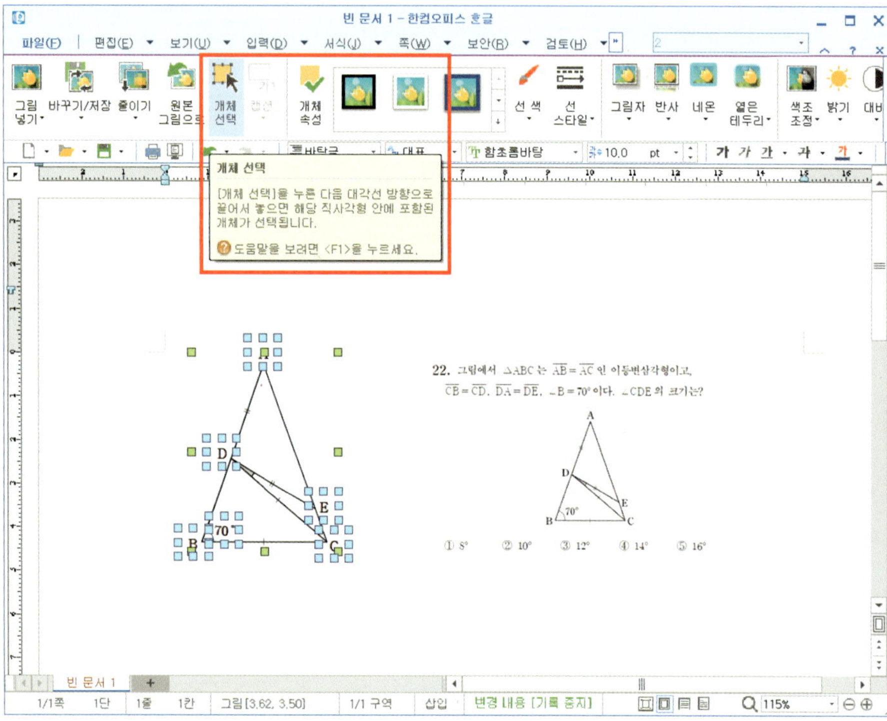

02 마우스 드래그를 통해 모든 개체를 선택합니다.
그 이후 마우스 오른쪽 단추를 눌러 [개체 묶기(단축키 *G*)]를 실행합니다.

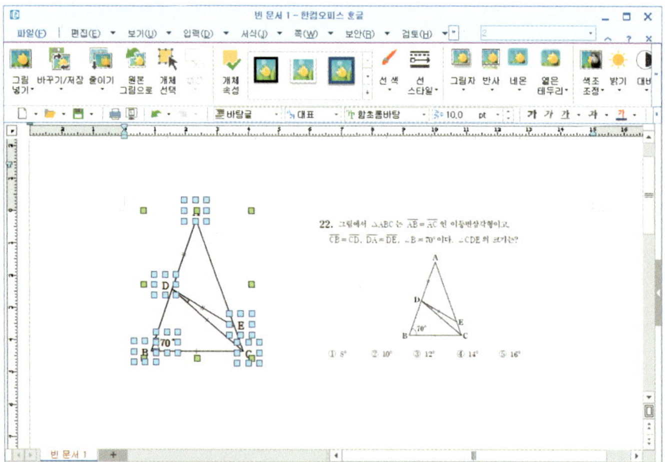

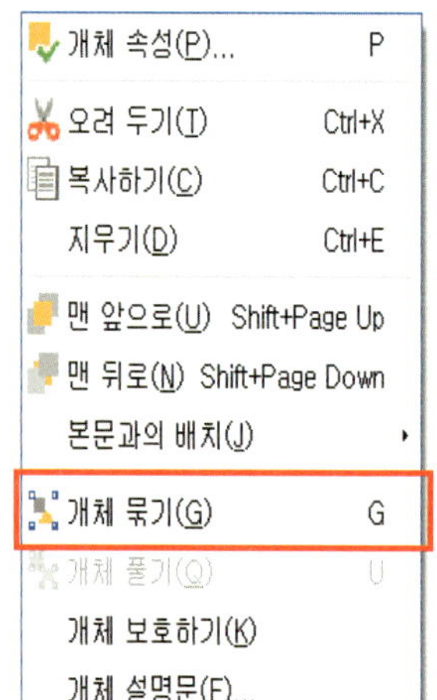

03 [개체 묶기]에 대한 안내창에서 [실행]을 클릭하면, 하나의 그래픽이 완성됩니다.

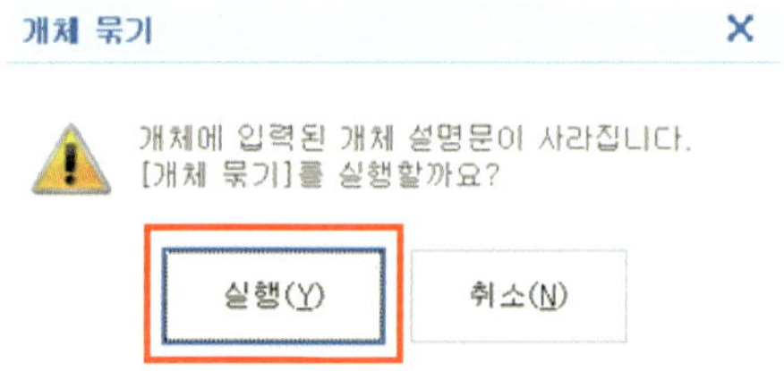

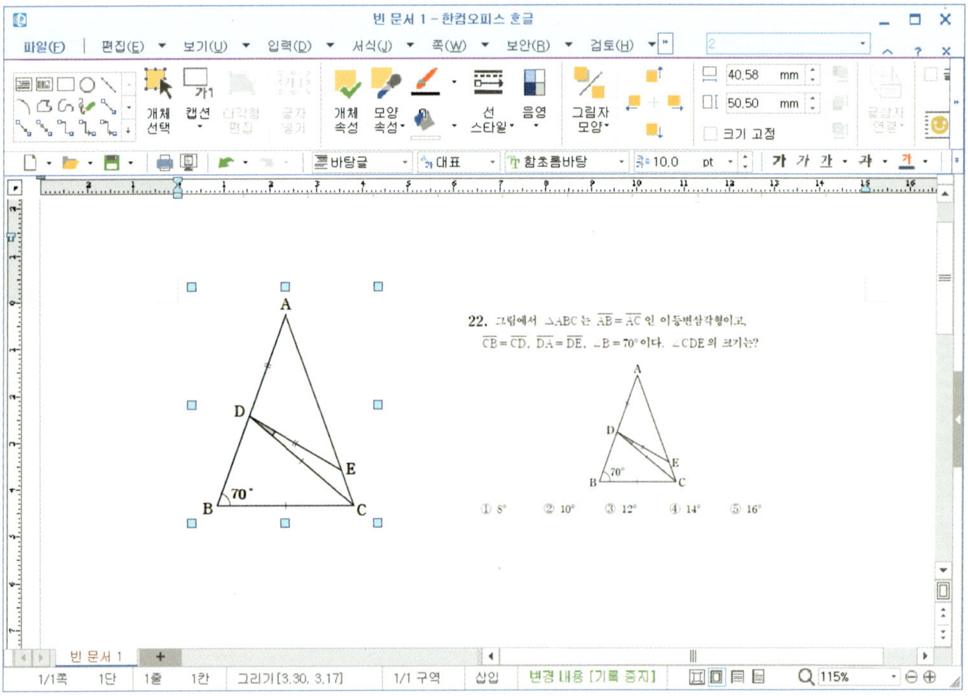

실습문항 2 | 2017년 국가수준 학업성취도평가 중3 12번

아래 제시된 실습문항을 그래픽 해보세요.
다음 장에는 AlgeoMath 도형에서 그래프를 그리는 단계와 편집한 결과를 차례대로 설명하고 있습니다.

2017년 국가수준 학업성취도평가 중3 12번

12. 그림에서 $\overline{AO}=\overline{CO}$, $\overline{BO}=\overline{DO}$ 이고 $\angle AOC=70°$, $\angle C=40°$ 일 때, $\angle B$의 크기는? (단, 점 O는 $\overline{AD}$와 $\overline{BC}$의 교점이다.)

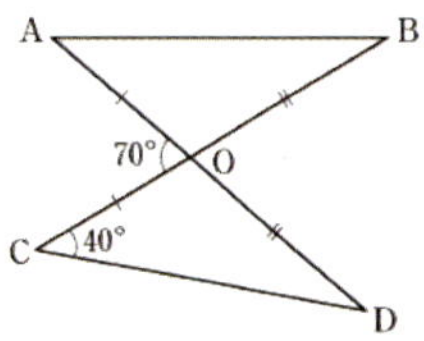

① 25° ② 30° ③ 35° ④ 40° ⑤ 45°

선생님들께 드리는 작은 Tip

❶ 본 순서에서는 먼저 점 O(0, 0)와 점 A(−3.5, 3)을 먼저 입력합니다.
❷ 회전 기능을 이용하여, 점 B, 점 C, 점 D를 생성합니다

실습문항 2에 대한 해설

● 1단계 AlgeoMath 도형에서 그래프 그리기

[1단계]는 AlgeoMath 도형에서 그래프의 개략적인 형태를 그리는 단계입니다.
선생님들의 이해를 돕고자 그림과 설명을 같이 넣어 자세히 설명하였습니다.
아래 제시된 점의 이름은 문항에서 제시된 점의 이름과 다를 수 있습니다.

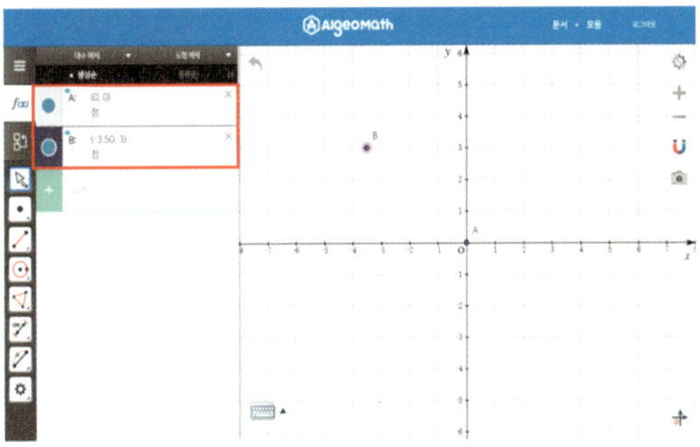

❶ 대수창에 A(0, 0), B(−3.5, 3)을 입력합니다.

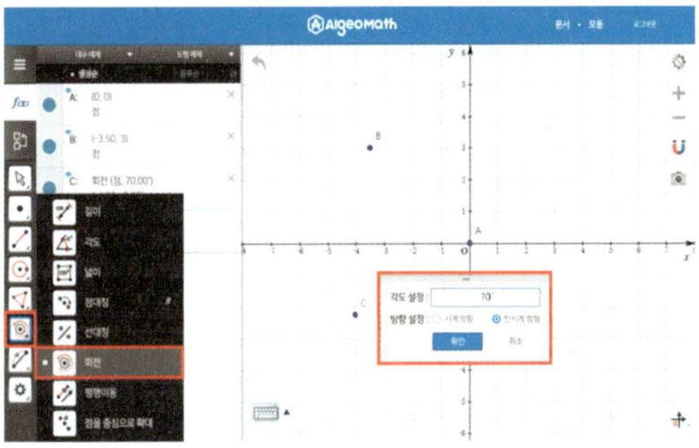

❷ 회전(◎) 기능을 선택하고 점 B → 점 A를 선택합니다. 이 후 나타나는 안내창에 반시계방향, 70을 입력합니다.

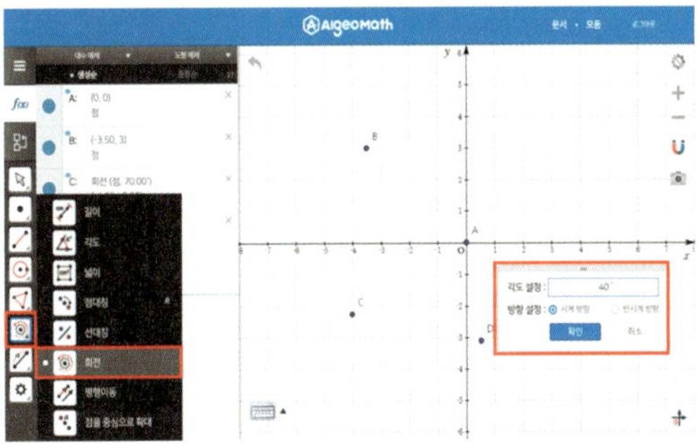

❸ 회전(◎) 기능을 선택하고 점 A → 점 C를 선택합니다. 이 후 나타나는 안내창에 시계방향, 40을 입력합니다.

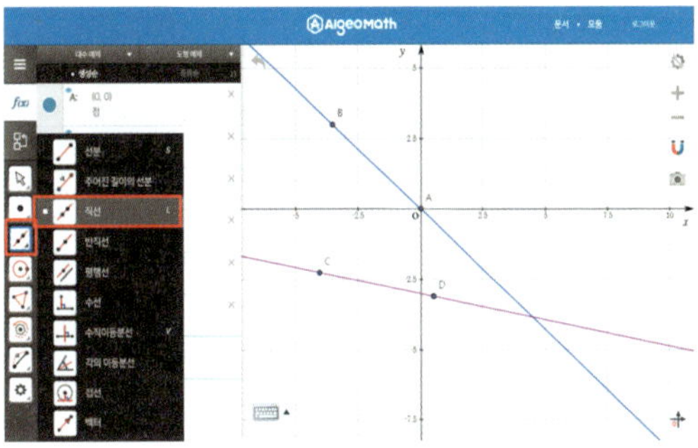

❹ 직선(⟋, 단축키 L) 기능을 사용하여 직선 AB와 직선 CD를 생성합니다.

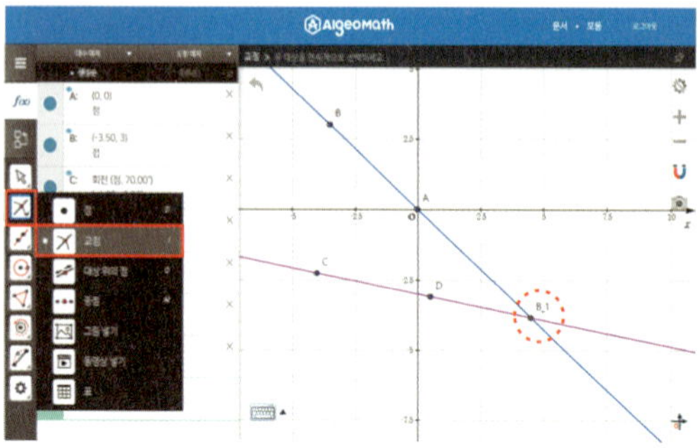

⑤ 교점(☒, 단축키 I) 기능을 이용하여 직선 AB와 직선 CD의 교점을 생성합니다. 점 B_1이 생성됩니다.

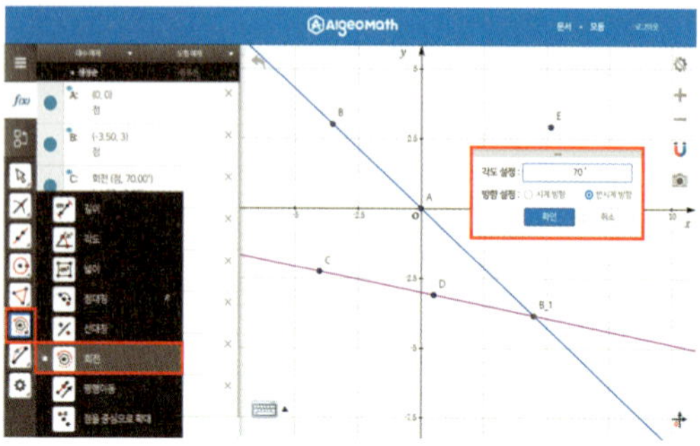

⑥ 회전(◎) 기능을 선택하고 점 B_1 → 점 A를 선택합니다. 이 후 나타나는 안내창에 반시계방향, 70을 입력합니다.

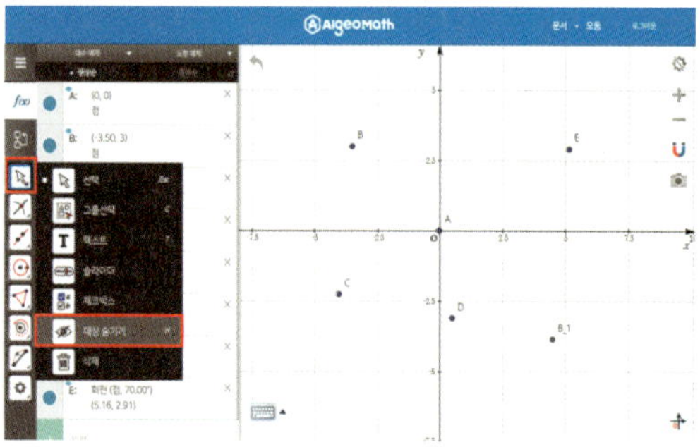

⑦ 대상숨기기(◉, 단축키 H) 기능을 사용하여 두 직선을 숨겨줍니다.

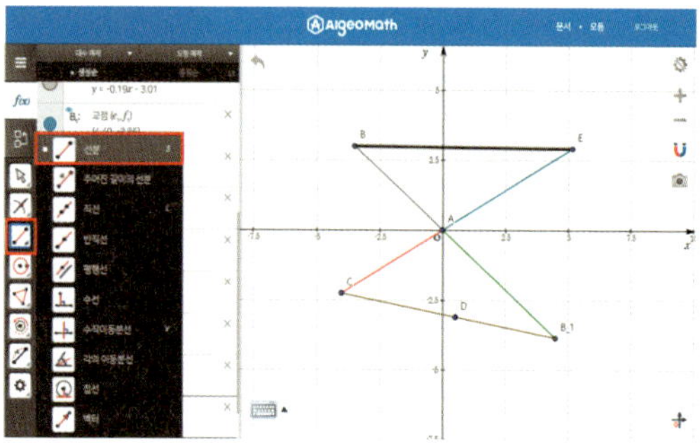

⑧ 선분(⟋, 단축키 S) 기능을 이용하여 $\overline{AB}$, $\overline{AC}$, $\overline{AB_1}$, $\overline{AE}$, $\overline{BE}$, $\overline{B_1C}$를 생성합니다.

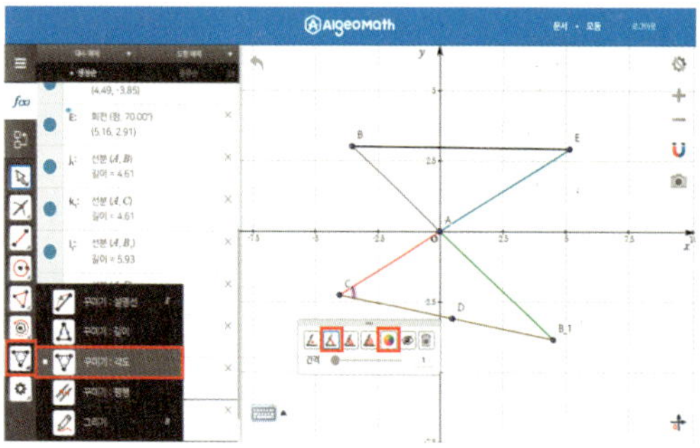

⑨ 꾸미기:각도(▽) 기능을 선택하고 점 B_1 → 점 C → 점 A를 차례로 선택합니다.
(속성을 모양 2, 검은색으로 변경합니다.)

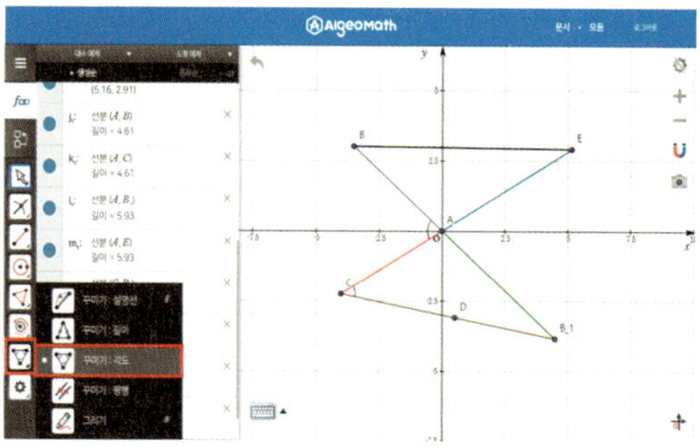

⑩ 한번 더 꾸미기:각도(▽) 기능을 선택하고 점 B → 점 A → 점 C를 차례로 선택합니다.
(속성을 모양 2, 검은색으로 변경합니다.)

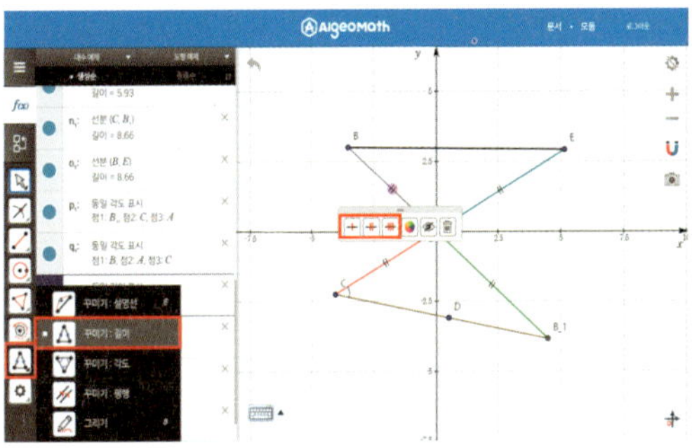

⑪ 꾸미기:길이(▽) 기능을 선택하고 원하고자 하는 모양으로 변경합니다.

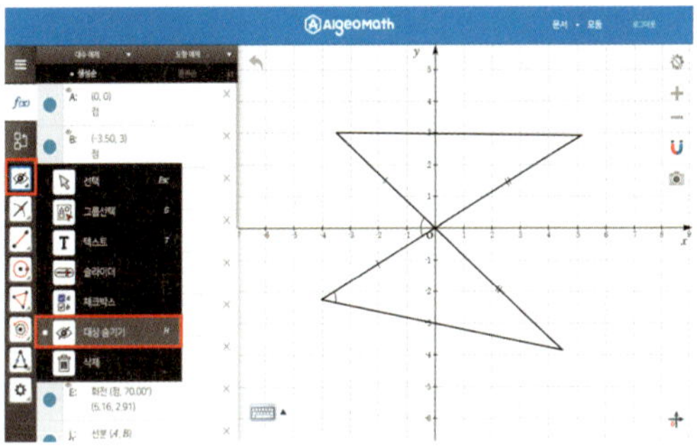

⑫ 모든 선분의 색을 검은색으로 변경하고, 대상숨기기(◎, 단축키 H) 기능을 이용하여 모든 점을 숨겨줍니다.

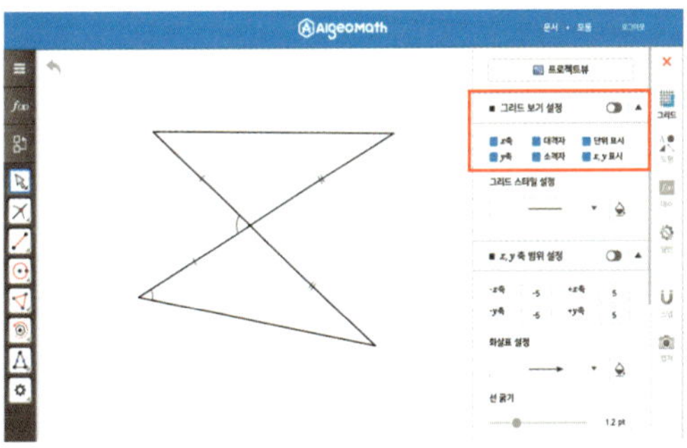

⑬ [환경설정] - [그리드 보기 설정]에서 모두 비활성화합니다.

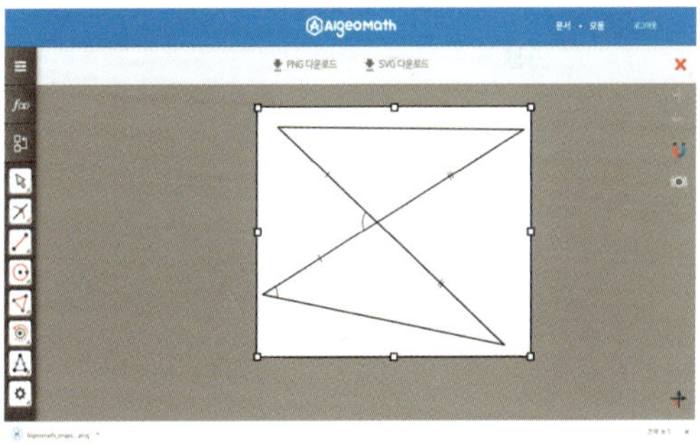

⑭ [캡처하기] 기능을 사용하여 그린 그림을 파일로 저장합니다.

● 2단계 한글에서 디자인 마무리하기

한글프로그램에서 글상자와 수식을 사용하여 각각의 위치에 글상자를 배치합니다.
특히, 이 예제에서는 70° 와 40° 를 직접 입력하였습니다. (70° 수식입력어 : 70 DEG)
그 이후 모든 객체를 선택하고 [그룹 묶기]를 실시해 줍니다.

※ **글자 모양** (1) **글꼴** : 신명중명조, (2) 크기 : 9 (A4 기준)

※ **문단 모양** (1) **정렬** : 왼쪽정렬, (2) 줄나눔기준 : 어절

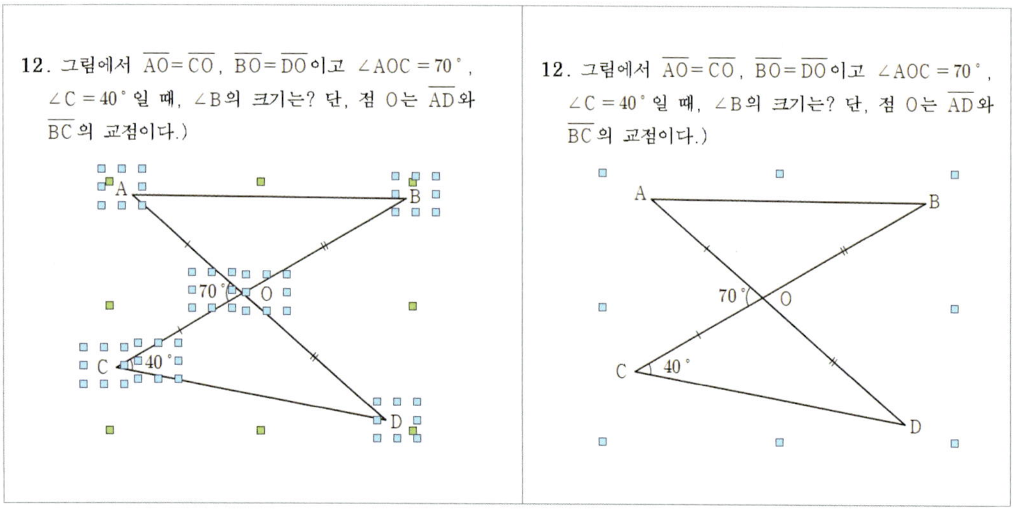

SECTION 03 비연속적인 함수 그래프가 포함된 문항 디자인

KEY POINTS 비연속적 함수의 그래프 그리기, 범위 제한하기

비연속적인 함수를 제시하고, 좌극한, 우극한 그리고 함숫값을 묻는 유형은 성취기준 '[12수학Ⅱ01-01] 함수의 극한의 뜻을 안다.'를 평가하기 위해 수능, 모의고사 그리고 학교 현장에서 많이 출제되는 문항의 형태입니다. 많이 출제되는 문제 유형임에도 불구하고 새롭게 디자인을 하기에 많이 부담스러운 그래프 유형이기도 합니다.

제시된 방법에 맞춰 [2019학년도 수능 나형, 홀수 7번 문항]의 그래픽을 함께 디자인하다 보면 선생님들께서 비연속적인 함수를 그리는 방법을 익힐 수 있을 것이라 확신합니다.

2019학년도 수능 나형, 홀수 7번 문항

7. 함수 $y=f(x)$의 그래프가 그림과 같다.

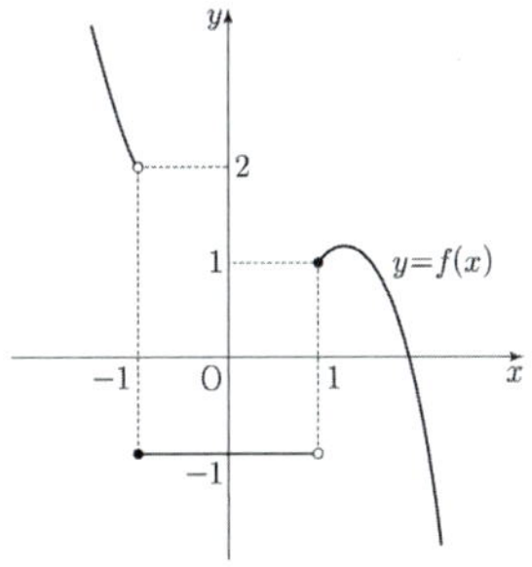

$\lim_{x\to -1-} f(x) - \lim_{x\to 1+} f(x)$의 값은? [3점]

① 2　② 1　③ 0　④ −1　⑤ −2

• **단계 및 순서**

[1단계] AlgeoMath 도형을 이용하여 그래프 그리기

[2단계] 그림파일로 변환하고 [그림판]으로 이동하기

(1) [환경설정]에서 격자 및 각종 표시 비활성화하기

(2) 캡처하기

[3단계] 한글을 이용하여 문항 그래픽 완성하기

(1) 한글에서 저장된 그림파일을 불러오기

(2) 글상자와 수식을 활용하여 문항에 맞게 입력하기

(3) [개체 묶기(G)]를 이용하여 그래픽 완성하기

1단계 | AlgeoMath 도형을 이용하여 그래프 그리기

01 대수창에 함수식 입력하기

대수창에 아래 제시된 식과 점을 입력합니다.

특히 범위가 제한된 함수를 입력할 때에는 먼저 ❶ 함수를 입력하고, ❷ (…)으로 표현된 곳에 범위를 차례로 입력합니다.

입력된 결과는 아래 그림과 같습니다.

> 선생님들께 드리는 작은 Tip
>
> x^3을 입력하면 x^3이 입력됩니다.

	함수식	범위 (…)
식 1	$y=-x^3+1$	$(x<-1)$
식 2	$y=-(x-1.5)^2+1.25$	$(x>1)$
식 3	$x=-1$	$(-1<y<2)$
식 4	$y=2$	$(-1<x<0)$
식 5	$y=-1$	$(-1<x<1)$
식 6	$x=1$	$(-1<y<1)$
식 7	$y=1$	$(0<x<1)$

입력할 점
점 1. $(-1,\ 2)$
점 2. $(-1,\ -1)$
점 3. $(1,\ -1)$
점 4. $(1,\ 1)$

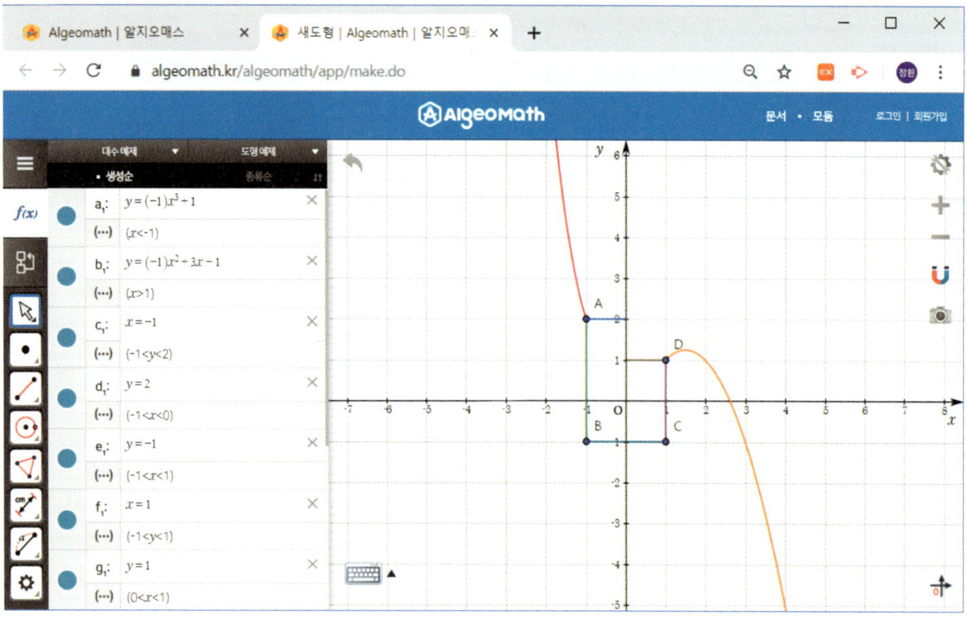

선생님들께 드리는 작은 Tip

범위가 제한된 함수를 입력하실 때는!

❶ 대수창에 함수를 입력합니다. ($y = -x^3+1$)

❷ (…)으로 표현된 곳에 **제한된 범위**를 입력해주세요.
($x < -1$)

❸ 그래프가 아래와 같이 변화되는 것을 확인할 수 있습니다.

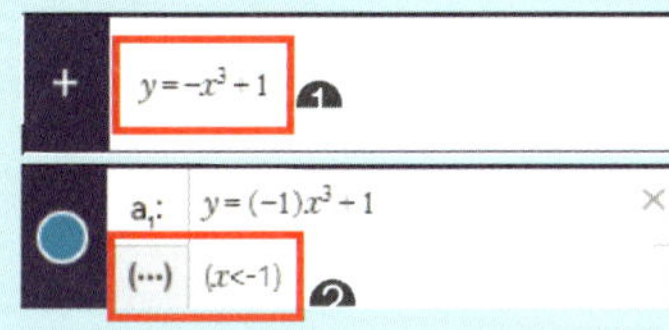

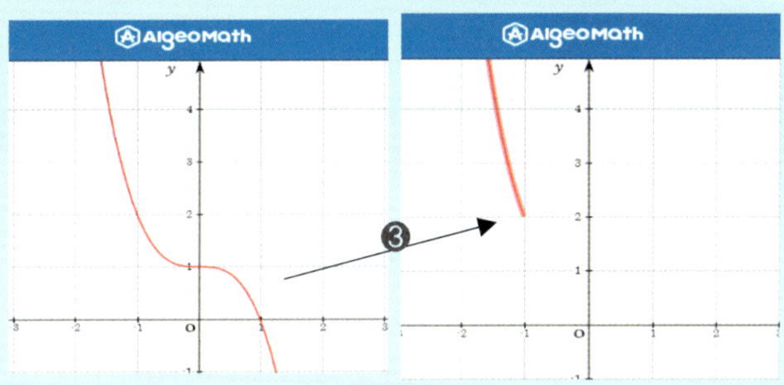

Q 만일 끝 점이 ∘ 으로 표현된다면?
우측 위의 **[환경설정] - [대수] - [영역 끝 꾸미기 설정]**을 해제해 주세요.

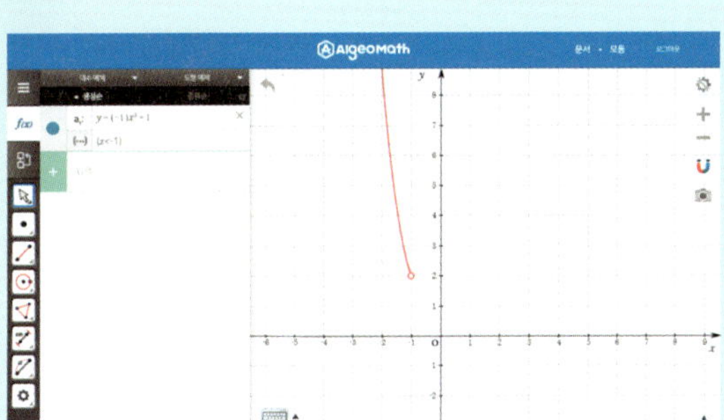

02 점선으로 바꾸기

❶ 스타일을 변형할 선분을 클릭합니다.

❷ 나타난 아이콘( ) 중에 선 스타일 아이콘( )을 클릭합니다.

❸ 선 스타일 설정(▼)을 클릭합니다.

❹ 여러 개의 스타일 중 점선(--------)을 클릭합니다.

❺ 마지막으로 선 굵기를 1px로 변경합니다.

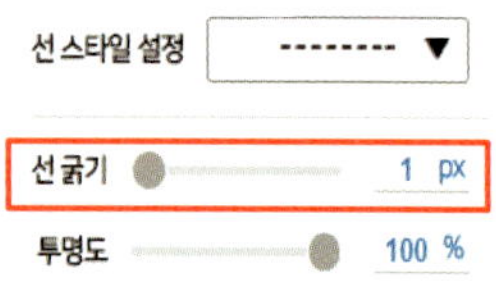

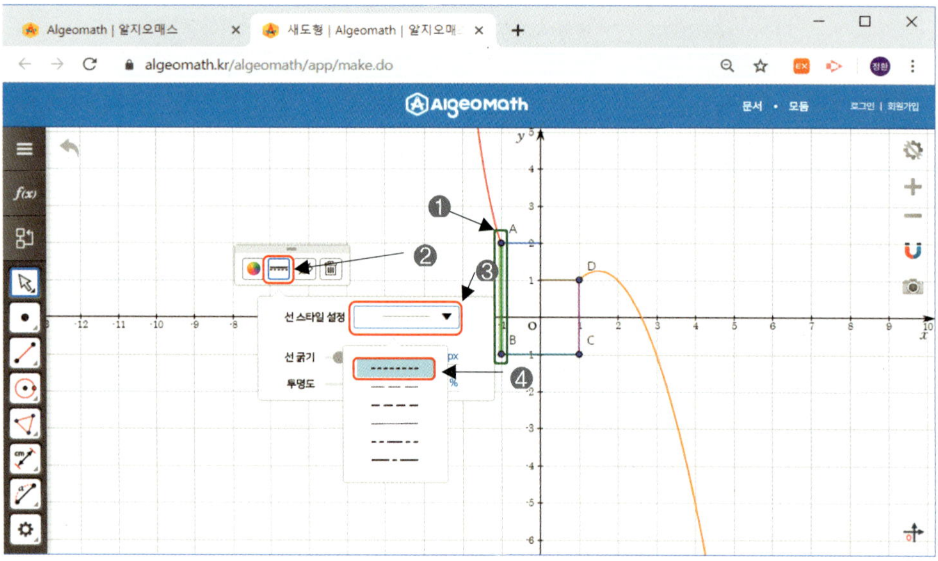

03 색상 바꾸기

❶ 색을 변경시키길 원하는 선분을 클릭합니다.

❷ 나타난 아이콘( ) 중에 색 아이콘( )을 클릭합니다.

❸ 검은색을 클릭합니다.

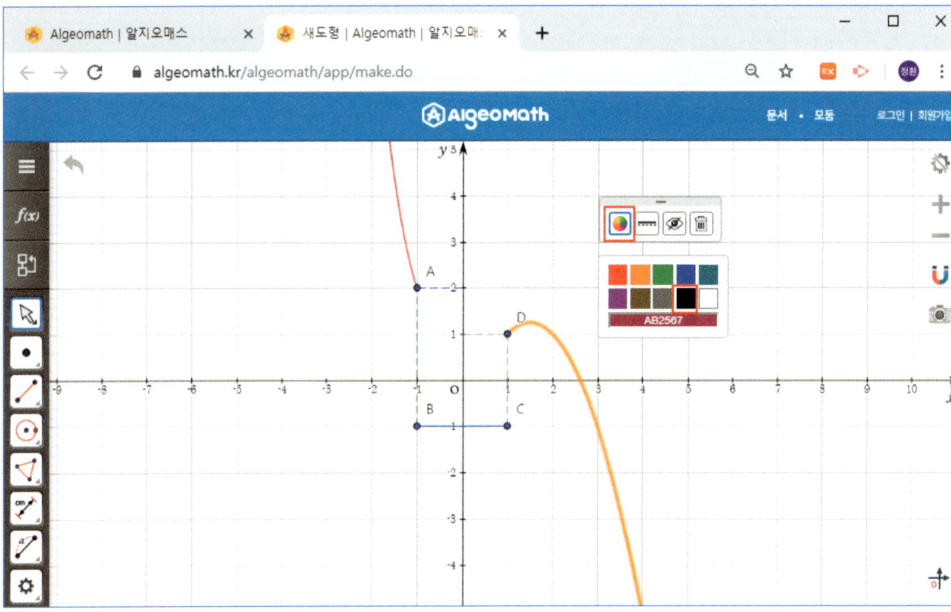

선생님들께 드리는 작은 Tip

표현된 함수의 색을 하나하나 바꾸는 작업이 다소 번거로울 수 있습니다.
이 경우 보다 편리한 방법을 CHAPTER 05 - SECTION 02, 03에 자세히 서술해 놓았습니다.

04 점 스타일 바꾸기

❶ 스타일을 변경하고자 하는 점을 클릭합니다.

❷ 나타난 아이콘 중에 색 아이콘()을 클릭합니다.

❸ 함수값이 정의된 점은 검은색으로 함수값이 정의되지 않는 점은 흰색으로 변경합니다.

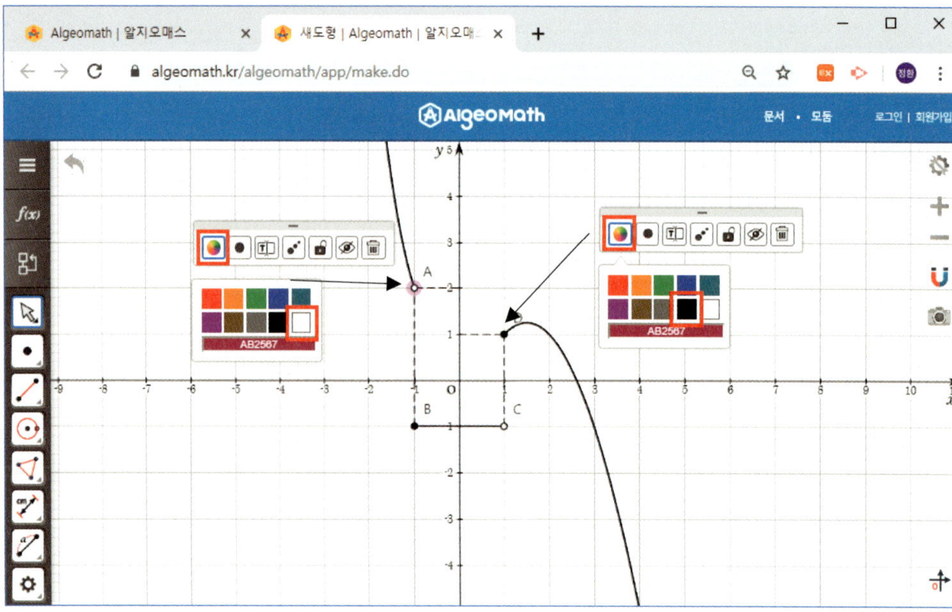

선생님들께 드리는 작은 Tip

점 스타일

점을 모양으로 변경하시지 마시고, 점의 색을 **흰색**으로 변경해주세요.

함숫값이 정의되지 않은 점을 표현할 때, 직관적으로 점의 모양을 으로 선택하는 선생님들이 많습니다. 하지만 이 경우에는 점 속에 그래프의 일부가 표현되는 상황이 발생하게 됩니다. 그러므로 점의 색을 흰색으로 변경해야 조금 더 정확히 그려집니다.

05 그래프를 제외한 모든 설명 숨기기

그래프를 제외한 점의 이름 등을 대상 숨기기( )를 이용하여 숨깁니다.

선생님들께 드리는 작은 Tip

대상 숨기기( )를 이용할 때 **단축키** H + **숨길 대상 선택**을 이용하면 매우 편리합니다.

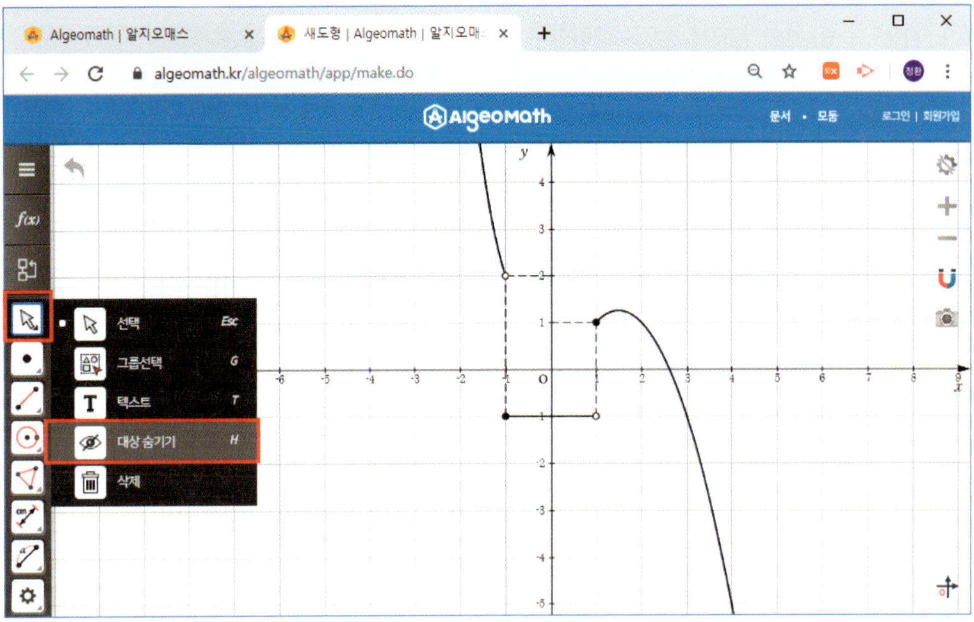

2단계 | 그림파일로 변환하고 [그림판]으로 이동하기

(1) [환경설정]에서 격자 및 각종 표시 비활성화하기

01 화면 우측 위의 [환경설정]을 클릭합니다.

02 [그리드 보기 설정]에서 x축, y축을 제외하고 모두 **비활성화**시켜 줍니다.

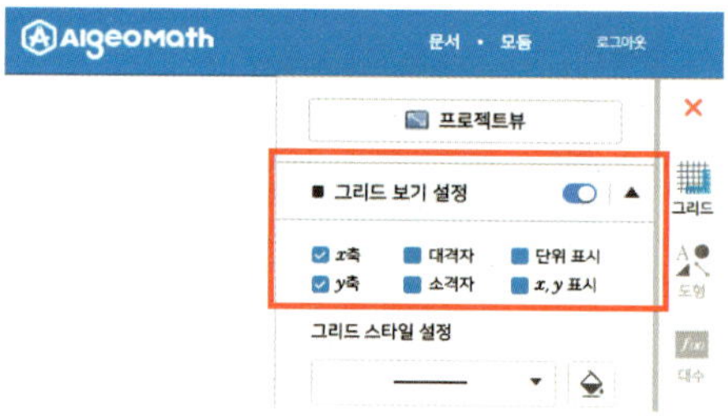

(2) 캡처하기

01 화면 우측 편에 있는 [스크린샷]을 클릭합니다.

02 캡쳐 설정에서는 [영역 캡처], 캡쳐 영역 설정에서는 [격자 단위]를 선택하고 [캡처하기]를 클릭합니다.

03 원하는 영역을 선택한 후 ❶ PNG로 다운로드를 클릭합니다.
그 이후 ❷ 하단에 다운로드된 파일을 클릭합니다.

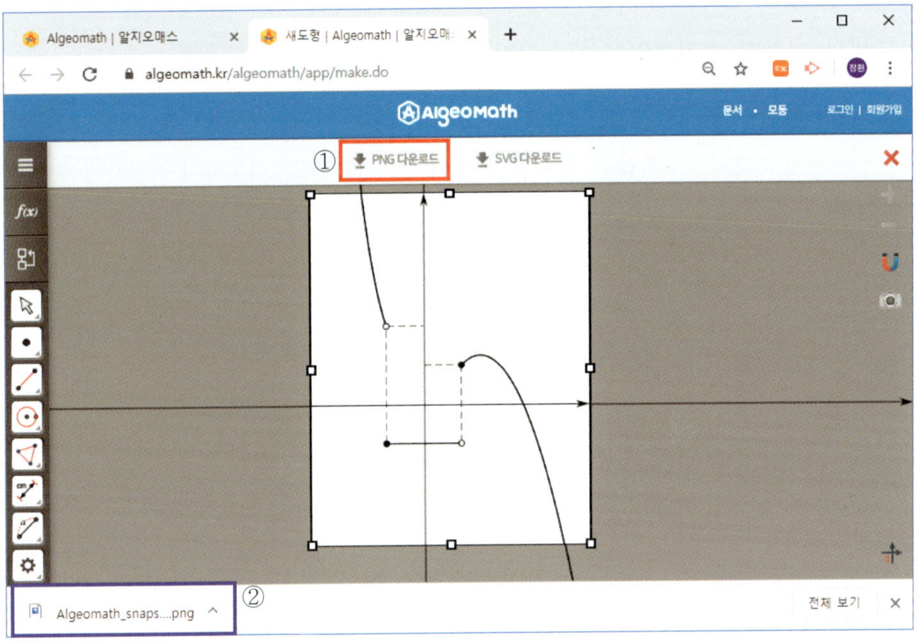

04 생성된 사진 창에서 [Ctrl + A](전체 선택)를 누르고 [Ctrl + C](복사하기)를 실행합니다.
복사된 그림은 [클립보드]에 저장됩니다.

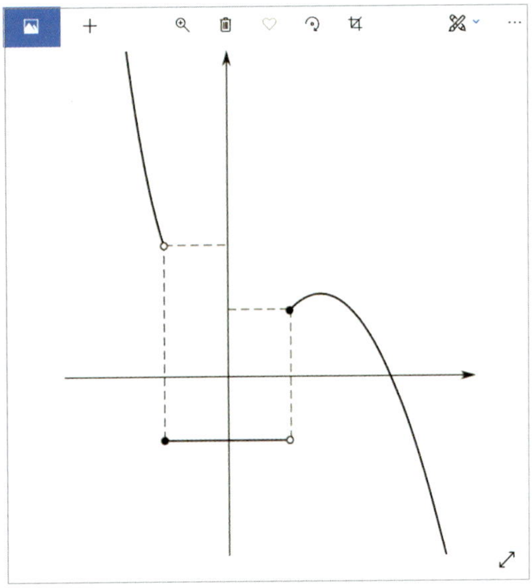

3단계 | 한글을 이용하여 문항 그래픽 완성하기

(1) 한글에서 저장된 그림파일을 불러오기

한글 프로그램을 실행시키고 문서 위에서 [Ctrl + V](붙여넣기)를 시행합니다. 이때, 그림이 비교적 크게 들어가게 되므로, 그림 클릭 후 우측 하단의 **크기조절** 창을 이용하여 적절하게 줄여줍니다.

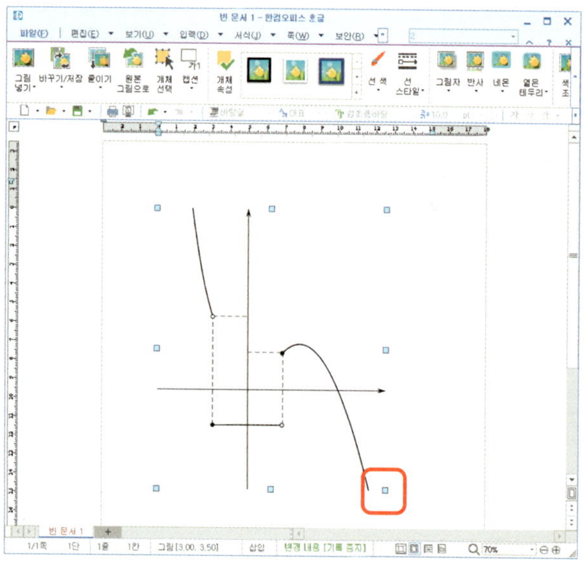

(2) 글상자와 수식을 활용하여 문항에 맞게 입력하기

01 한글에서 적당한 크기의 글상자($ctrl+n+b$)를 만들어 주세요.

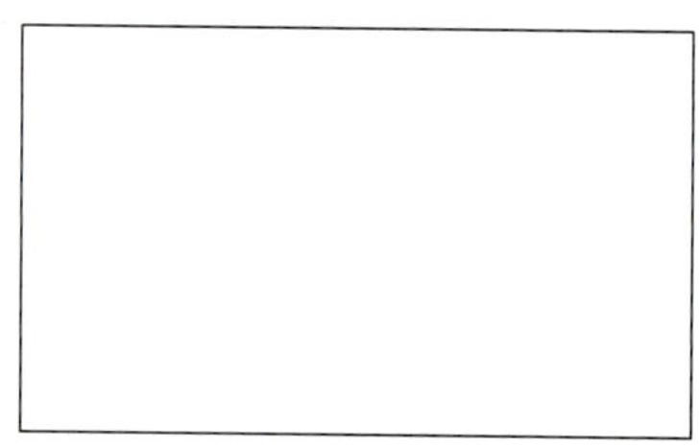

02 수식편집기($ctrl+n+m$)를 이용하여 입력할 수식 및 수를 글상자 속에 입력해주세요.

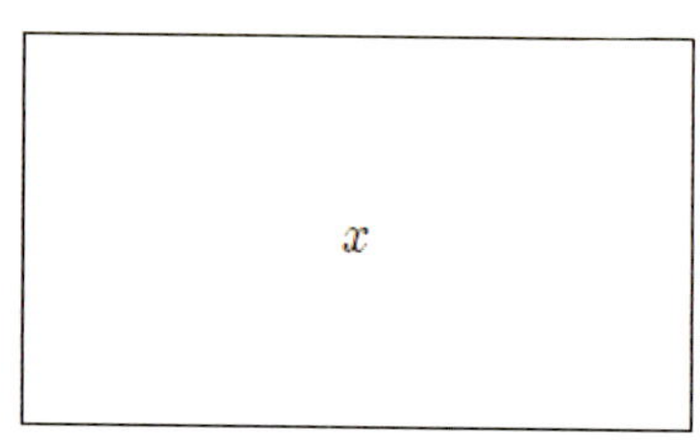

03 글상자를 클릭하신 후 마우스 오른쪽 단추를 누르면 나오는 [개체속성]을 클릭합니다.

❶ [선] → [종류(L)] → [선 없음]

❷ [채우기] → [색 채우기 없음(V)]으로 변경합니다. 그 이후, 글상자의 크기를 적절히 조정해주세요.

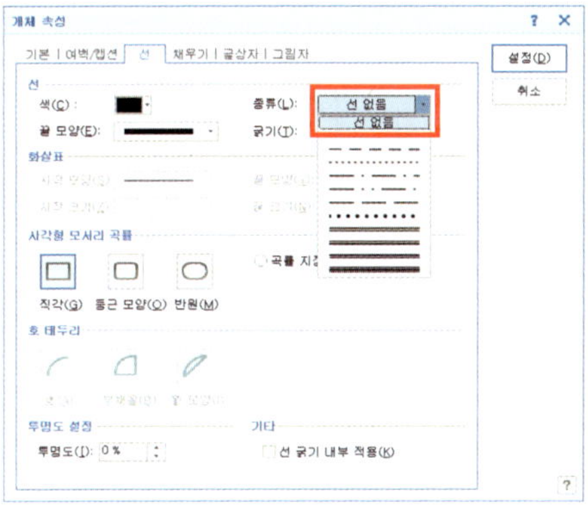

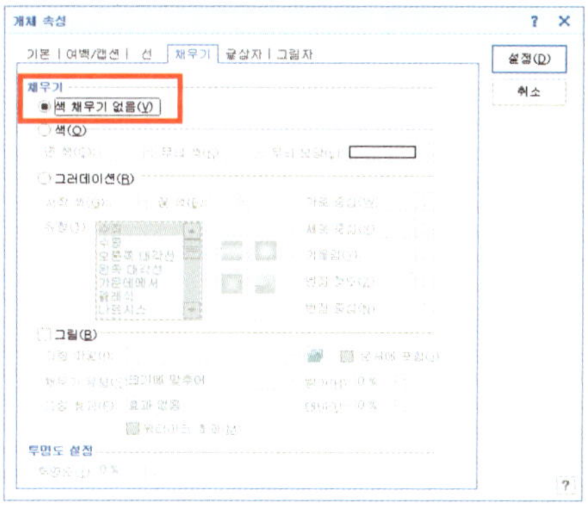

04 글상자를 여러 개 복사한 후, 문항에 맞게 글상자를 배치합니다. [채우기 없음]과 [선 없음]으로 그림 위에서의 배치가 가능해집니다.

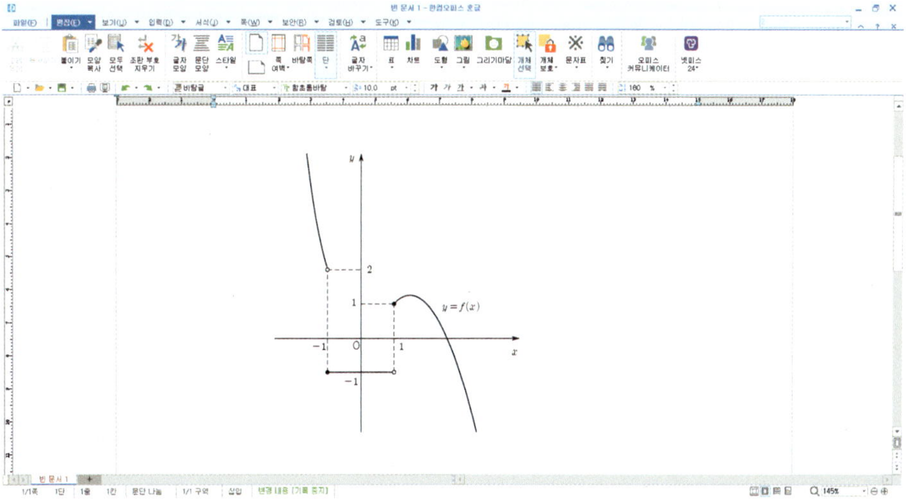

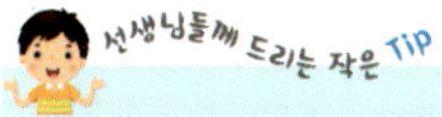

[선 없음]으로 글상자를 선택하기 어려울 수 있습니다. 이 경우 **[보기]**의 **[기본 도구 상자]**에서 **[투명 선]**을 클릭하시면 **[선 없음]** 처리된 부분이 **빨간 점선**으로 표현되어 선택이 더욱 편리해집니다. 자세한 내용은 CHAPTER 05 - SECTION 04를 참고해주세요.

05 개체 정렬

y축 왼편에 있는 숫자 1, 원점 O, 숫자 -1, 문자 y를 Shift키를 이용하여 하나하나 클릭하면 여러 개가 동시에 선택됩니다.

선택 후 화면 상단의 [그림] 탭에서 [맞춤] → [오른쪽 맞춤]을 클릭하여 y축 왼편의 글상자들을 일렬로 정렬합니다.

비슷하게 숫자 -1, 원점 O와 숫자 1 그리고 문자 x를 선택한 후 [그림] 탭에서 [맞춤] → [위쪽 맞춤]을 클릭하여 x축 아래의 글상자들을 일렬로 정렬합니다.

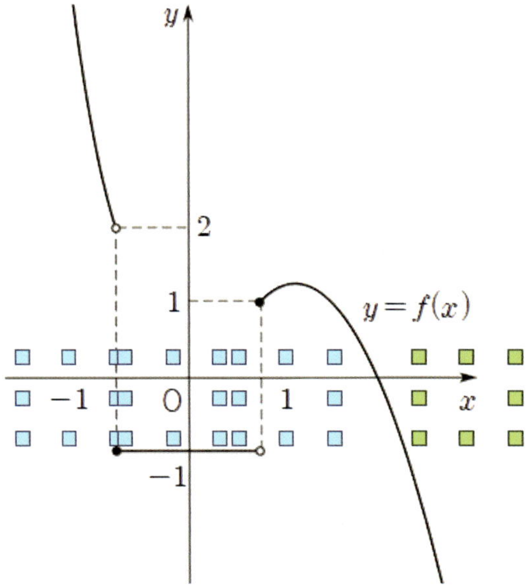

(3) [개체 묶기(G)]를 이용하여 그래픽 완성하기

01 하나의 개체를 선택한 후 [도형] 탭의 [기본 도구 상자] 왼쪽 편에 있는 [개체 선택]을 클릭합니다.

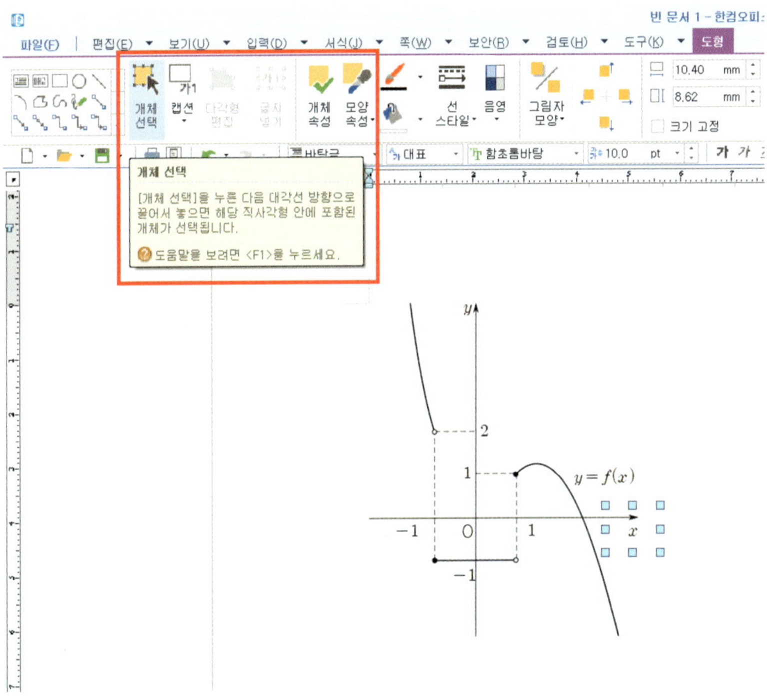

02 마우스 드래그를 통해 모든 개체를 선택합니다.
그 이후 마우스 오른쪽 단추를 눌러 [개체 묶기(단축키 *G*)]를 실행합니다.

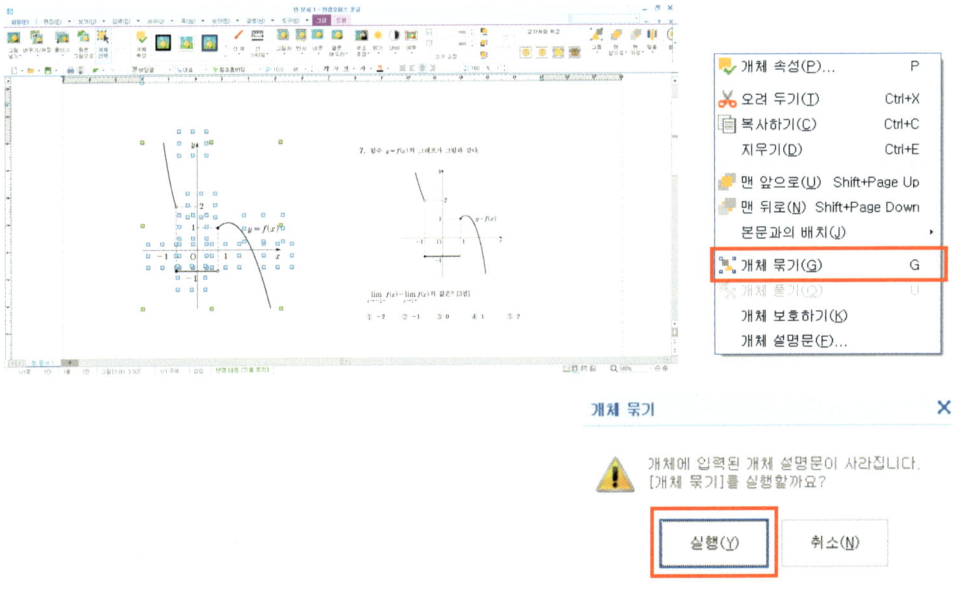

03 [개체 묶기]에 대한 안내창에서 [실행]을 클릭하면, 하나의 그래픽이 완성됩니다.

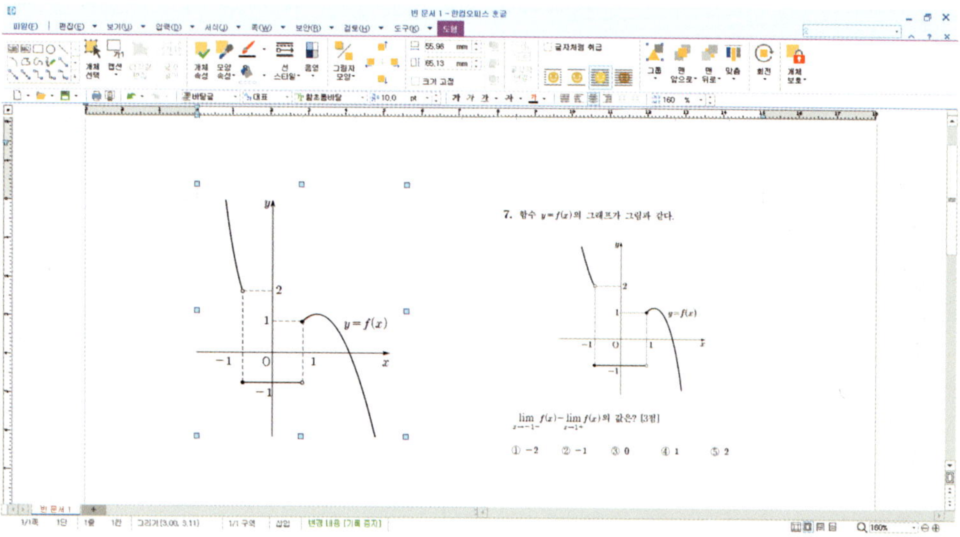

선생님들께 드리는 작은 Tip

- **다항식**은 **이탤릭체** $A, B, C, f(x), g(x), P(x), Q(x), R(x)$로 나타내야 합니다!
- **점과 선분**을 나타낼 때는 **로마자**로 입력하셔야 해요! (예 : 선분 $\mathrm{\overline{AB}}$, 점 A)
- 원점을 표현하는 영문자 O는 로마자이므로 수식 창에서 입력할 때는 **bold{rm O}**로 입력해주세요.
- 자세한 사항은 CHAPTER 05 - SECTION 06을 참고해주세요.

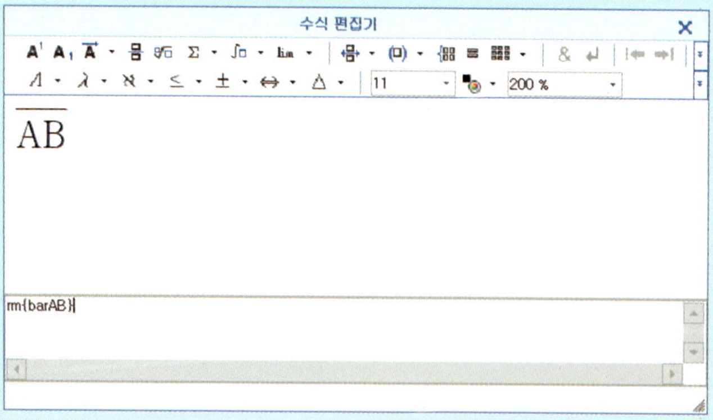

실습문항 3 | 2018학년도 수능 나형, 홀수 5번 문항

아래 제시된 실습문항을 그래픽 해보세요.

다음 장에는 AlgeoMath 도형에서 그래프를 그리는 단계와 편집한 결과를 차례대로 설명하고 있습니다.

2018학년도 수능 나형, 홀수 5번 문항

5. 함수 $y=f(x)$의 그래프가 그림과 같다.

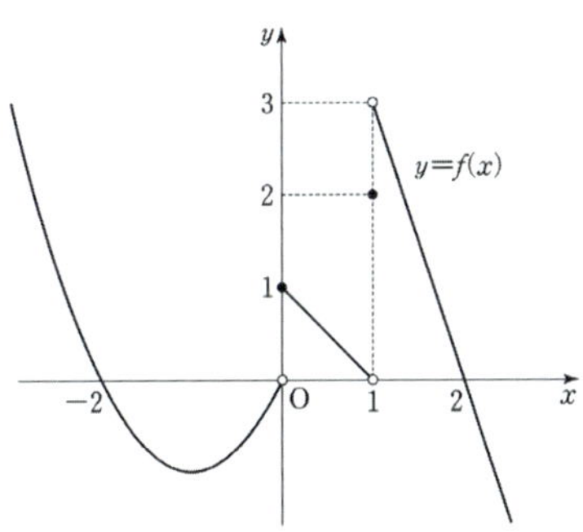

$\lim_{x \to 0-} f(x) + \lim_{x \to 1+} f(x)$의 값은? [3점]

① 1 ② 2 ③ 3 ④ 4 ⑤ 5

선생님들께 드리는 작은 Tip

함수(범위)와 **점의 좌표**는 아래와 같습니다.

❶ $y=x^2+2x \ (x<0)$

❷ $y=-3x+6 \ (x>1)$

❸ $y=-x+1 \ (0<x<1)$

❹ $x=1 \ (0<y<3)$

❺ $y=2 \ (0<x<1)$

❻ $y=3 \ (0<x<1)$

❼ $(0, 0)$, $(1, 0)$, $(0, 1)$, $(1, 2)$, $(1, 3)$

실습문항 3에 대한 해설

● 1단계 AlgeoMath 도형에서 그래프 그리기

[1단계]는 AlgeoMath 도형에서 그래프의 개략적인 형태를 그리는 단계입니다.
선생님들의 이해를 돕고자 그림과 설명을 같이 넣어 자세히 설명하였습니다.

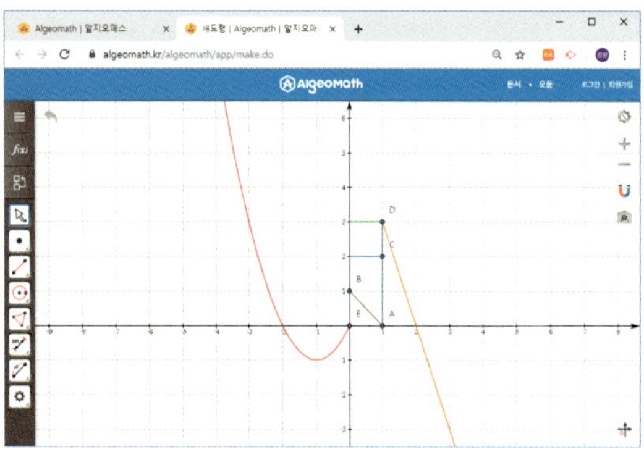

❶ 대수창에 주어진 함수와 범위, 점을 입력합니다.

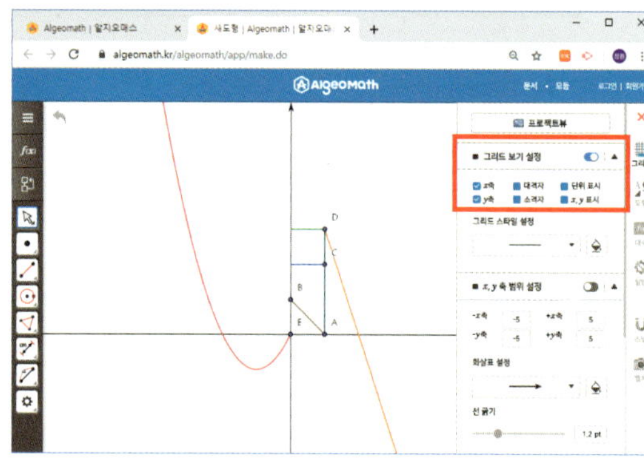

❷ [환경설정] - [그리드 보기 설정]에서 x축, y축을 제외하고 모두 비활성화합니다.

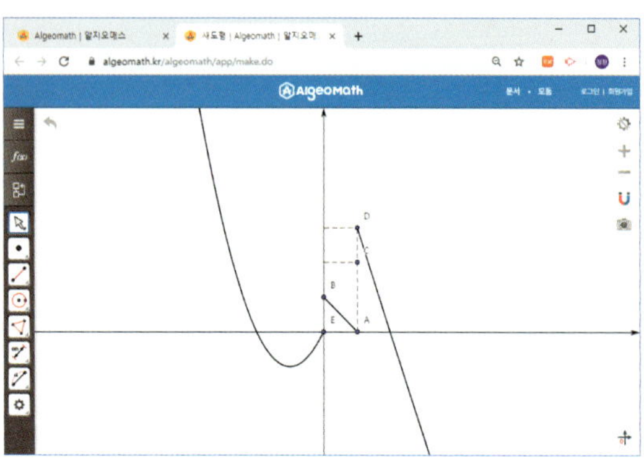

❸ 문항에 맞게 선 스타일과 그래프의 색을 변경합니다.

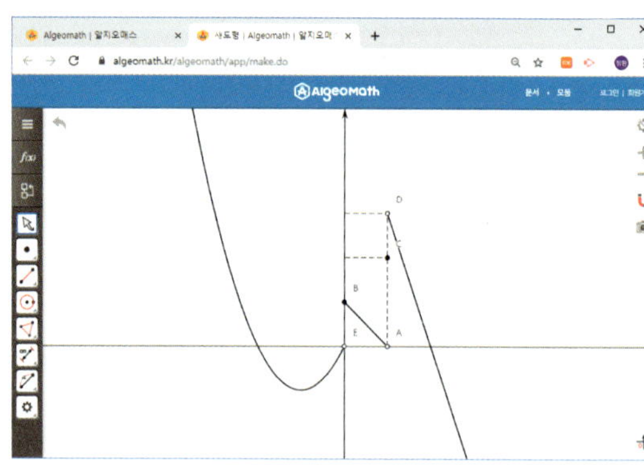

❹ 문항에 맞게 점의 색을 변경합니다.

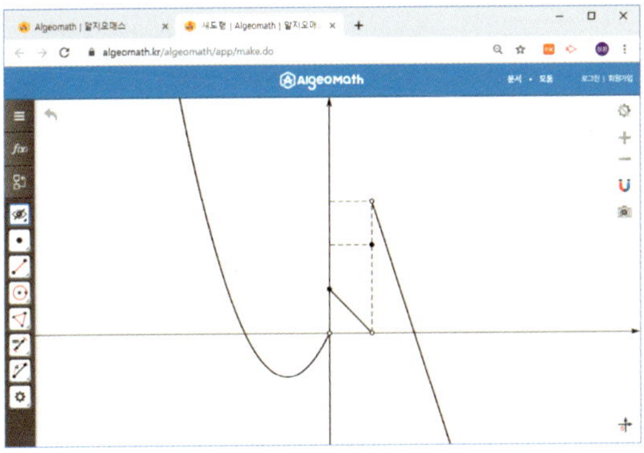

⑤ 대상숨기기(아이콘, 단축키 H) 기능에서 점 이름을 숨겨줍니다.

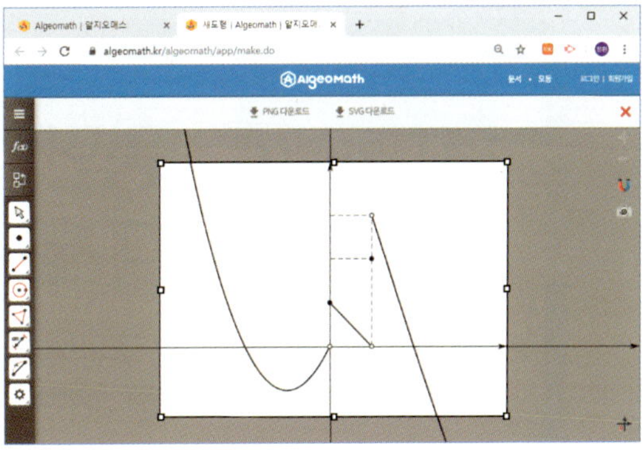

⑥ [캡처하기] 기능을 사용하여 그래프를 그림파일로 저장합니다.

● 2단계 한글에서 그래픽 디자인 마무리하기

앞에서 실습한 바와 같이 한글프로그램에서 **글상자**와 수식을 이용하여 원하는 위치에 **글상자**를 배치합니다. 그 이후 모든 객체를 선택한 후 **[그룹 묶기]**를 실시해 줍니다. 오른쪽 그림과 같이 하나의 완성된 그래픽이 나오게 됩니다.

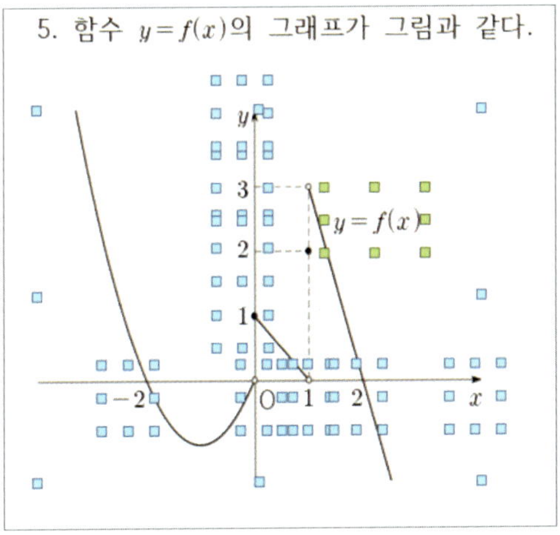

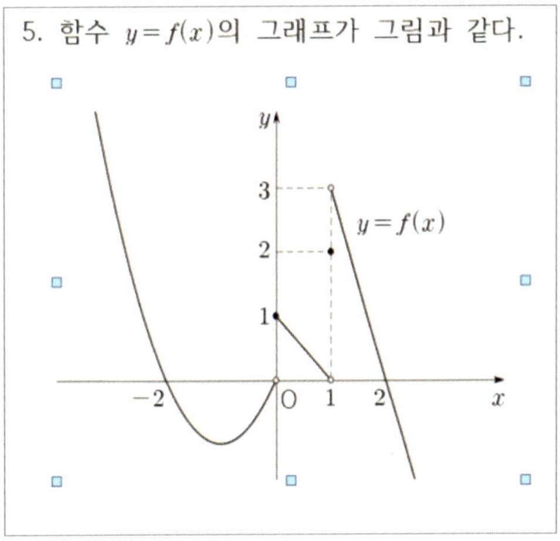

SECTION 04

평면벡터가 포함된 문항 디자인

KEY POINTS 벡터( ), 중점( ), 호 그리기( )

이번 절에서는 고등학교 선택과목 기하에서 출제되는 평면벡터가 포함된 문항을 디자인하는 방법을 설명합니다. 큰 틀은 기존과 동일하며, AlgeoMath에서 지원되는 기능인 **벡터 표현**, **호 그리기** 방법을 이용한 그래픽 디자인에 대해 자세히 서술하였습니다.

[2017학년도 6월 모의평가, 28번 문항]에 제시된 문항 그래픽을 함께 디자인하는 과정을 거치면, 더욱 숙련된 문항 디자인 방식을 습득하실 수 있을 것이라 생각됩니다.

2017학년도 6월 모의평가, 28번 문항

28. 그림과 같이 선분 AB 위에 $\overline{AE}=\overline{DB}=2$인 두 점 D, E가 있다. 두 선분 AE, DB를 각각 지름으로 하는 두 반원의 호 AE, DB가 만나는 점을 C라 하고, 선분 AB 위에 $\overline{O_1A}=\overline{O_2B}=1$인 두 점을 O_1, O_2라 하자.
호 AC 위를 움직이는 점 P와 호 DC 위를 움직이는 점 Q에 대하여 $|\overrightarrow{O_1P}+\overrightarrow{O_2Q}|$의 최솟값이 $\frac{1}{2}$일 때, 선분 AB의 길이는 $\frac{q}{p}$이다. $p+q$의 값을 구하시오. (단, $1<\overline{O_1O_2}<2$이고, p와 q는 서로소인 자연수이다.) [4점]

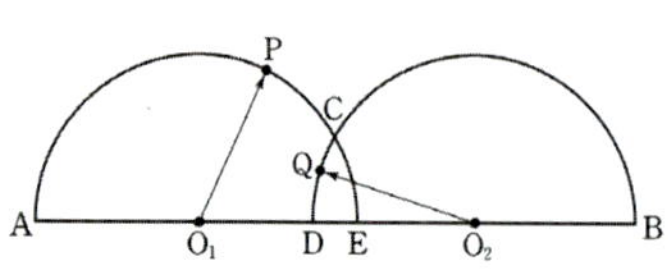

• **단계 및 순서**

[1단계] AlgeoMath **도형**을 이용하여 **기본도형** 그리기

[2단계] **그림파일로 변환**하고 **[그림판]으로 이동**하기

(1) **[환경설정]**에서 격자 및 각종 표시 비활성화하기

(2) 캡처하기

[3단계] **한글**을 이용하여 **문항 그래픽 완성**하기

(1) 한글에서 저장된 그림파일을 불러오기

(2) 글상자와 수식을 활용하여 문항에 맞게 입력하기

(3) **[개체 묶기(G)]**를 이용하여 그래픽 완성하기

1단계 | AlgeoMath 도형을 이용하여 기본 도형 그리기

01 중점 만들기

❶ 대수 창에 A(0, 0), B(2,0), C(1.6,0)*, D(3.6,0)를 입력합니다.

> * 여기에서 1.6이라는 수는 문항에 맞게 저자가 임의로 잡은 수입니다.

❷ 중점(, 단축키 *M*) 기능을 선택하고 점 A와 점 B를 클릭하여 두 점의 중점 E(1,0)를 생성합니다.

❸ 비슷한 방법으로 중점(, 단축키 *M*) → 점 C → 점 D를 클릭하여 두 점의 중점 F(2.6,0)를 생성합니다.

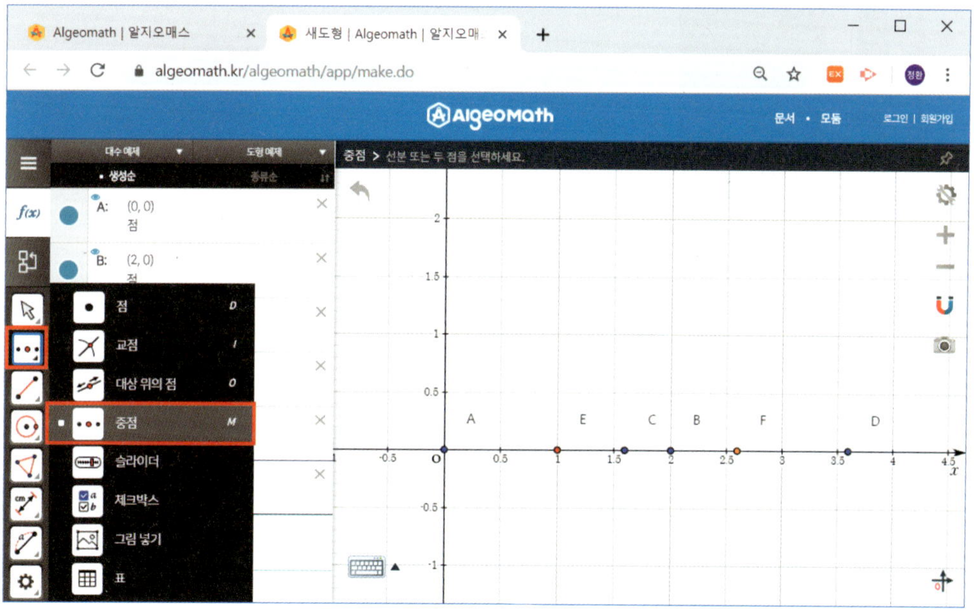

02 호 생성하기

호( ) 기능을 선택하고 반시계방향으로 ❶ 점 E → 점 B → 점 A 순으로 클릭합니다. 마찬가지로, ❷ 점 F → 점 D → 점 C 순으로 클릭하면 두 호가 생성됩니다.

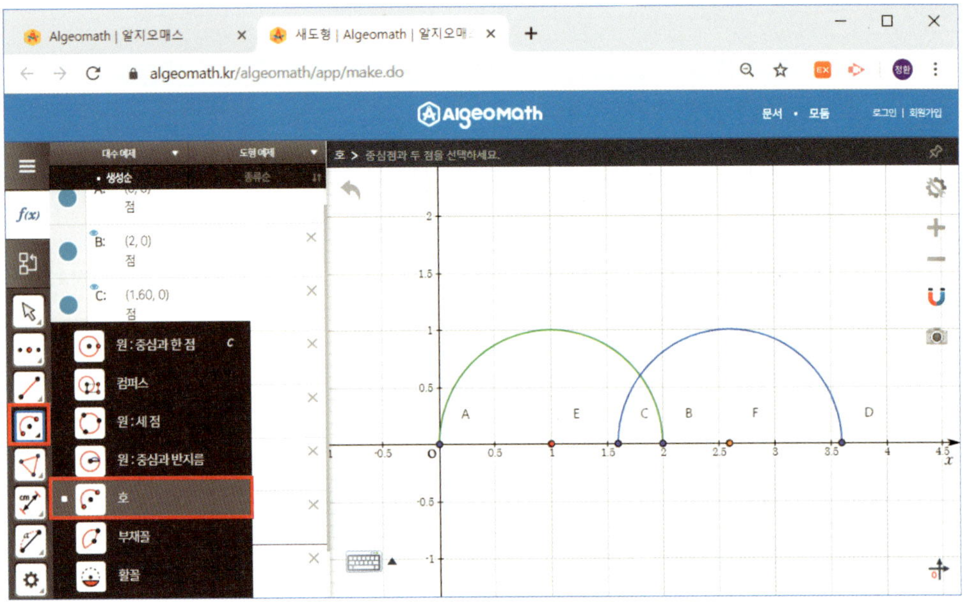

선분(, 단축키 S)을 이용하여 $\overline{AD}$를 만들어줍니다.

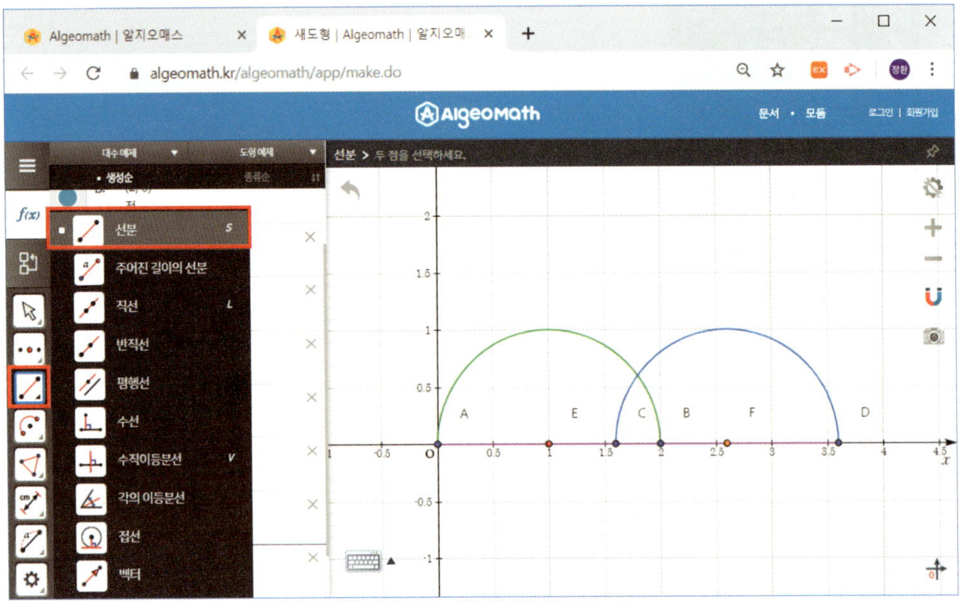

03 대상 위의 점

대상 위의 점(, 단축키 O)을 선택하고 점 G와 점 H가 위치할 호 위의 점을 클릭합니다.

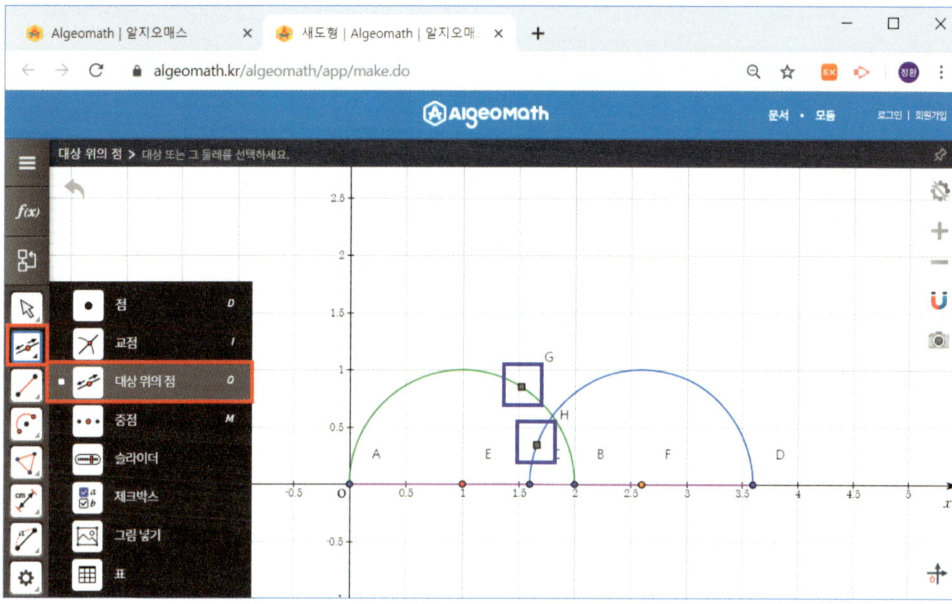

04 벡터 생성하기

벡터() 기능을 선택하고 ❶ 시점, ❷ 종점 순으로 클릭합니다. 벡터 $\overrightarrow{EG}$, $\overrightarrow{FH}$를 생성합니다.

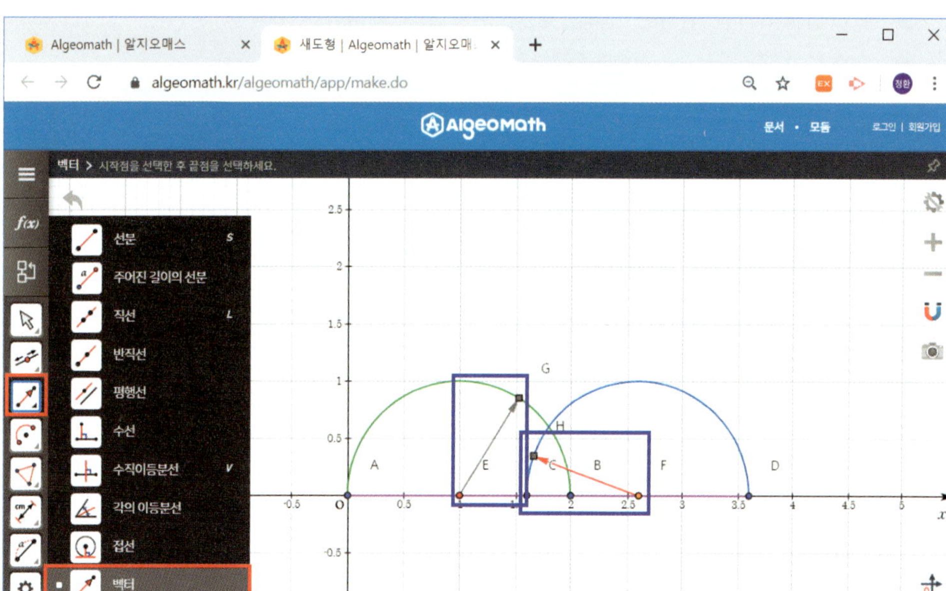

05 점 스타일 바꾸기

❶ 스타일을 변경시키길 점(벡터의 시점, 종점)들을 선택합니다.

❷ 나타난 아이콘 중에 색 아이콘() → 검은색, 모양아이콘() → 모양을 클릭하여 점의 스타일을 변경합니다.

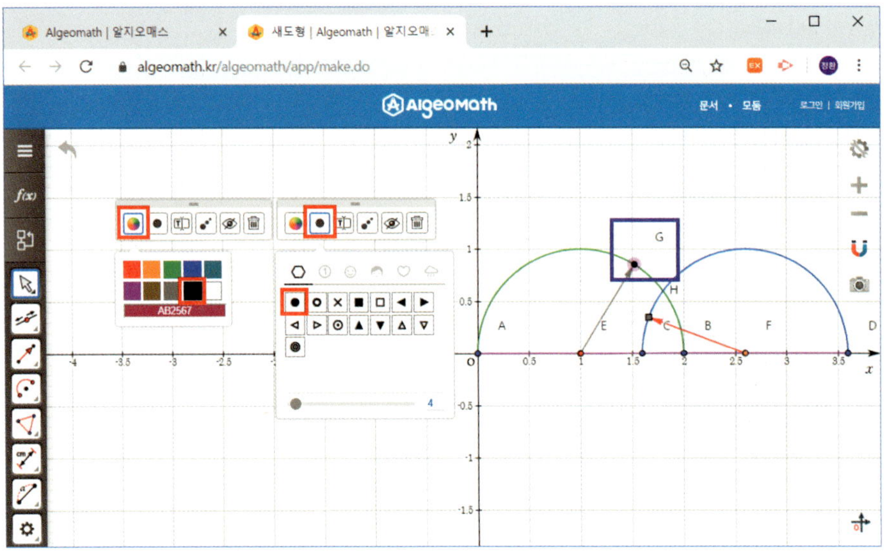

06 벡터, 호, 선분 색상 바꾸기

❶ 색을 변경시키길 원하는 벡터, 호, 선분을 클릭합니다.

❷ 나타난 아이콘 중 색 아이콘()을 클릭하고 검은색으로 변경합니다.

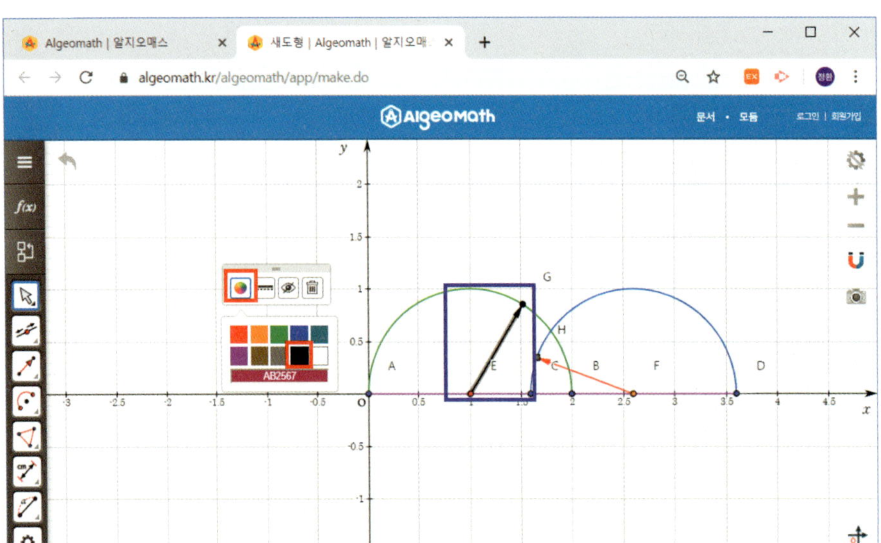

07 대상 숨기기

대상 숨기기(, 단축키 H) 기능을 이용하여 문항과 관련 없는 점들을 숨깁니다.

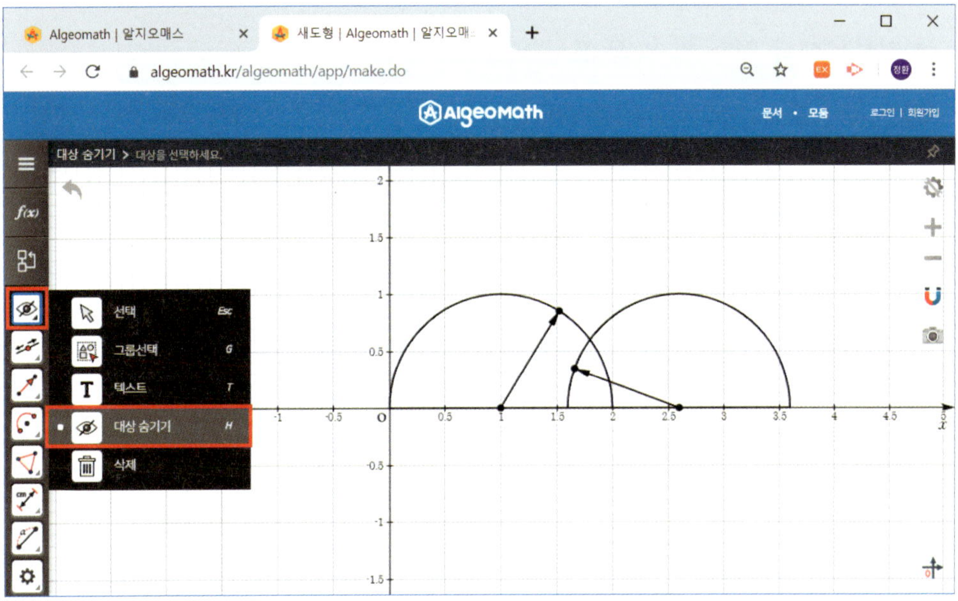

선생님들께 드리는 작은 Tip

점을 모두 숨긴 후, 수정을 위해 숨긴 점을 찾는 것은 매우 번거로운 일입니다. **점의 이름만 숨기고 모든 점의 크기를 0으로 조절**하시면 차후 더욱 편리하게 수정작업을 진행하실 수 있습니다.
CHAPTER 05 - SECTION 01에서 이에 대해 보다 자세히 서술해 놓았습니다.

2단계 | 그림파일로 변환하고 [그림판]으로 이동하기

(1) [환경설정]에서 격자 및 각종 표시 비활성화하기

01 화면 우측 위의 [환경설정]을 클릭합니다.

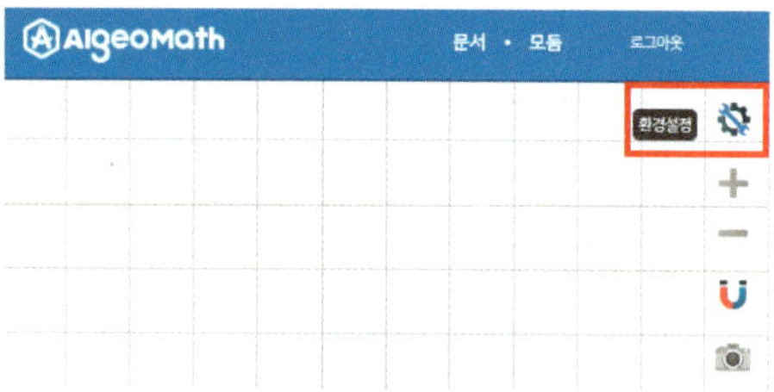

02 [그리드 보기 설정]에서 모든 항목을 비활성화시켜 줍니다.

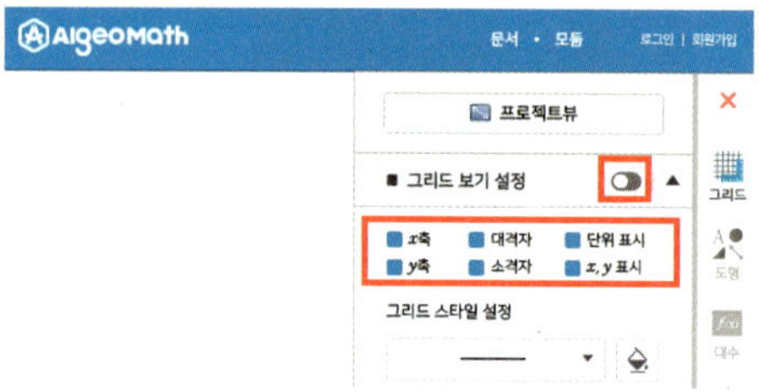

(2) 캡처하기

01 화면 우측 편에 있는 [스크린샷]을 클릭합니다.

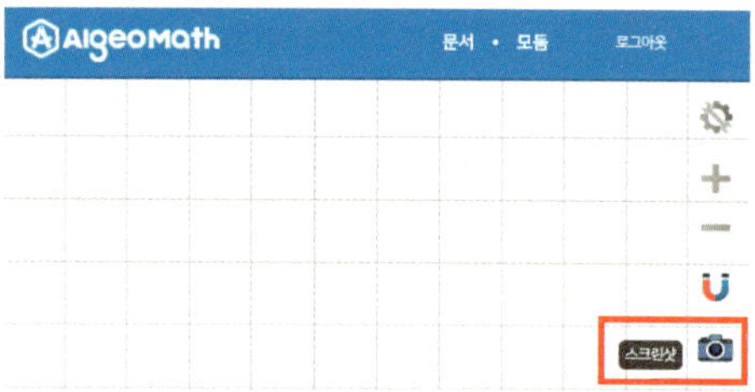

02 캡처 설정에서는 [영역 캡처], 캡처 영역 설정에서는 [격자 단위]를 선택하고 [캡처하기]를 클릭합니다.

03 문항과 비슷하게 맞춘 후, ❶ [PNG로 다운로드]를 클릭합니다.
그 이후 ❷ 하단에 다운로드 된 파일을 클릭하면 [사진 창]이 생성됩니다.

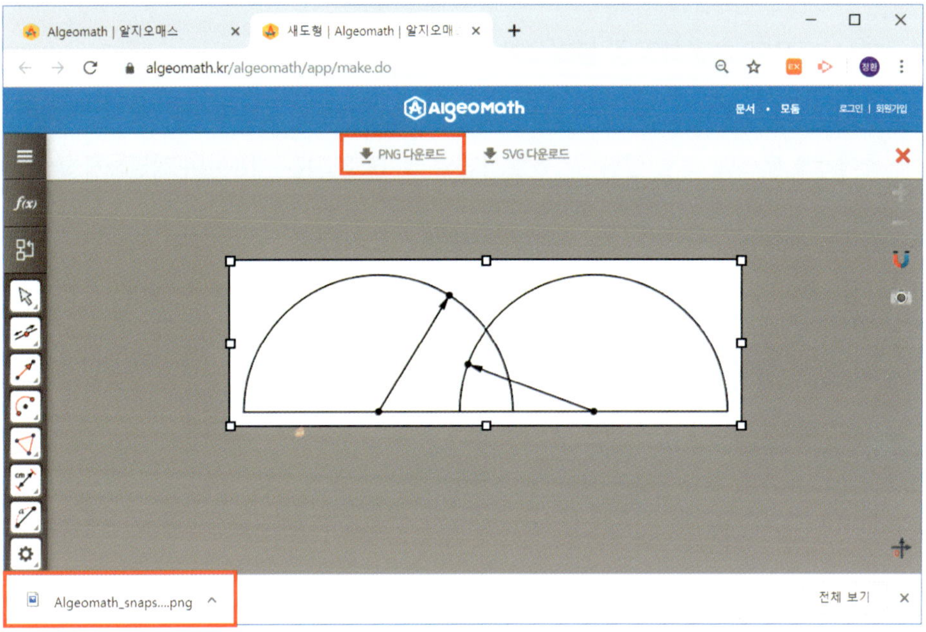

04 생성된 사진 창에서 [Ctrl + A (전체 선택)]를 누르고 [Ctrl + C (복사하기)]를 시행합니다.
복사된 그림은 [클립보드]에 저장됩니다.

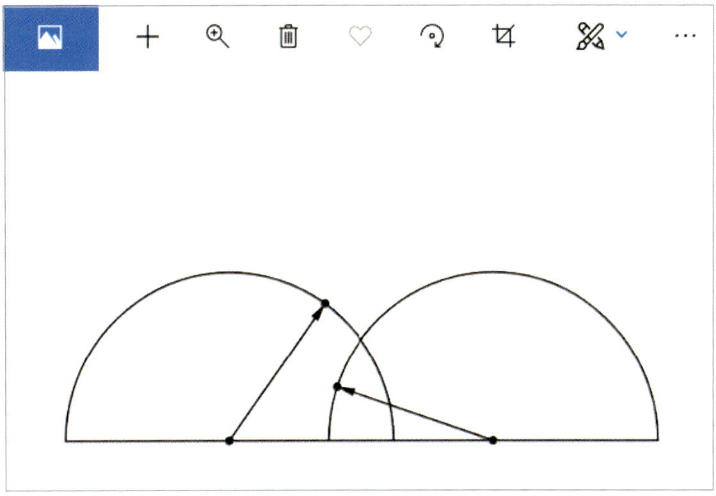

3단계 | 한글을 이용하여 문항 그래픽 완성하기

(1) 한글에서 저장된 그림파일을 불러오기

한글 프로그램을 실행하고 문서 위에서 [Ctrl + V (붙여넣기)]를 실행합니다. 이 때, 그림이 비교적 크게 들어가게 되므로, 그림 클릭 후 우측 하단의 **크기조절** 창을 이용하여 적절하게 줄여줍니다.

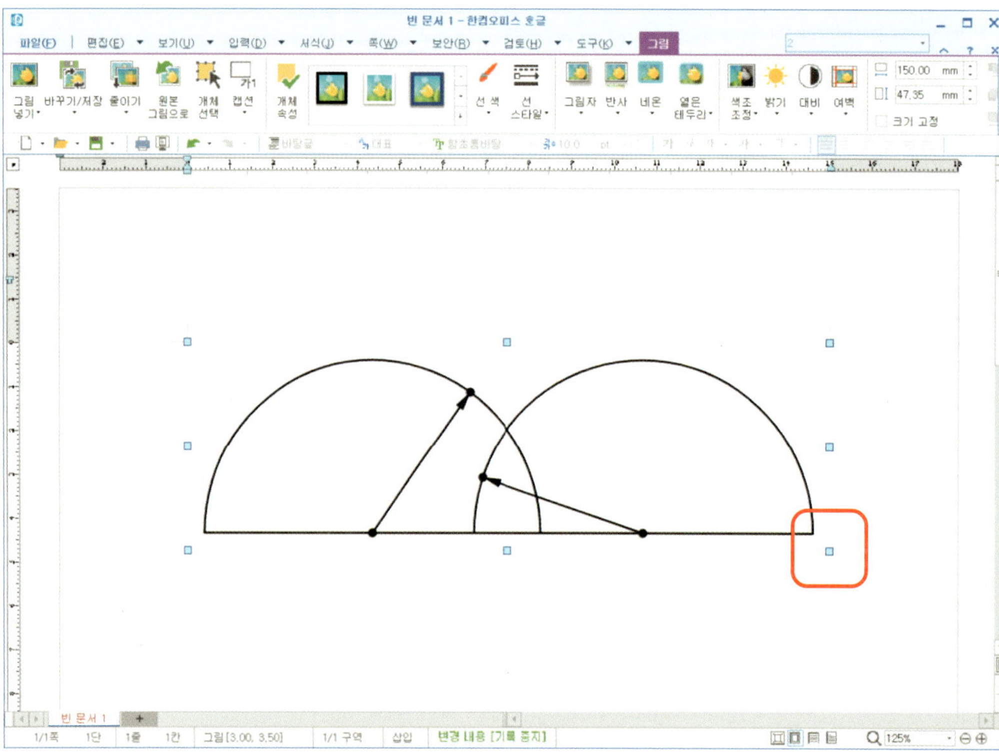

(2) 글상자와 수식을 활용하여 문항에 맞게 입력하기

01 한글에서 적당한 크기의 글상자($ctrl+n+b$)를 만들어주세요.

02 수식편집기($ctrl + n + m$)를 이용하여 입력할 문자들을 글상자 속에 입력해주세요.

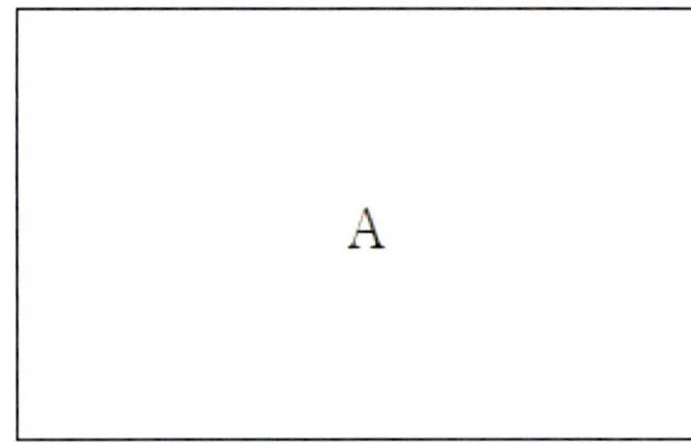

03 글상자를 클릭하신 후 마우스 오른쪽 단추를 누르면 나오는 [개체속성]을 클릭합니다.

❶ [선] → [종류(L)] → [선 없음]

❷ [채우기] → [색 채우기 없음(V)]으로 변경합니다.

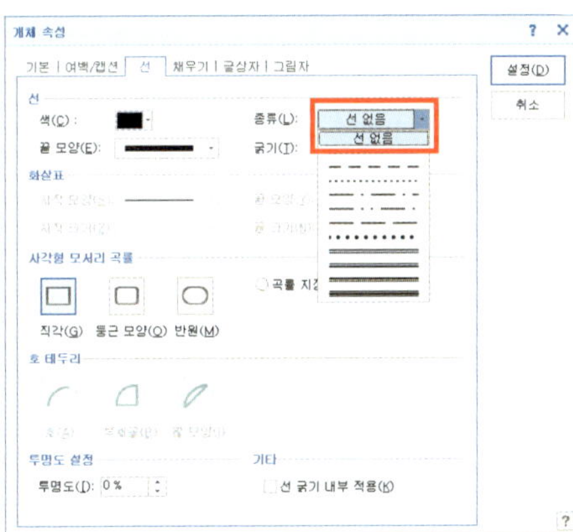

그 이후, 글상자의 크기를 적절히 조정해주세요.

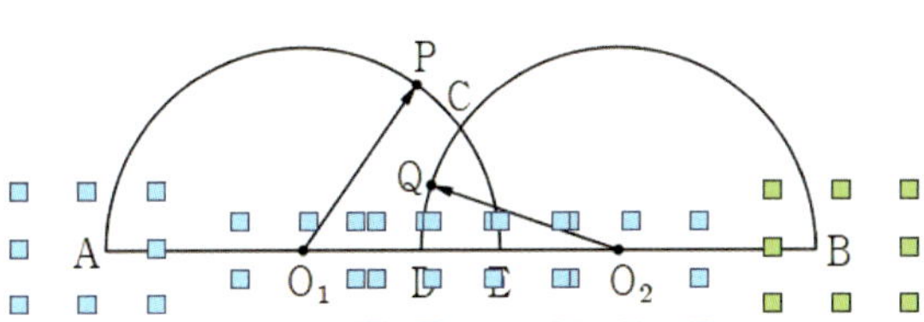

04 글상자를 여러 개 복사한 후, 문항에 맞게 글상자를 배치합니다.

[채우기 없음]과 [선 없음]으로 그림 위에서의 배치가 가능해집니다.

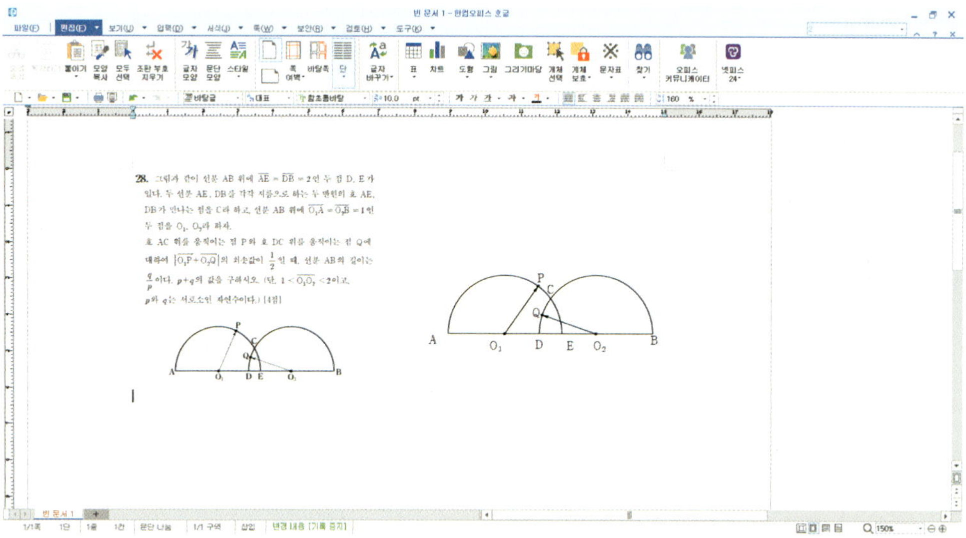

선생님들께 드리는 작은 Tip

[선 없음]으로 글상자를 선택하기 어려울 수 있습니다. 이 경우 **[보기]**의 **[기본 도구 상자]**에서 **[투명 선]**을 클릭하면 **[선 없음]** 처리된 부분이 **빨간 점선**으로 표현되어 선택이 더욱 편리해집니다. 자세한 내용은 CHAPTER 05 - SECTION 04를 참고해주세요.

05 정렬

❶ 문자 A가 포함된 글상자와 문자 B가 포함된 글상자를 Shift키를 이용하여 선택한 후, 한글화면 상단 [그림] 탭에서 [맞춤] → [위쪽 맞춤]을 클릭하여 일렬로 정렬합니다.

❷ 비슷하게 점 O_1, 점 O_2, 점 D, 점 E를 선택한 후, [그림] 탭 → [맞춤] → [위쪽 맞춤]을 클릭하여 일렬로 정렬합니다.

기타 미세한 위치 조정은 상하좌우 키를 이용하여 조절할 수 있습니다.

(3) [개체 묶기(G)]를 이용하여 그래픽 완성하기

01 하나의 개체를 선택한 후 [도형] 탭의 [기본 도구 상자] 왼쪽 편에 있는 [개체 선택]을 클릭합니다.

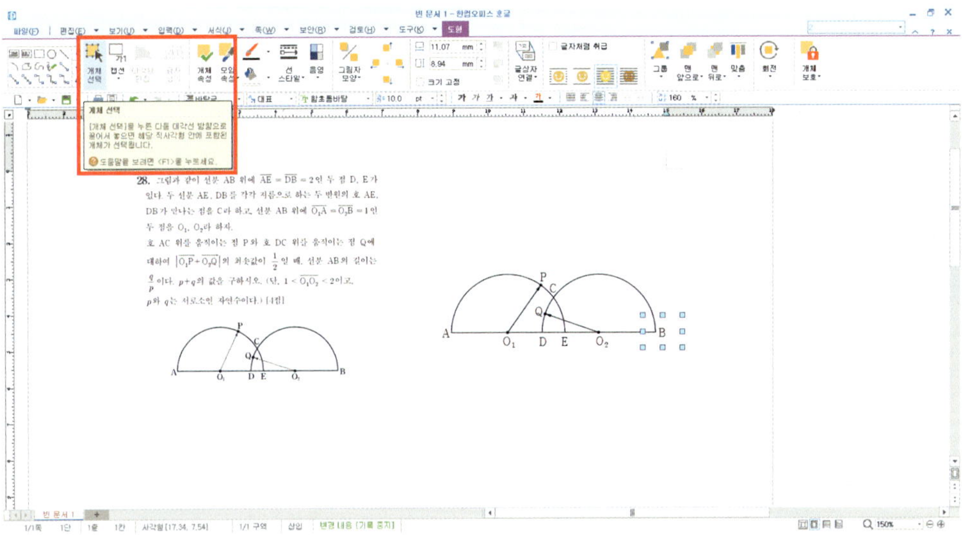

02 마우스 드래그를 통해 모든 개체를 선택합니다.
그 이후 마우스 오른쪽 단추를 눌러 [개체 묶기(단축키 *G*)]를 실행합니다.

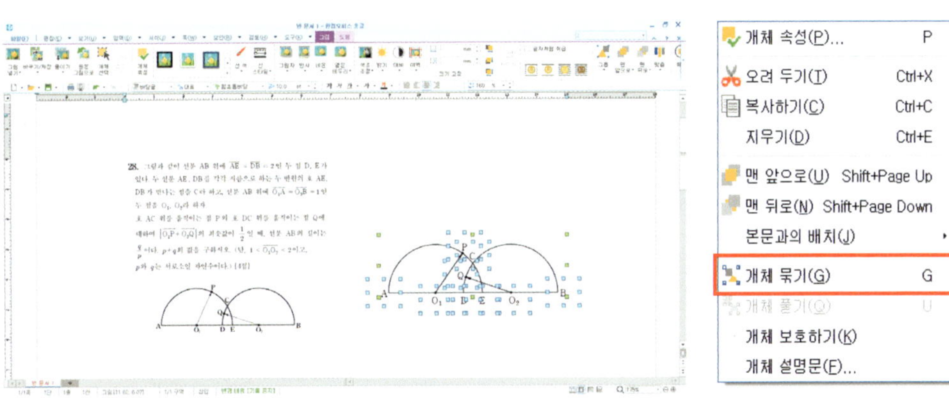

03 [개체 묶기]에 대한 안내창에서 [실행]을 클릭하면, 하나의 그래픽이 완성됩니다.

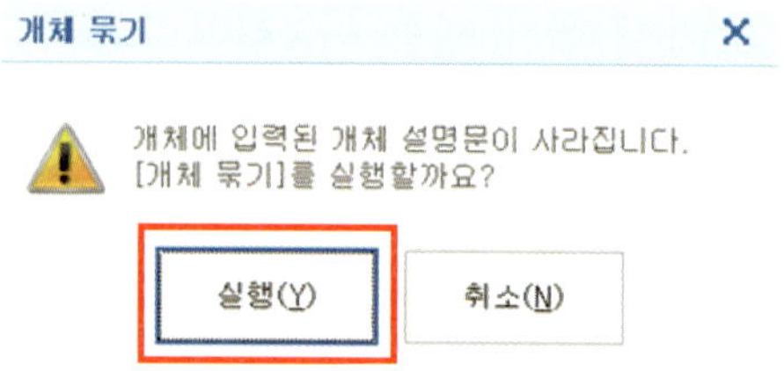

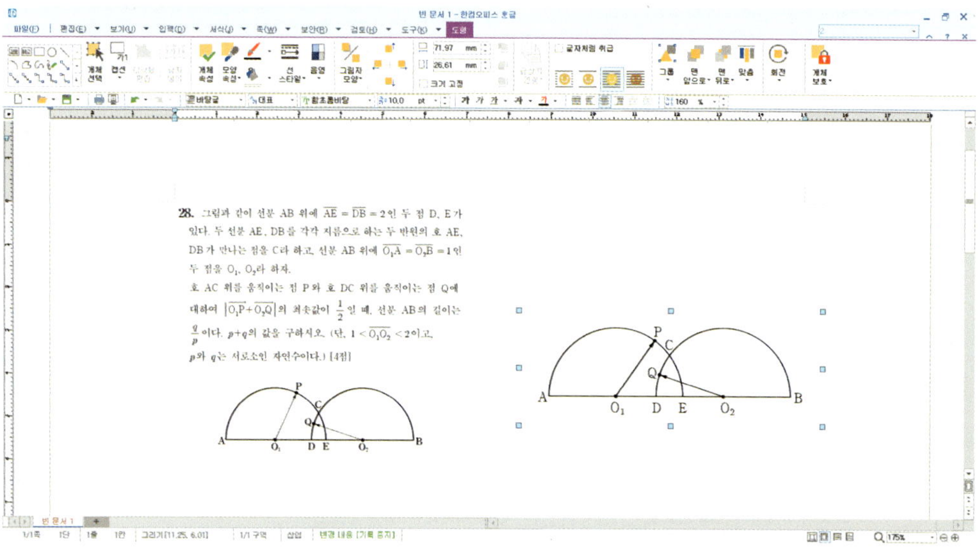

실습문항 4 | 2020학년도 6월 모의평가 가형, 18번 문항

아래 제시된 실습문항을 그래픽 해보세요.
다음 장에는 AlgeoMath 도형에서 그래프를 그리는 단계와 편집한 결과를 차례대로 설명하고 있습니다.

2020학년도 6월 모의평가 가형, 18번

18. 좌표평면 위에 두 점 A(3, 0), B(0, 3)과 직선 $x=1$ 위의 점 P(1, a)가 있다. 점 Q가 중심각의 크기가 $\frac{\pi}{2}$인 부채꼴 OAB의 호 AB 위를 움직일 때 $|\overrightarrow{OP}+\overrightarrow{OQ}|$의 최댓값을 $f(a)$라 하자. $f(a)=5$가 되도록 하는 모든 실수 a의 값의 곱은? (단, O는 원점이다.) [4점]

① $-5\sqrt{3}$ ② $-4\sqrt{3}$ ③ $-3\sqrt{3}$ ④ $-2\sqrt{3}$ ⑤ $-\sqrt{3}$

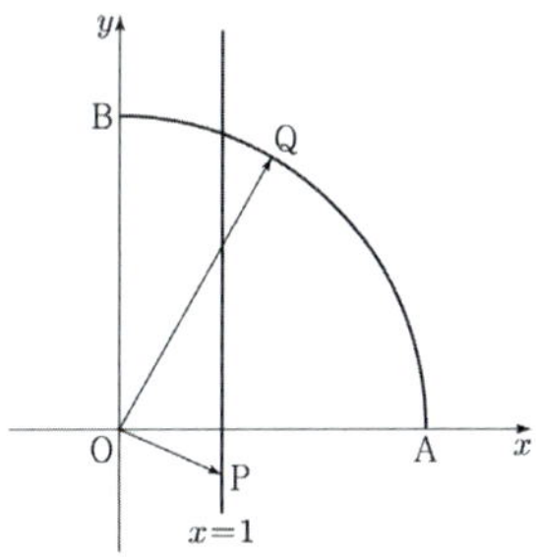

❶ 호를 생성할 때에는 반시계방향인 점 O→ 점 A → 점 B 순서대로 클릭합니다.

❷ 점 Q는 호 AB 위에 배치해야 하므로 대상 위의 점(, 단축키 O) 기능을 사용하는 것이 좋습니다.

실습문항 4에 대한 해설

● 1단계 AlgeoMath 도형에서 그래프 그리기

[1단계]는 AlgeoMath 도형에서 그래프의 개략적인 형태를 그리는 단계입니다. 선생님들의 이해를 돕고자 그림과 설명을 같이 넣어 자세히 설명하였습니다. 아래 제시된 점의 이름은 문항에서 제시된 점의 이름과 다를 수 있습니다.

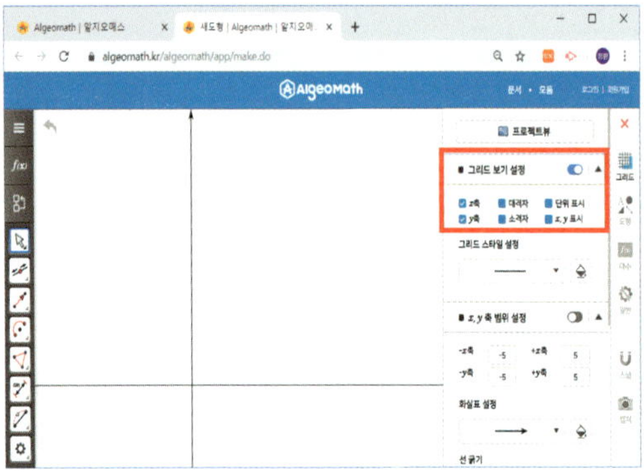

❶ [환경설정] - [그리드 보기 설정]에서 x축, y축을 제외하고 모두 비활성화합니다.

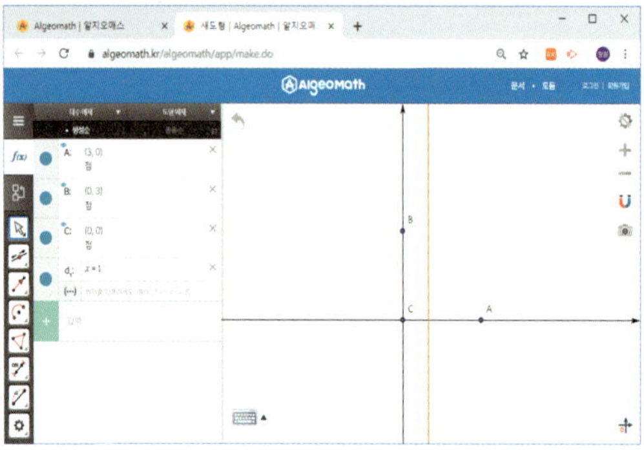

❷ 대수 창에 $(3, 0)$, $(0, 3)$, $(0, 0)$, $x=1$을 입력합니다.

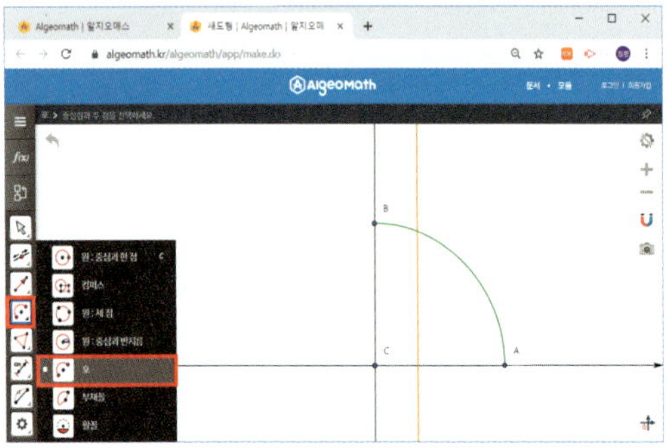

❸ 호( ) 기능을 사용하여 중심각의 크기가 $\frac{\pi}{2}$인 부채꼴의 호를 생성합니다.

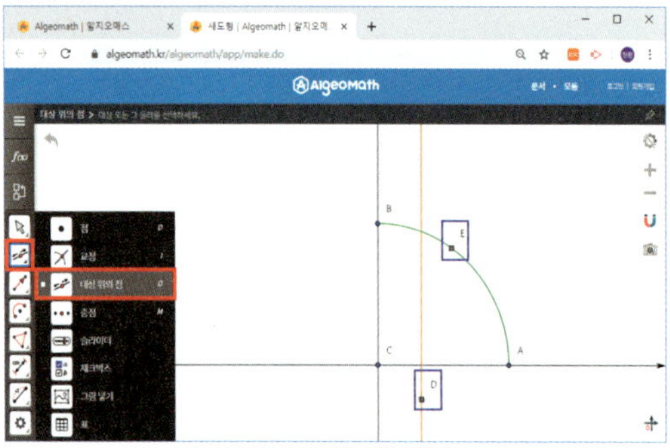

❹ 대상 위의 점(, 단축키 O) 기능을 사용하여 $x=1$ 위의 점과 호 위의 점을 생성합니다.

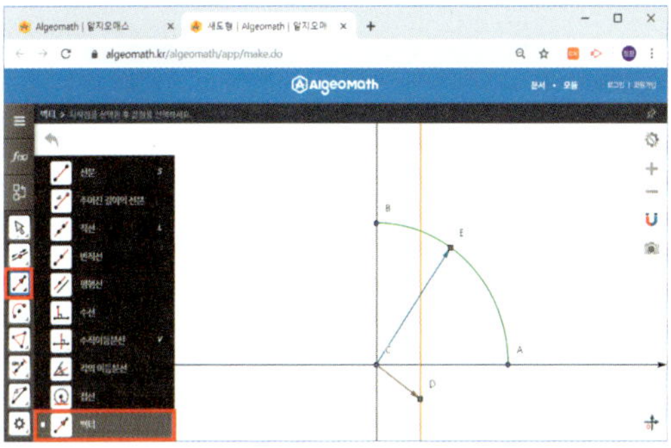

❺ 벡터( ) 기능을 사용하여 문항에서 제시한 두 벡터를 생성합니다.

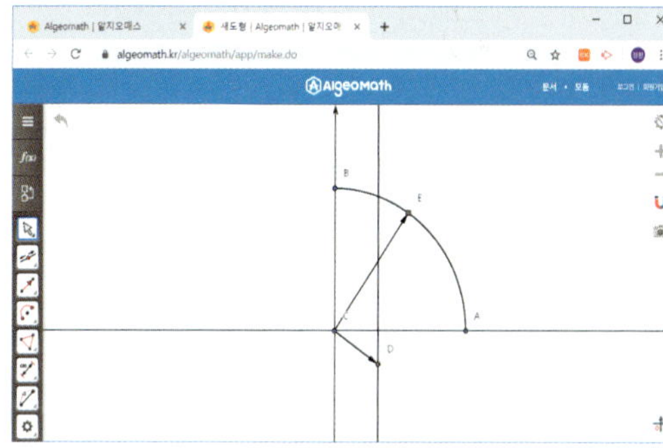

❻ 벡터와 직선, 호의 색을 검은색으로 변경합니다.

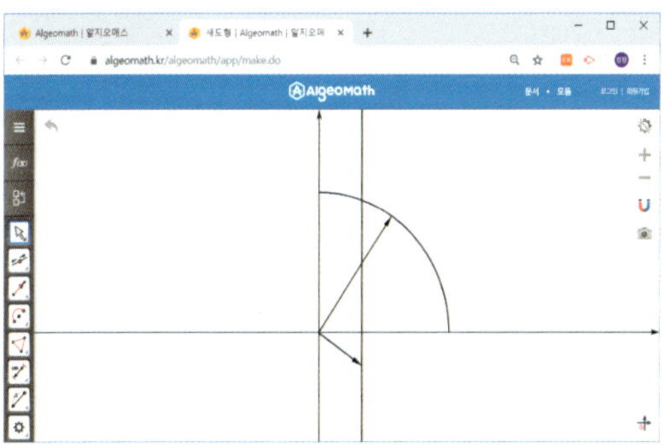

❺ 대상 숨기기(, 단축키 H) 기능을 사용하여 화면에 제시된 모든 점을 숨깁니다.

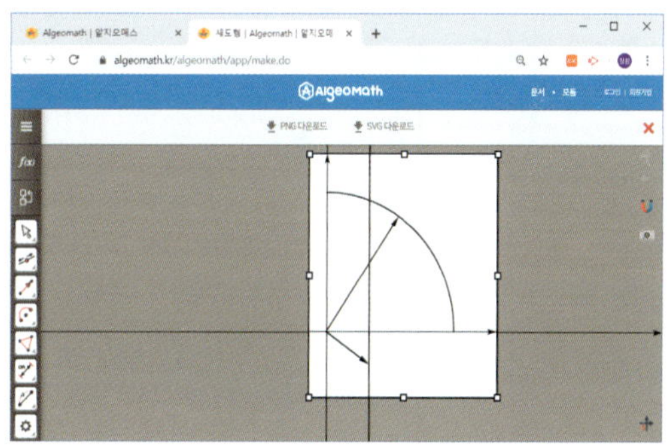

❻ [캡처하기] 기능을 사용하여 그린 그림을 파일로 저장합니다.

● 2단계 한글에서 디자인 마무리하기

앞에서 실습한 바와 같이 한글프로그램에서 **글상자**와 **수식**을 이용하여 원하는 위치에 글상자를 배치합니다. 그 이후 모든 객체를 선택한 후 **[그룹 묶기]**를 실시해주면 오른쪽 그림과 같이 하나의 완성된 그래픽이 나오게 됩니다.

18. 좌표평면 위에 두 점 A(3, 0), B(0, 3)과 직선 $x=1$ 위의 점 P(1, a)가 있다. 점 Q가 중심각의 크기가 $\frac{\pi}{2}$인 부채꼴 OAB의 호 AB 위를 움직일 때 $|\overrightarrow{OP}+\overrightarrow{OQ}|$의 최댓값을 $f(a)$라 하자. $f(a)=5$가 되도록 하는 모든 실수 a의 값의 곱은? (단, O는 원점이다.) [4점]

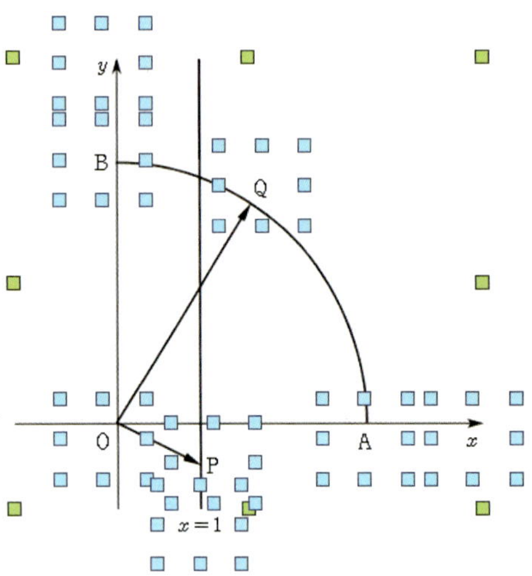

18. 좌표평면 위에 두 점 A(3, 0), B(0, 3)과 직선 $x=1$ 위의 점 P(1, a)가 있다. 점 Q가 중심각의 크기가 $\frac{\pi}{2}$인 부채꼴 OAB의 호 AB 위를 움직일 때 $|\overrightarrow{OP}+\overrightarrow{OQ}|$의 최댓값을 $f(a)$라 하자. $f(a)=5$가 되도록 하는 모든 실수 a의 값의 곱은? (단, O는 원점이다.) [4점]

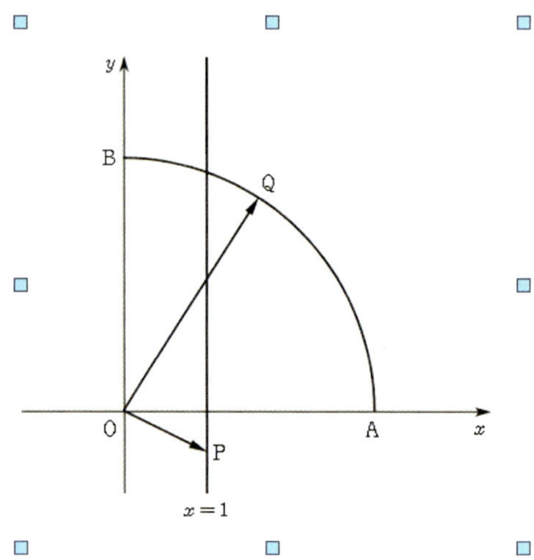

SECTION 05 도형이 제시된 함수의 극한 문항 디자인

KEY POINTS 마름모 그리기, 음영 넣기, 꾸미기:설명선(,)

고등학교 선택과목 미적분에 있는 함수의 극한 단원에서는 제시된 그림 속 각의 크기, 선분의 길이, 넓이와 관련된 식의 극한을 물어보는 문항이 많이 출제됩니다. 이번 장에서는 도형이 제시된 함수의 극한 문항을 디자인하는 방법에 대해 알아보려고 합니다.

[2018학년도 수능 가형, 홀수 17번 문항]에 제시된 문항 그래픽을 함께 디자인하면서 AlgeoMath의 장점 중 하나인 꾸미기 기능의 사용방법을 실습해 보려고 합니다. AlgeoMath 도형에서 꾸밈선을 표현하는 방법, 한글 프로그램에서 꾸밈선 위의 글상자를 표현할 때 주의할 점에 대해 자세히 설명하였습니다. 아래의 단계를 순서대로 따라가다 보면, 선생님의 머릿속에 그리고 있는 문항 그래픽의 완성된 형태가 모니터에 구현되는 것을 볼 수 있을 것입니다.

2018학년도 수능 가형, 홀수 17번 문항

17. 그림과 같이 한 변의 길이가 1인 마름모 ABCD가 있다. 점 C에서 선분 AB의 연장선에 내린 수선의 발을 E, 점 E에서 선분 AC에 내린 수선의 발을 F, 선분 EF와 선분 BC의 교점을 G라 하자. $\angle DAB = \theta$일 때, 삼각형 CFG의 넓이를 $S(\theta)$라 하자. $\lim_{\theta \to 0+} \frac{S(\theta)}{\theta^5}$의 값은? (단, $0 < \theta < \frac{\pi}{2}$) [4점]

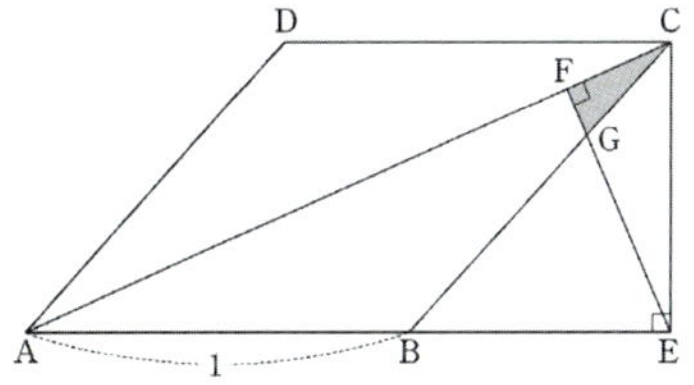

① $\frac{1}{24}$ ② $\frac{1}{20}$ ③ $\frac{1}{16}$ ④ $\frac{1}{12}$ ⑤ $\frac{1}{8}$

- **단계 및 순서**

[1단계] AlgeoMath 도형을 이용하여 기본도형 그리기

[2단계] 그림파일로 변환하고 [그림판]으로 이동하기
  (1) [환경설정]에서 격자 및 각종 표시 비활성화하기
  (2) 캡처하기

[3단계] 한글을 이용하여 문항 그래픽 완성하기
  (1) 한글에서 저장된 그림파일을 불러오기
  (2) 글상자와 수식을 활용하여 문항에 맞게 입력하기
  (3) [개체 묶기(G)]를 이용하여 그래픽 완성하기

1단계 | AlgeoMath 도형을 이용하여 기본 도형 그리기

[2018학년도 수능 가형, 홀수 17번 문항]에는 마름모 ABCD가 제시되어 있습니다. 하지만 마름모를 그리는 것은 AlgeoMath에서 직접적으로 지원되는 기능이 아니기에 마름모를 그리는 작업부터 문항 디자인 단계를 설명하였습니다. 여러 가지 방법이 있을 수 있으나 여기에서는 점 A, 점 B를 x축 위에 고정하기 위한 방법으로 마름모를 그려보고자 합니다.

01 마름모 그리기

❶ 대수창에 $(0, 0)$, $(8, 4)$*를 입력하여 두 점을 생성합니다.

> * 여기서 $(8, 4)$는 저자가 문항을 고려하여 임의로 잡은 좌표입니다.

❷ 선분(, 단축키 ***S***) 기능을 이용하여 $\overline{\mathrm{AB}}$를 생성합니다.

❸ 수직이등분선(, 단축키 ***V***) 기능을 이용하여 $\overline{\mathrm{AB}}$의 수직이등분선을 생성합니다.

❹ 교점(, 단축키 ***I***) 기능을 사용하여 수직이등분선과 x축의 교점 A_1, 수직이등분선과 $\overline{\mathrm{AB}}$의 교점 B_1을 생성합니다.

❺ 점대칭(, 단축키 ***R***) 기능을 선택하고 $\mathrm{A}_1$1과 B_1을 차례로 클릭하면 B_1을 중심으로 점 A_1과 대칭인 점 C가 생성됩니다.

❻ 마름모의 네 변을 선분(, 단축키 ***S***) 기능을 이용하여 연결합니다.

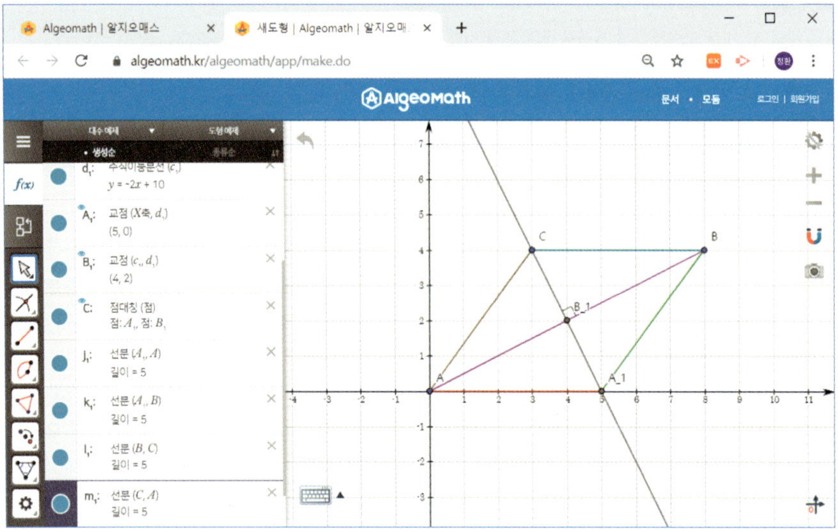

07 꾸미기:설명선으로 마무리하기

❶ 꾸미기:설명선(, 단축키 E)을 이용하여 꾸미고자 하는 선분을 클릭합니다.

❷ 아래로 마우스를 내리면 점선모양이 생성되는 것을 볼 수 있습니다. 문항에 맞게 크기를 설정하고 클릭하면 설명선이 생성됩니다.

❸ 대상 숨기기(, 단축키 H) 기능을 이용하여 생성된 문자 x를 숨겨줍니다.

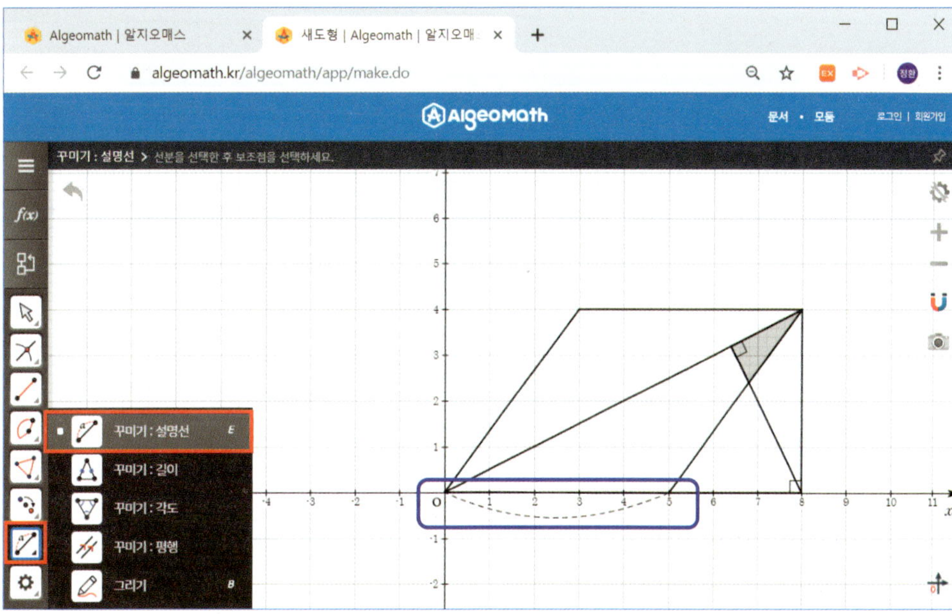

2단계 | 그림파일로 변환하고 [그림판]으로 이동하기

(1) [환경설정]에서 격자 및 각종 표시 비활성화하기

01 화면 우측 위의 [환경설정]을 클릭합니다.

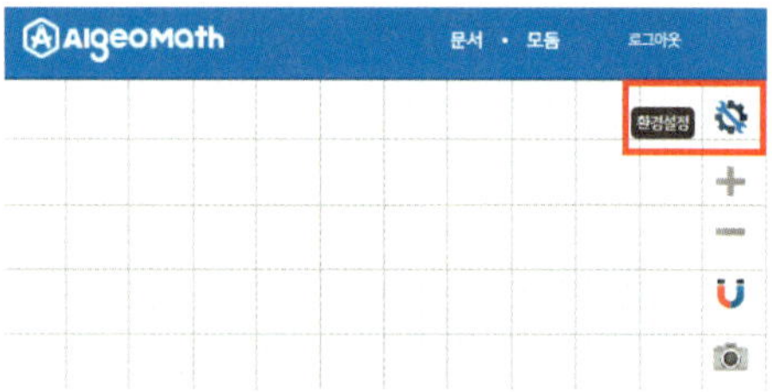

02 [그리드 보기 설정]에서 모든 항목을 비활성화시켜 줍니다.

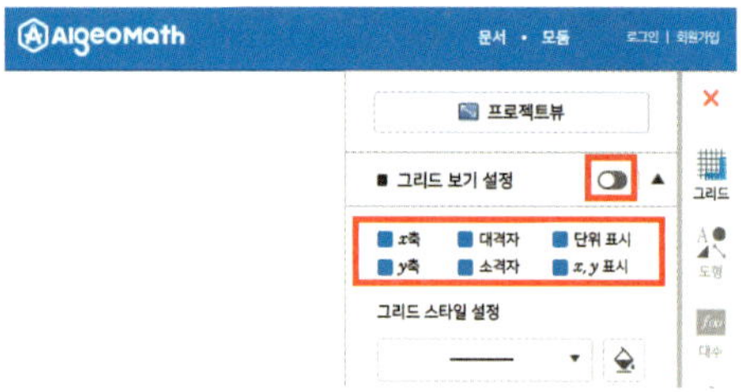

(2) 캡처하기

01 화면 우측 편에 있는 [스크린샷]을 클릭합니다.

02 캡처 설정에서는 [영역 캡처]를, 캡처 영역 설정에서는 [격자 단위]를 선택하고 [캡처하기]를 클릭합니다.

03 문항과 비슷하게 맞춘 후, ❶ [PNG로 다운로드]를 클릭합니다.
그 이후 ❷ 하단에 다운로드된 파일을 클릭하면 [사진 창]이 생성됩니다.

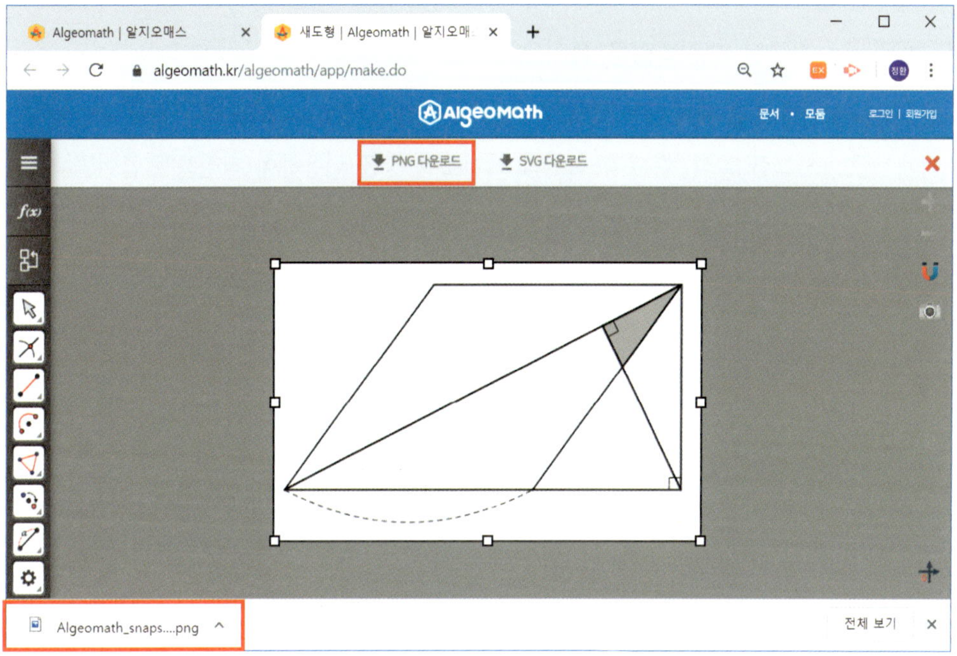

04 생성된 사진 창에서 [Ctrl + A](전체 선택)를 누르고 [Ctrl + C](복사하기)를 시행합니다.
복사된 그림은 [클립보드]에 저장됩니다.

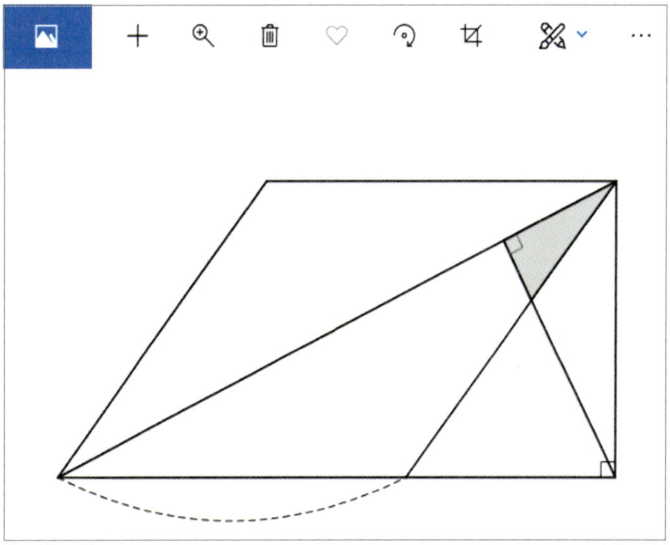

3단계 | 한글을 이용하여 문항 그래픽 완성하기

(1) 한글에서 저장된 그림파일을 불러오기

한글을 실행하고 문서 위에서 [Ctrl + V](붙여넣기)를 실행합니다. 이때 그림이 비교적 크게 들어가게 되므로, 그림 클릭 후 우측 하단의 크기조절 창을 이용하여 적절하게 줄여줍니다.

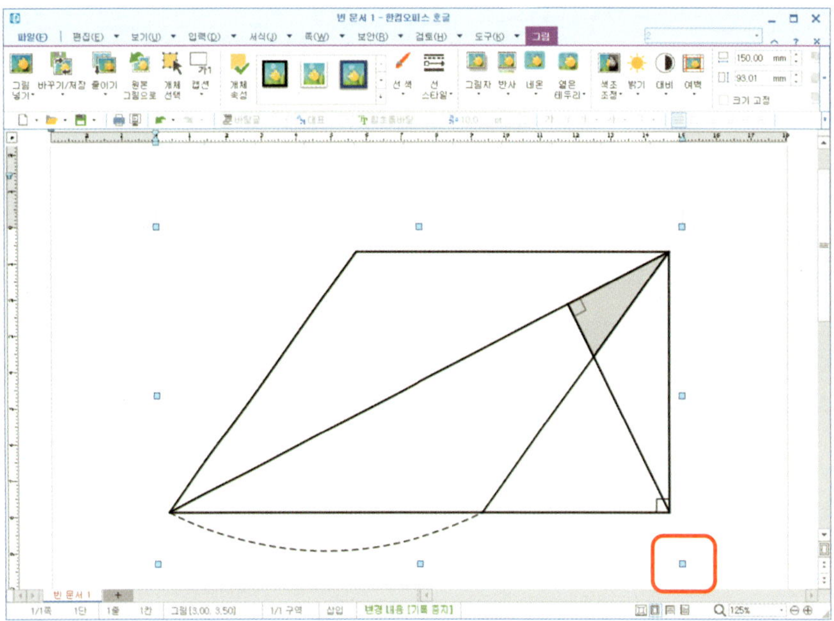

(2) 글상자와 수식을 활용하여 문항에 맞게 입력하기

01 한글에서 적당한 크기의 글상자($ctrl+n+b$)를 만들어주세요.

02 수식편집기($ctrl+n+m$)를 이용하여 입력할 문자들을 글상자 속에 입력해주세요.

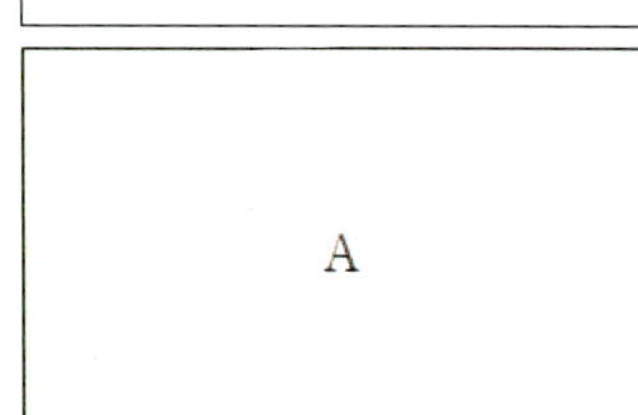

03 글상자를 클릭하신 후 마우스 오른쪽 단추를 누르면 나오는 [개체속성]을 클릭합니다.

❶ [선] → [종류(L)] → [선 없음]

❷ [채우기] → [색 채우기 없음(V)]으로 변경합니다.

그 이후, 글상자의 크기를 적절히 조정해주세요.

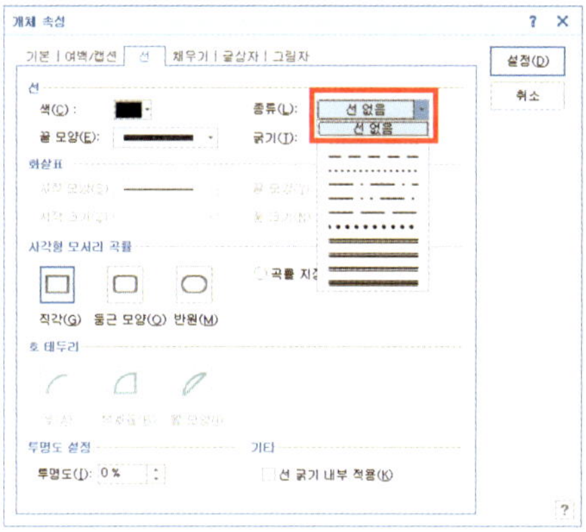

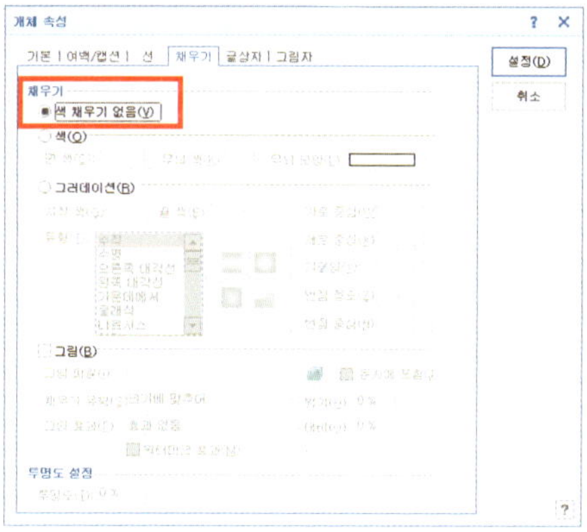

04 글상자를 여러 개 복사한 후, 문항에 맞게 글상자를 배치합니다.

[채우기 없음]과 [선 없음]으로 그림 위에서의 배치가 가능해집니다.

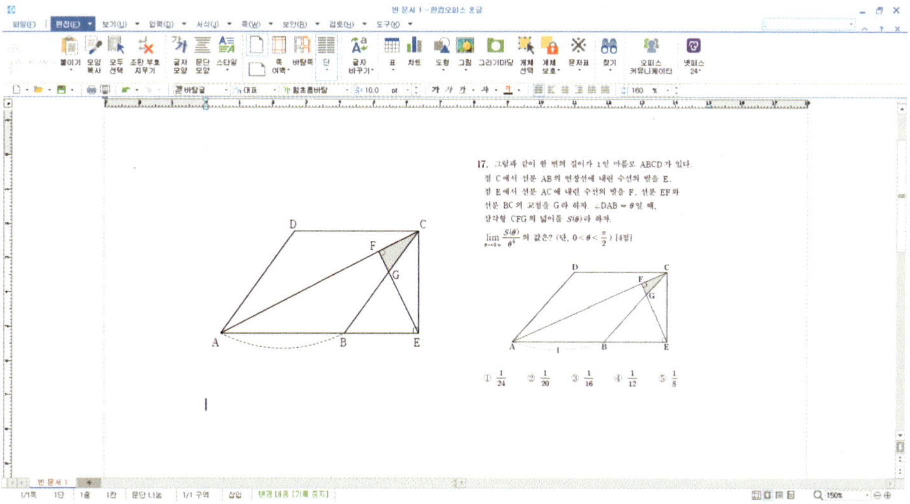

선생님들께 드리는 작은 Tip

[선 없음]으로 글상자를 선택하기 어려울 수 있습니다. 이 경우 **[보기]**의 **[기본 도구 상자]**에서 **[투명 선]**을 클릭하면 **[선 없음]** 처리된 부분이 빨간 점선으로 표현되어 선택이 더욱 편리해집니다. 자세한 내용은 CHAPTER 05 - SECTION 04를 참고해주세요.

05 꾸밈선 위의 글상자 (주의!)

꾸밈선 위에 올라갈 글상자는 다른 글상자와는 다르게 반드시 흰색으로 내부가 채워져야 합니다. 내부가 흰색으로 채워져 있으면, 오른쪽 그림과 같이 꾸밈선 위로 적정한 여백을 가지면서 숫자가 표기됩니다.

기존의 [선 없음]은 동일하지만 흰색으로 채워야 합니다.

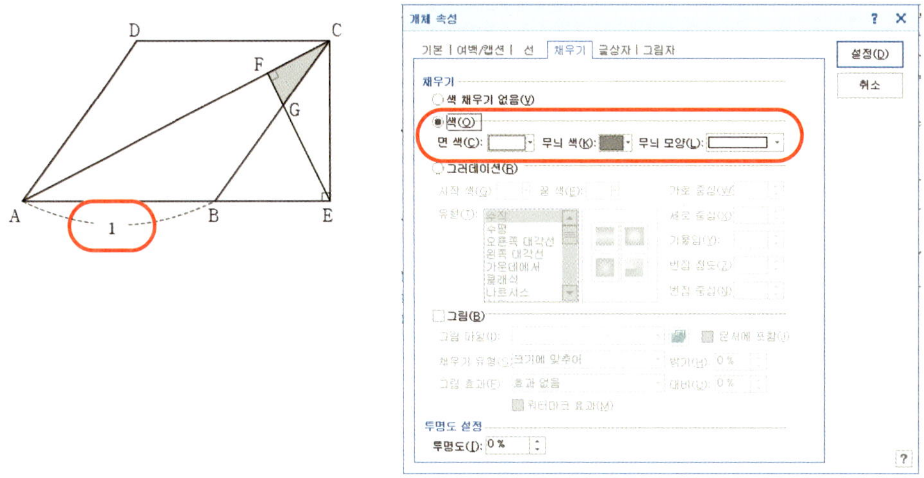

(3) 개체 묶기(G)를 이용하여 그래픽 완성하기

01 하나의 개체를 선택한 후 [도형] 탭의 [기본 도구 상자] 왼쪽 편에 있는 [개체 선택]을 클릭합니다.

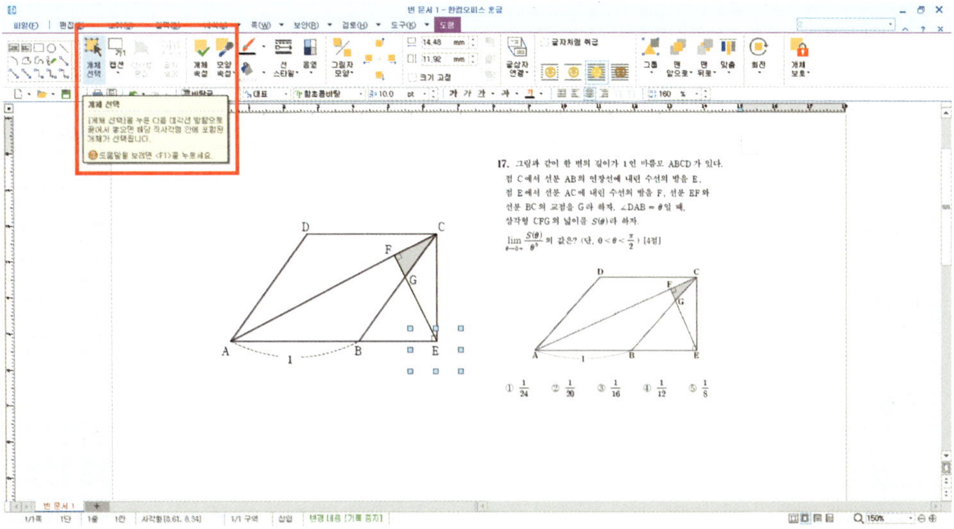

02 마우스 드래그를 통해 모든 개체를 선택합니다.
그 이후 마우스 오른쪽 단추를 눌러 [개체 묶기(단축키 *G*)]를 실행합니다.

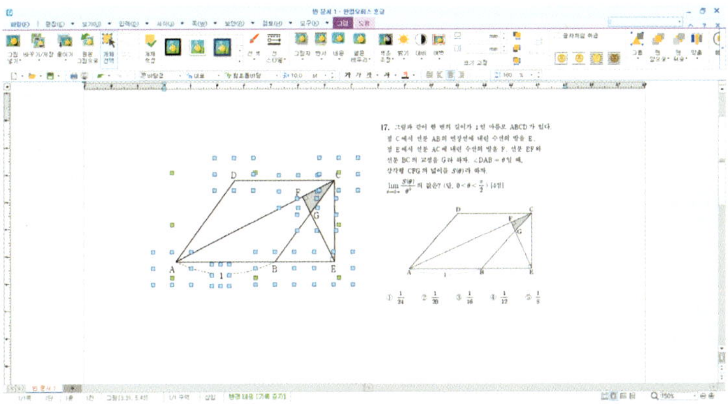

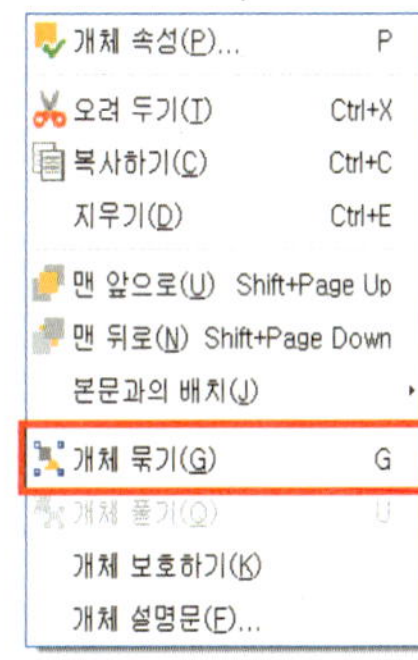

03 [개체 묶기]에 대한 안내창에서 [실행]을 클릭하면, 하나의 그래픽이 완성됩니다.

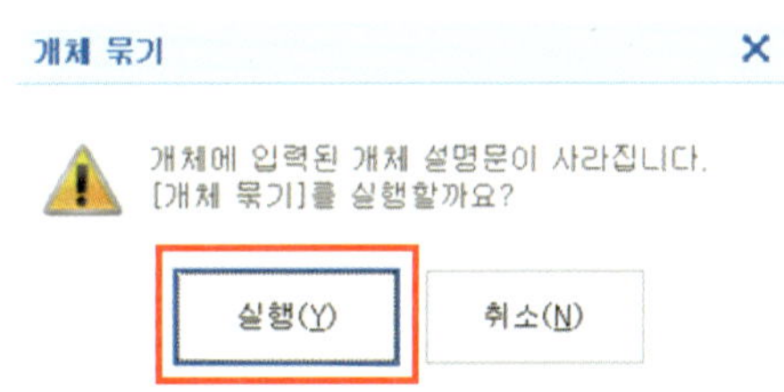

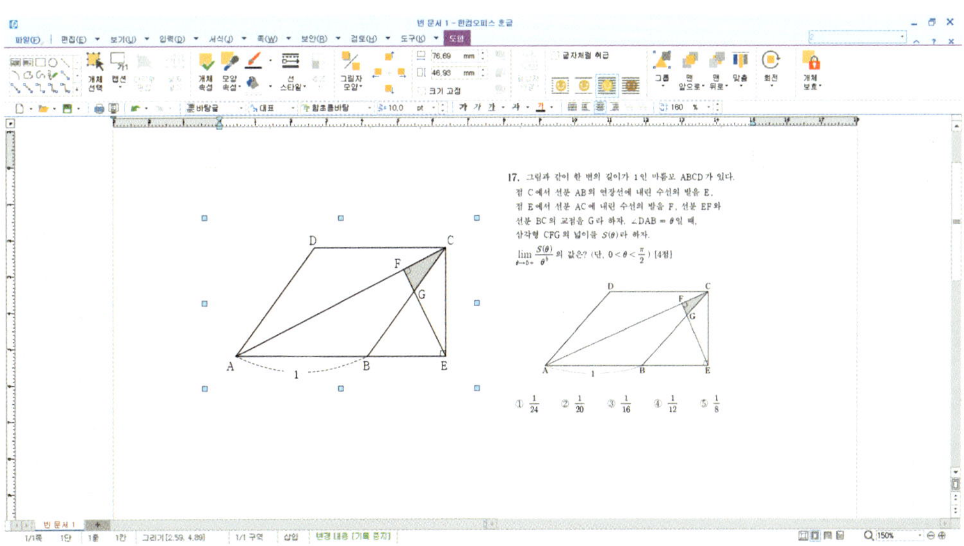

실습문항 5 | 2019년 수능 가형, 홀수 18번 문항

아래 제시된 실습문항을 그래픽 해보세요.

다음 장에는 AlgeoMath 도형에서 그래프를 그리는 단계, 편집한 결과를 단계별로 설명하고 있습니다.

2019학년도 수능 가형, 홀수 18번 문항

18. 그림과 같이 $\overline{AB}=1$, $\angle B=\frac{\pi}{2}$인 직각삼각형 ABC에서 $\angle C$를 이등분하는 직선과 선분 AB의 교점을 D, 중심이 A이고 반지름의 길이가 $\overline{AD}$인 원과 선분 AC의 교점을 E라 하자. $\angle A=\theta$일 때, 부채꼴 ADE의 넓이를 $S(\theta)$, 삼각형 BCE의 넓이를 $T(\theta)$라 하자. $\lim_{\theta\to 0+}\frac{\{S(\theta)\}^2}{T(\theta)}$의 값은? [4점]

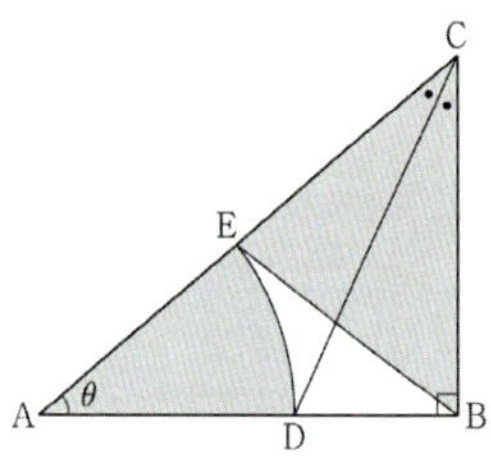

① $\frac{1}{4}$ ② $\frac{1}{2}$ ③ $\frac{3}{4}$ ④ 1 ⑤ $\frac{5}{4}$

선생님들께 드리는 작은 Tip

❶ ∠C의 이등분은 어떻게 표현할 수 있을까요?

❷ θ는 어디서 입력해야 할까요?

실습문항 5에 대한 해설

● 1단계 AlgeoMath 도형에서 그래프 그리기

[1단계]는 AlgeoMath 도형에서 그래프의 개략적인 형태를 그리는 단계입니다.
선생님들의 이해를 돕고자 그림과 설명을 같이 넣어 자세히 설명하였습니다.
아래 제시된 점의 이름은 문항에서 제시된 점의 이름과 다를 수 있습니다.

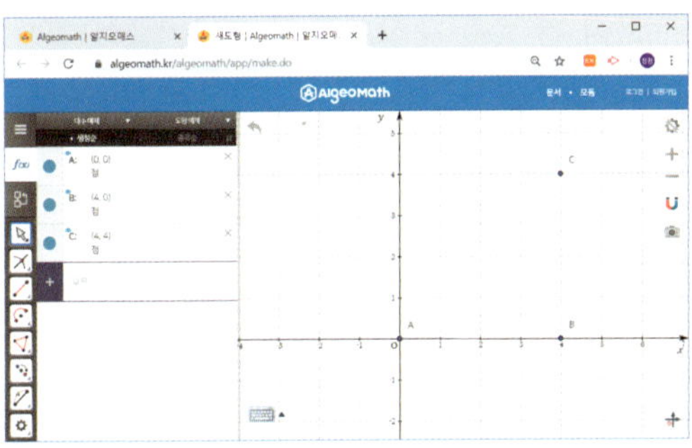

❶ 대수창에 A$(0, 0)$, B$(4, 0)$, C$(4, 4)$를 입력합니다.

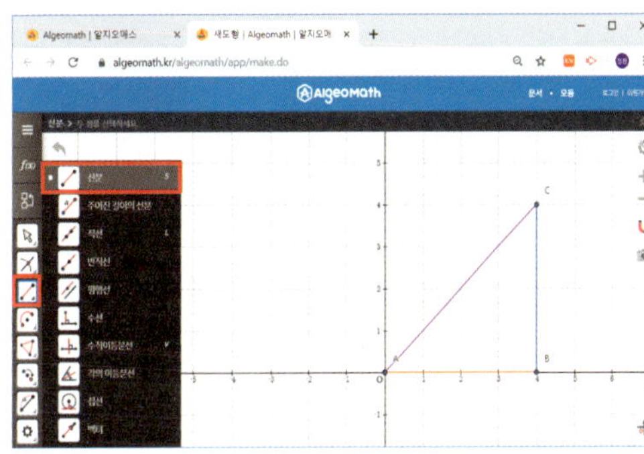

❷ 선분(, 단축키 S) 기능을 이용하여 $\overline{AB}$, $\overline{BC}$, $\overline{CA}$을 생성합니다.

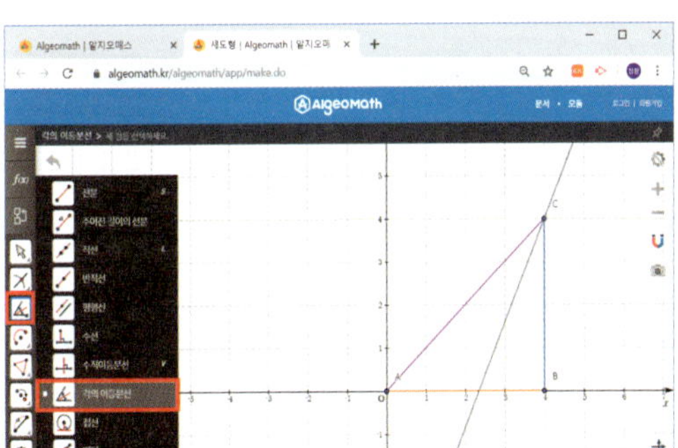

❸ 각의 이등분선( ) 기능을 선택하고 점 B → 점 C → 점 A 순으로 클릭합니다. $\angle C$의 이등분선이 생성됩니다.

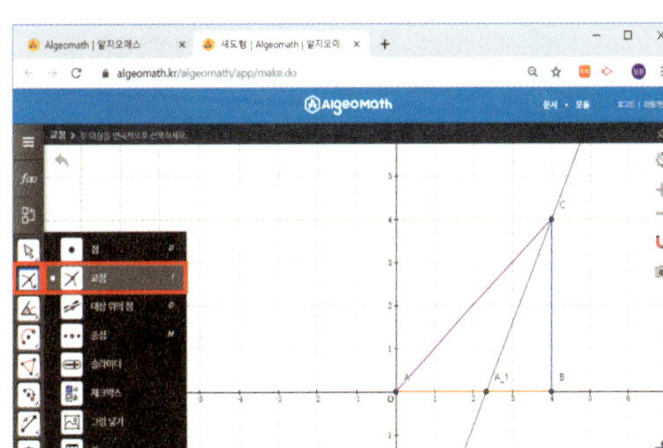

❹ 교점(, 단축키 I) 기능을 사용하여 $\angle C$의 이등분선과 $\overline{AB}$의 교점 A_1을 생성합니다.

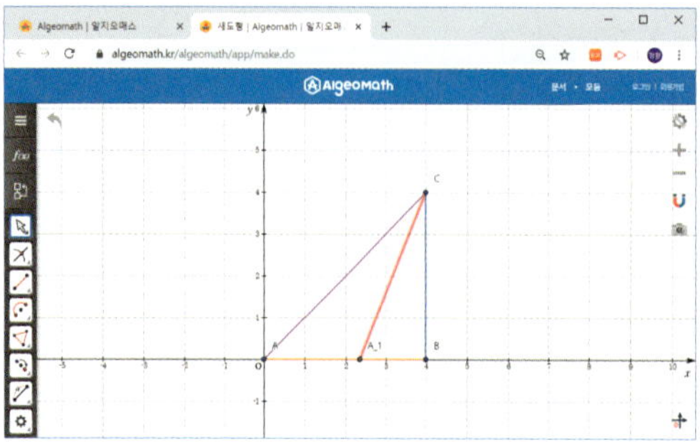

⑤ 대상숨기기(, 단축키 H) 기능을 이용하여 $\angle C$의 이등분선을 숨겨줍니다. 그리고 선분(, 단축키 S) 기능을 이용하여 $\overline{A_1C}$를 생성합니다.

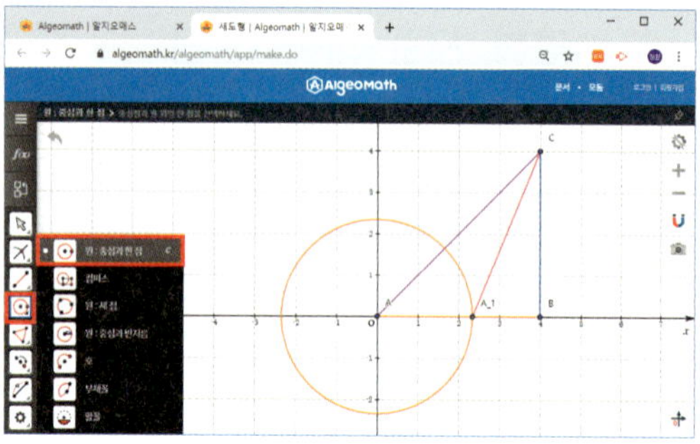

⑥ 원: 중심과 한 점(, 단축키 C) 기능을 사용하여 점 A를 중심으로 하고 반지름의 길이가 $\overline{AA_1}$인 원을 생성합니다.

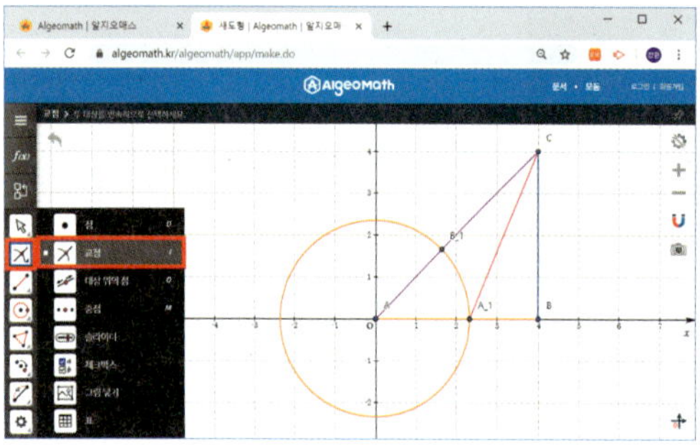

⑦ 교점(, 단축키 I) 기능을 사용하여 원과 $\overline{AC}$의 교점 B_1을 생성합니다.

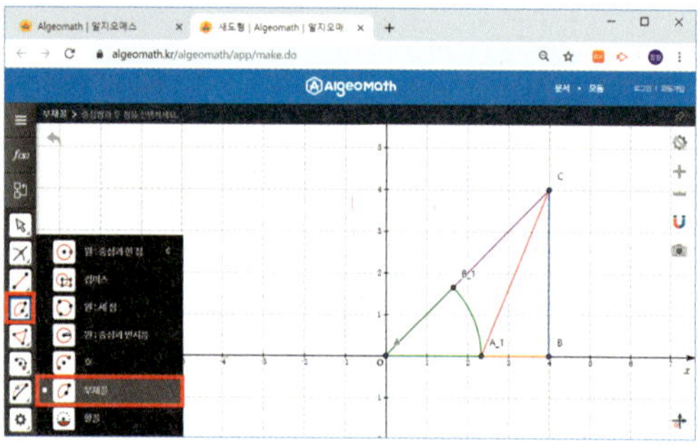

⑧ 대상숨기기(, 단축키 H) 기능을 이용하여 원을 숨겨줍니다. 그리고 부채꼴( ) 기능을 사용하여 부채꼴 AA_1B_1를 생성합니다.

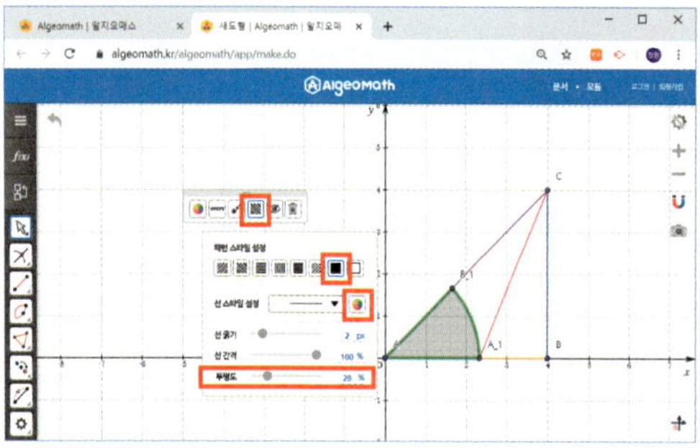

⑨ 부채꼴을 클릭하면 나오는 [속성]탭에서 패턴 스타일을 ■, 색은 검은색, 투명도는 20%로 변경합니다.

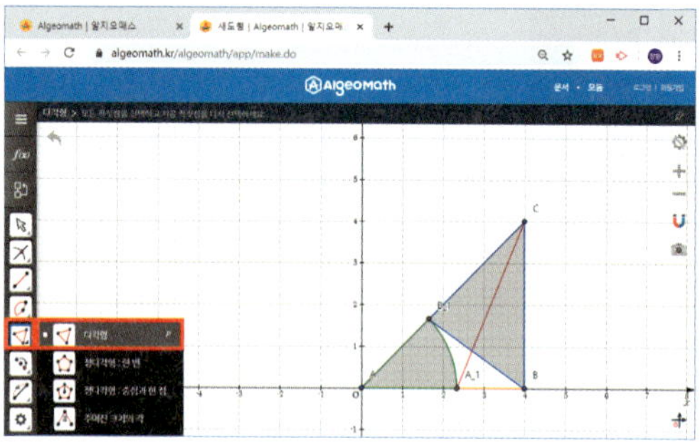

⑩ 다각형(, 단축키 P) 기능을 사용하여 $\triangle B_1BC$를 생성합니다. 비슷하게 다각형을 클릭하면 나오는 [속성] 탭에서 패턴 스타일을 ■, 색은 검은색, 투명도는 20%로 변경합니다.

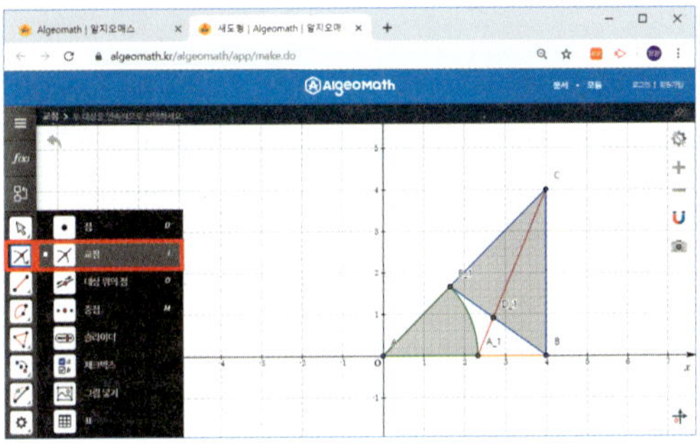

⑪ 교점(⊠, 단축키 I) 기능을 사용하여 $\overline{BB_1}$, $\overline{A_1C}$의 교점을 생성합니다. 점 D_1이 생성됩니다.

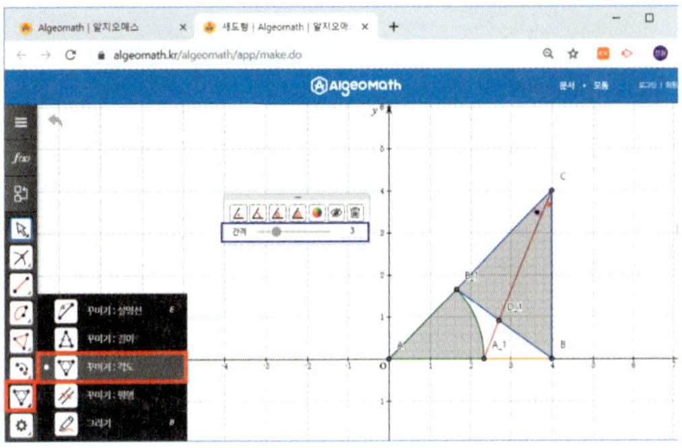

⑫ 꾸미기:각도(▽) 기능을 선택하고 점 D_1 → 점 C → 점 B를 클릭합니다.
비슷하게 꾸미기:각도(▽) 기능을 선택하고 점 B_1 → 점 C → 점 D_1을 클릭합니다.
∠C의 이등분을 표현해주는 기호가 생성됩니다.
(간격은 3, 색은 검은색으로 변경합니다.)

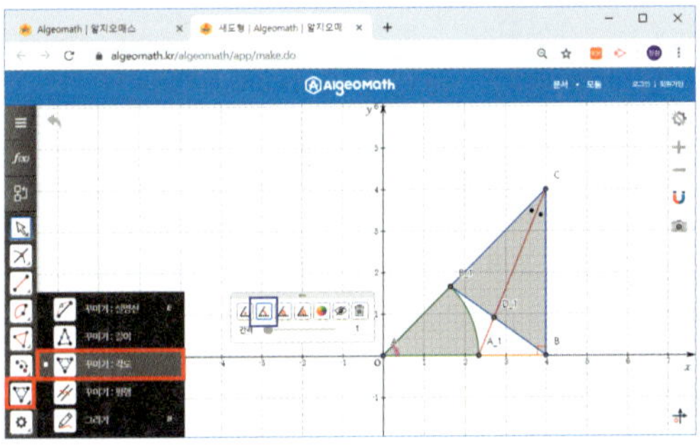

⑫ 꾸미기:각도(▽) 기능을 선택하고 점 B → 점 A → 점 C를 클릭합니다. 생성된 각을 클릭하면 나오는 [속성] 탭에서 비슷하게 꾸미기:각도(▽) 기능을 선택하고 점 C → 점 B → 점 A를 클릭하면 직각표현이 생성됩니다. 생성된 각을 검은색으로 변형해줍니다.

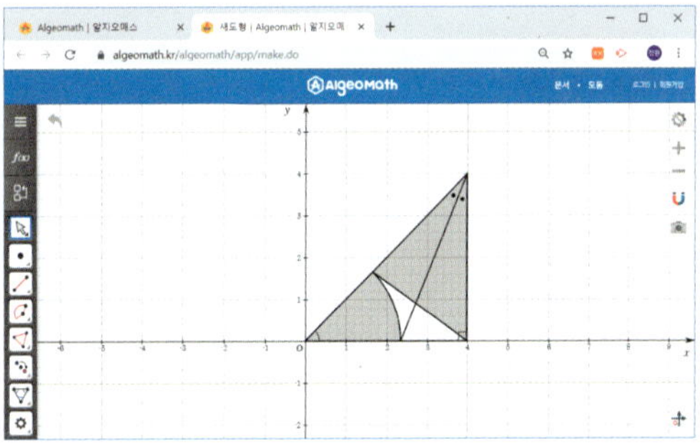

⑬ 대상숨기기(👁, 단축키 H) 기능을 사용하여 모든 점과 도형을 숨겨줍니다.

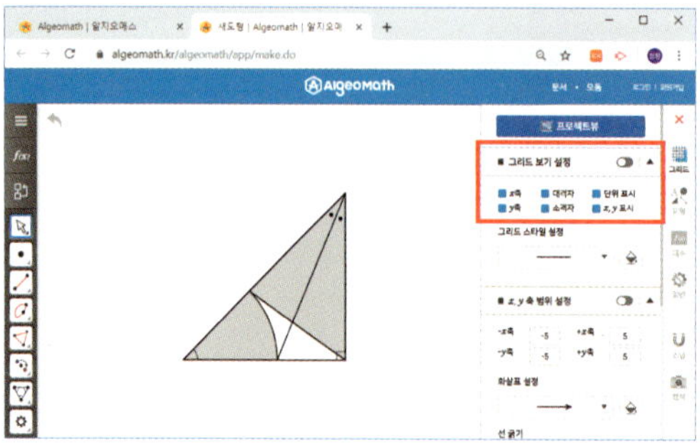

⑭ [환경설정] - [그리드 보기 설정]에서 모두 비활성화합니다.

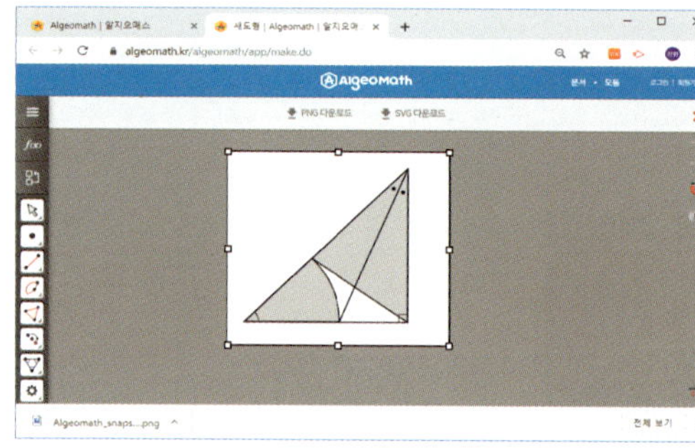

⑮ [캡처하기] 기능을 사용하여 그린 그림을 파일로 저장합니다.

● 2단계 한글에서 디자인 마무리하기

한글프로그램에서 **글상자**와 **수식**을 사용하여 각각의 위치에 글상자를 배치합니다. 특히, 이 예제에서는 θ를 한글에서 입력하는 것을 볼 수 있습니다. 그 이후 모든 객체를 선택한 후 **[그룹 묶기]**를 실시해 줍니다.

※ **글자 모양 (1) 글꼴** : 신명중명조, (2) 크기 : 9 (A4 기준)

※ **문단 모양 (1) 정렬** : 왼쪽정렬, (2) 줄나눔기준 : 어절

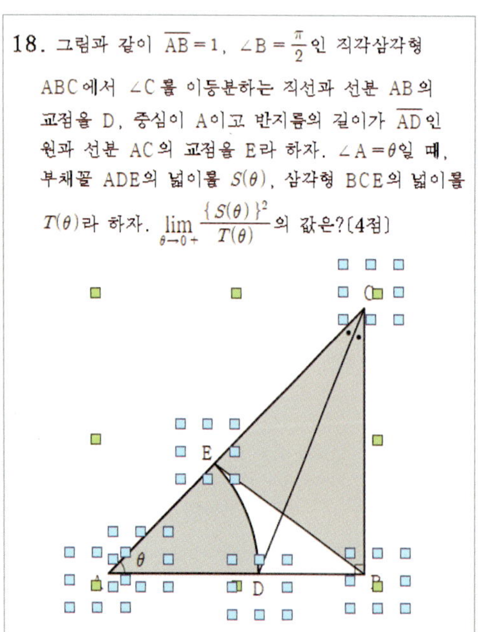

18. 그림과 같이 $\overline{AB}=1$, $\angle B=\frac{\pi}{2}$인 직각삼각형 ABC에서 $\angle C$를 이등분하는 직선과 선분 AB의 교점을 D, 중심이 A이고 반지름의 길이가 $\overline{AD}$인 원과 선분 AC의 교점을 E라 하자. $\angle A=\theta$일 때, 부채꼴 ADE의 넓이를 $S(\theta)$, 삼각형 BCE의 넓이를 $T(\theta)$라 하자. $\lim_{\theta\to0+}\frac{\{S(\theta)\}^2}{T(\theta)}$의 값은? [4점]

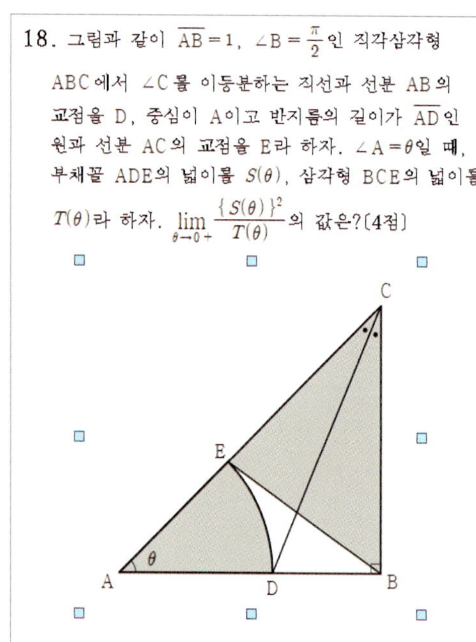

18. 그림과 같이 $\overline{AB}=1$, $\angle B=\frac{\pi}{2}$인 직각삼각형 ABC에서 $\angle C$를 이등분하는 직선과 선분 AB의 교점을 D, 중심이 A이고 반지름의 길이가 $\overline{AD}$인 원과 선분 AC의 교점을 E라 하자. $\angle A=\theta$일 때, 부채꼴 ADE의 넓이를 $S(\theta)$, 삼각형 BCE의 넓이를 $T(\theta)$라 하자. $\lim_{\theta\to0+}\frac{\{S(\theta)\}^2}{T(\theta)}$의 값은? [4점]

실습문항 6 | 2017학년도 9월 모의평가 가형, 20번

아래 제시된 실습문항을 그래픽 해보세요.
다음 장에는 AlgeoMath 도형에서 그래프를 그리는 단계와 편집한 결과를 차례대로 설명하고 있습니다.

2017학년도 9월 모의평가 가형, 20번 문항

20. 그림과 같이 한 변의 길이가 1인 정사각형 ABCD가 있다. 변 CD 위의 점 E에 대하여 선분 DE를 지름으로 하는 원과 직선 BE가 만나는 점 중 E가 아닌 점을 F라 하자. $\angle EBC = \theta$라 할 때, 점 E를 포함하지 않는 호 DF를 이등분하는 점과 선분 DF의 중점을 지름의 양 끝점으로 하는 원의 반지름의 길이를 $r(\theta)$라 하자.

$\lim_{\theta \to \frac{\pi}{4}-} \frac{r(\theta)}{\frac{\pi}{4} - \theta}$ 의 값은? (단, $0 < \theta < \frac{\pi}{4}$) [4점]

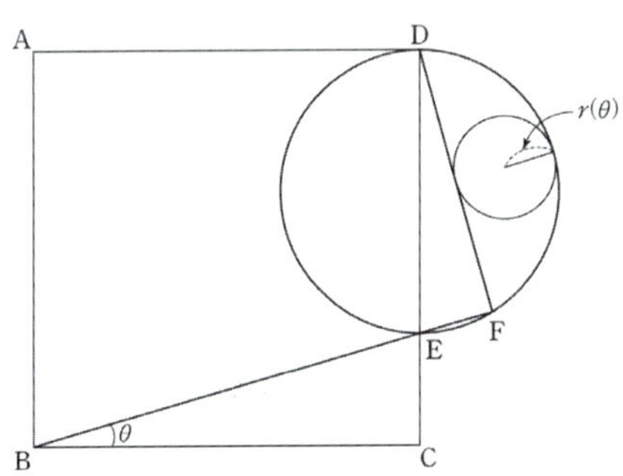

① $\frac{1}{7}(2-\sqrt{2})$ ② $\frac{1}{6}(2-\sqrt{2})$ ③ $\frac{1}{5}(2-\sqrt{2})$
④ $\frac{1}{4}(2-\sqrt{2})$ ⑤ $\frac{1}{3}(2-\sqrt{2})$

선생님들께 드리는 작은 Tip

$r(\theta)$와 함께 표현되어 있는 굽은 화살표는 어떻게 표현해야 할까요?

실습문항 6에 대한 해설

● 1단계 AlgeoMath 도형에서 그래프 그리기

[1단계]는 AlgeoMath 도형에서 그래프의 개략적인 형태를 그리는 단계입니다. 선생님들의 이해를 돕고자 그림과 설명을 같이 넣어 자세히 설명하였습니다. 아래 제시된 점의 이름은 문항에서 제시된 점의 이름과 다를 수 있습니다.

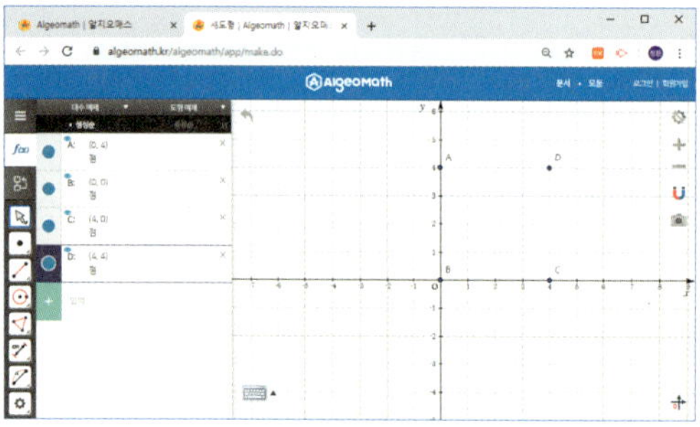

❶ 대수창에 $A(0, 4)$, $B(0, 0)$, $C(4, 0)$, $D(4, 4)$를 입력합니다.

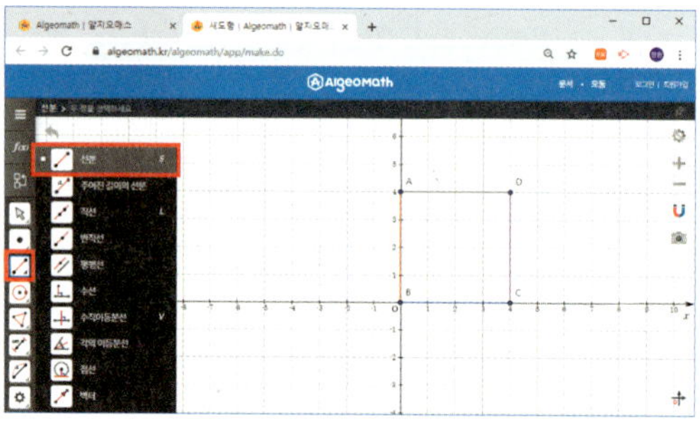

❷ 선분(, 단축키 S) 기능을 이용하여 $\overline{AB}$, $\overline{BC}$, $\overline{CD}$ 그리고 $\overline{AD}$를 생성합니다.

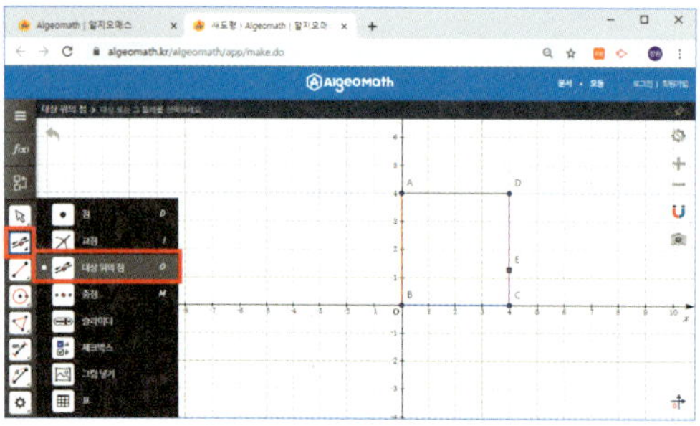

❸ 대상 위의 점(, 단축키 O) 기능을 이용하여 $\overline{CD}$ 위의 점 E를 생성합니다.

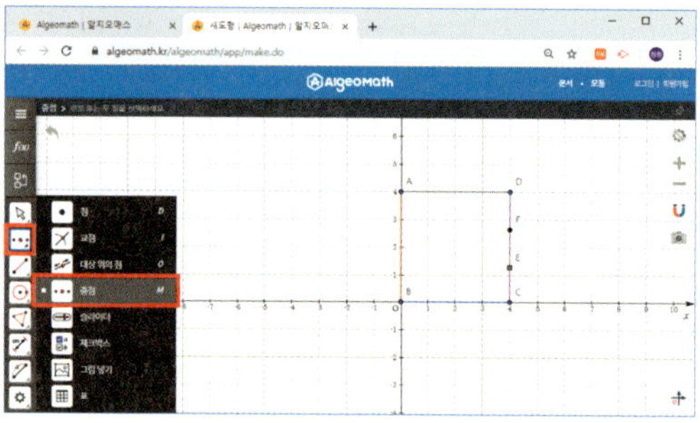

❹ 중점(, 단축키 M) 기능을 이용하여 점 D와 점 E의 중점을 생성합니다. (점 F 생성)

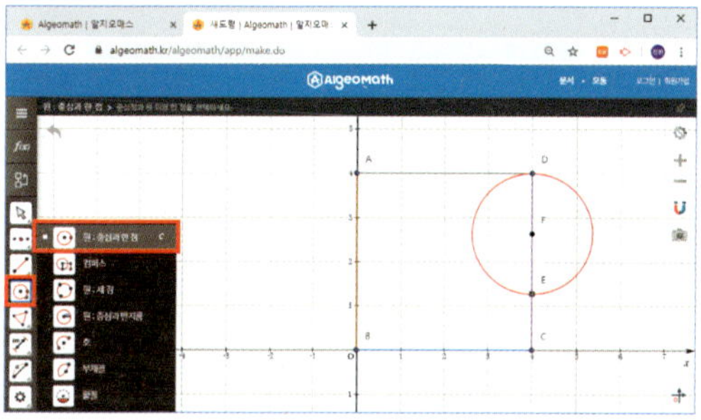

⑤ 원: 중심과 한 점(, 단축키 C) 기능을 이용하여 (4)에서 생성한 점 F를 중심으로 하고 점 D를 지나는 원을 생성합니다.

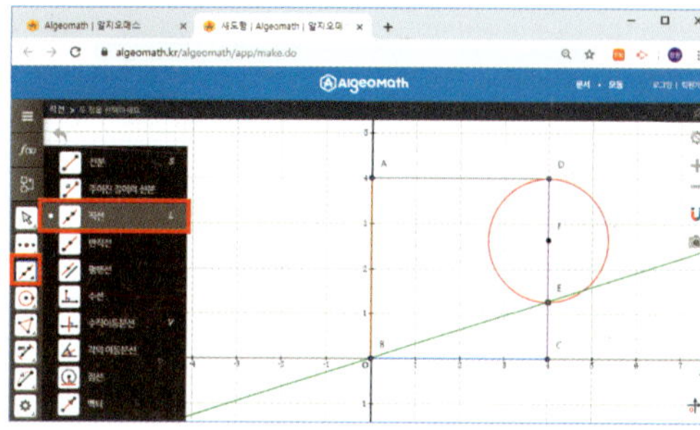

⑥ 직선(, 단축키 L) 기능을 이용하여 점 B와 점 E를 지나는 직선을 생성합니다.

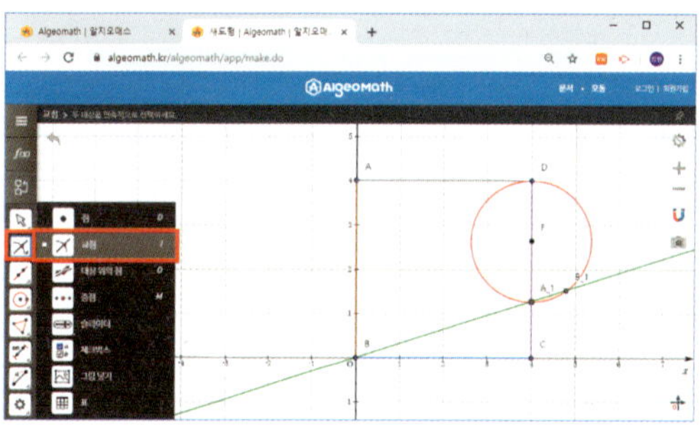

⑦ 교점(, 단축키 I) 기능을 이용하여 직선과 원의 교점을 만들어 줍니다. (점 A_1과 B_1이 생성됩니다.)

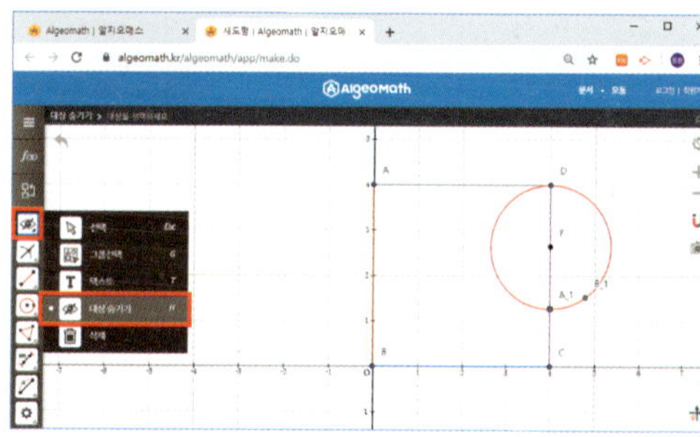

⑧ 대상숨기기(, 단축키 H) 기능을 사용하여 직선을 숨겨줍니다.

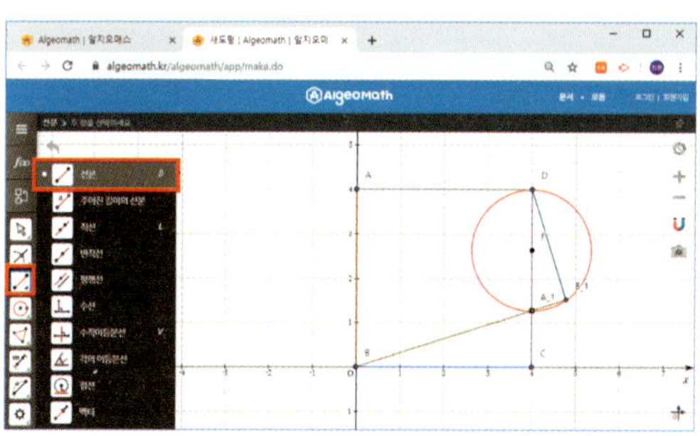

⑨ 선분(, 단축키 S) 기능을 이용하여 $\overline{\mathrm{BB}_1}$, $\overline{\mathrm{B}_1\mathrm{D}}$를 생성합니다.

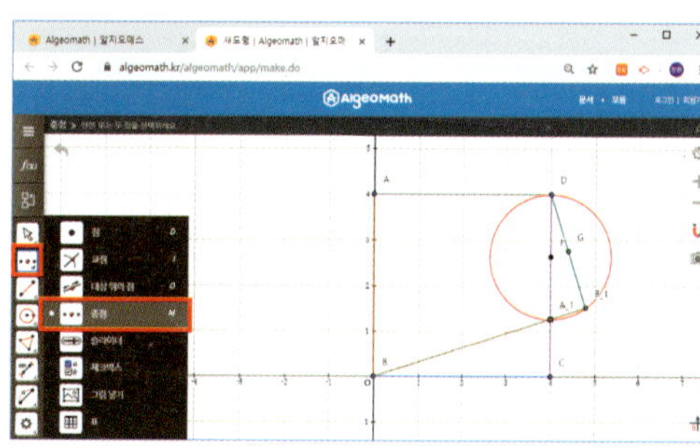

⑩ 중점(, 단축키 M) 기능을 이용하여 점 B_1과 점 D의 중점을 생성합니다. (점 G 생성)

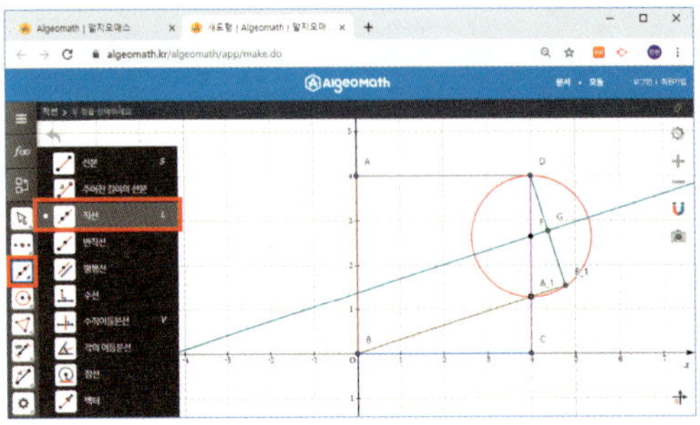

⑪ 직선(, 단축키 L) 기능을 이용하여 점 F와 점 G를 지나는 직선을 생성합니다.

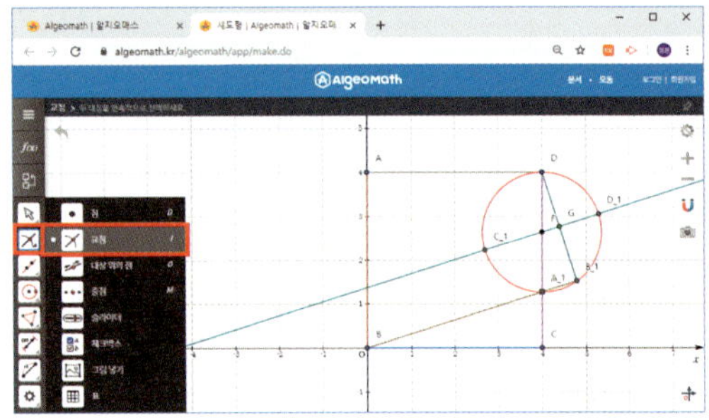

⑫ 교점(, 단축키 I) 기능을 이용하여 ⑪에서 생성한 직선과 원의 교점을 만들어 줍니다. (점 C_1과 D_1이 생성됩니다.)

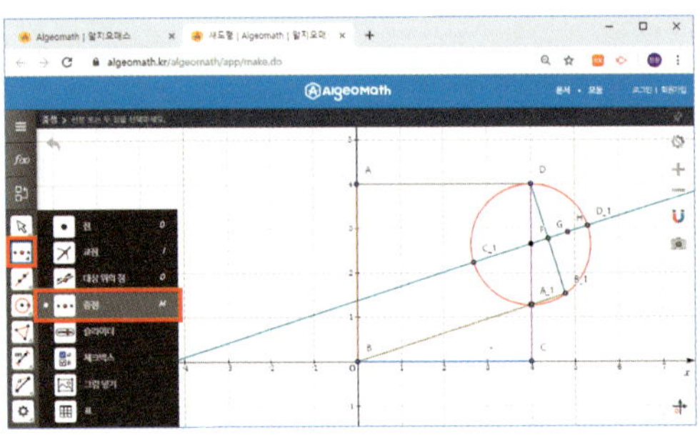

⑬ 중점(, 단축키 M) 기능을 이용하여 점 G와 점 D_1의 중점을 생성합니다. (점 H 생성)

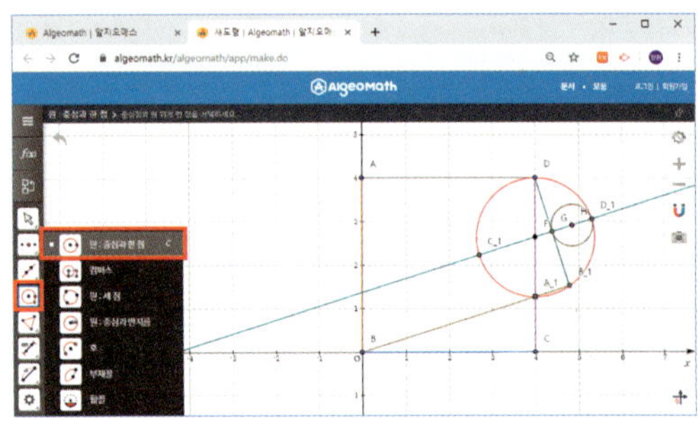

⑭ 원 : 중심과 한 점(, 단축키 C) 기능을 이용하여 ⑬에서 생성한 점 H를 중심으로 하고 점 G를 지나는 원을 생성합니다.

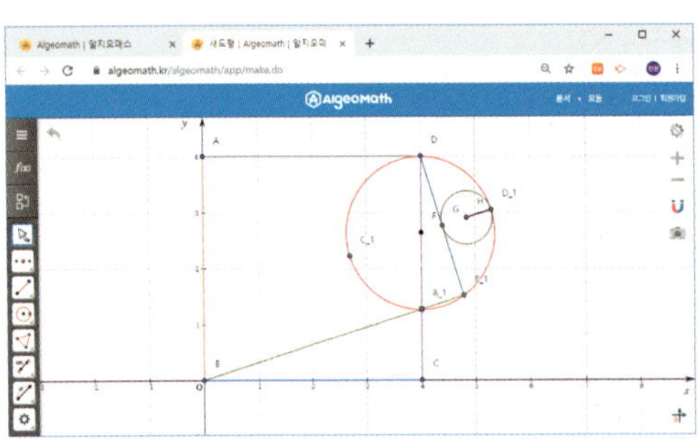

⑮ 대상숨기기(, 단축키 H) 기능을 사용하여 $\overleftrightarrow{GH}$를 숨겨줍니다. 그 이후 선분(, 단축키 S) 기능을 이용하여 $\overline{GH}$를 생성합니다.

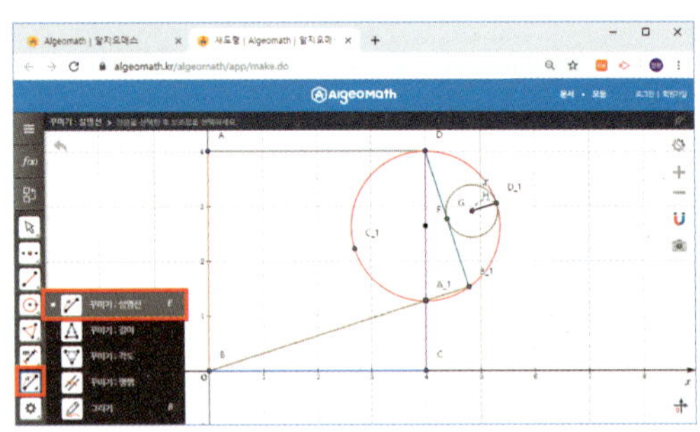

⑯ 꾸미기:설명선() 기능을 이용하여 $\overline{GH}$를 설명하는 점선을 생성합니다.

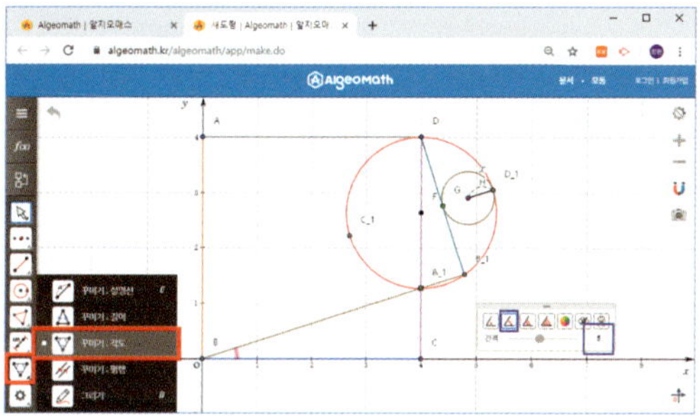

⑰ 꾸미기:각도(▽) 기능을 이용하여 ∠CBE를 표현하는 각의 모양을 생성합니다.(모양 2, 간격 5, 검은색)

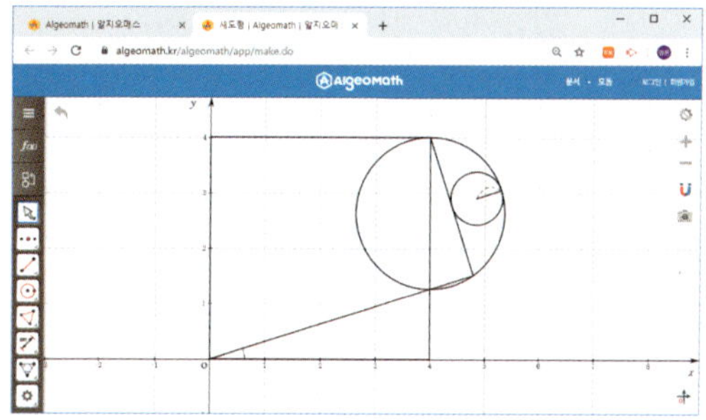

⑱ 모든 대상의 색을 검은색으로 변경하고, 대상숨기기(👁), 단축키 H) 기능을 이용하여 모든 점을 숨겨줍니다.

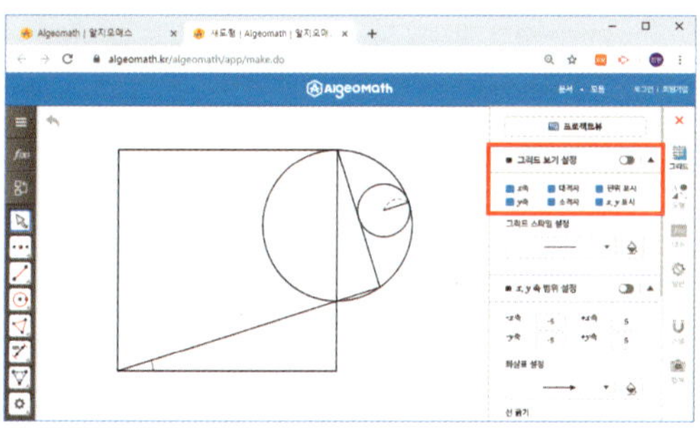

⑲ [환경설정] - [그리드 보기 설정]에서 모두 비활성화합니다.

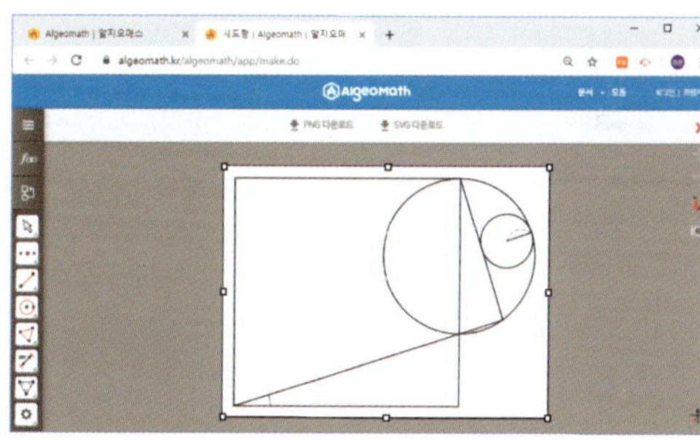

⑳ [캡처하기] 기능을 사용하여 그린 그림을 파일로 저장합니다.

● 2단계 한글에서 디자인 마무리하기

한글프로그램에서 **글상자**와 **수식**을 사용하여 각각의 위치에 글상자를 배치합니다.
특히, 이 예제에서는 θ와 **곡선 화살표**가 입력되는 것을 볼 수 있습니다. 그 이후 모든 객체를 선택하고 **[그룹 묶기]**를 실시해 줍니다.

※ **글자 모양** (1) **글꼴** : 신명중명조, (2) 크기 : 9 (A4 기준)

※ **문단 모양** (1) **정렬** : 왼쪽정렬, (2) 줄나눔기준 : 어절

20. 그림과 같이 한 변의 길이가 1인 정사각형 ABCD가 있다. 변 CD 위의 점 E에 대하여 선분 DE를 지름으로 하는 원과 직선 BE가 만나는 점 중 E가 아닌 점을 F라 하자.
$\angle$EBC $=\theta$라 할 때, 점 E를 포함하지 않는 호 DF를 이등분하는 점과 선분 DF의 중점을 지름의 양 끝점으로 하는 원의 반지름의 길이를 $r(\theta)$라 하자.
$\lim_{\theta\to\frac{\pi}{4}-}\frac{r(\theta)}{\frac{\pi}{r}-\theta}$의 값은? (단, $0<\theta<\frac{\pi}{4}$) [4점]

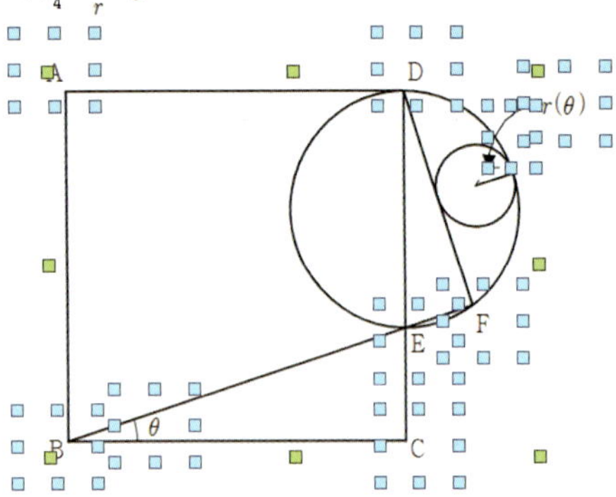

20. 그림과 같이 한 변의 길이가 1인 정사각형 ABCD가 있다. 변 CD 위의 점 E에 대하여 선분 DE를 지름으로 하는 원과 직선 BE가 만나는 점 중 E가 아닌 점을 F라 하자.
$\angle$EBC $=\theta$라 할 때, 점 E를 포함하지 않는 호 DF를 이등분하는 점과 선분 DF의 중점을 지름의 양 끝점으로 하는 원의 반지름의 길이를 $r(\theta)$라 하자.
$\lim_{\theta\to\frac{\pi}{4}-}\frac{r(\theta)}{\frac{\pi}{r}-\theta}$의 값은? (단, $0<\theta<\frac{\pi}{4}$) [4점]

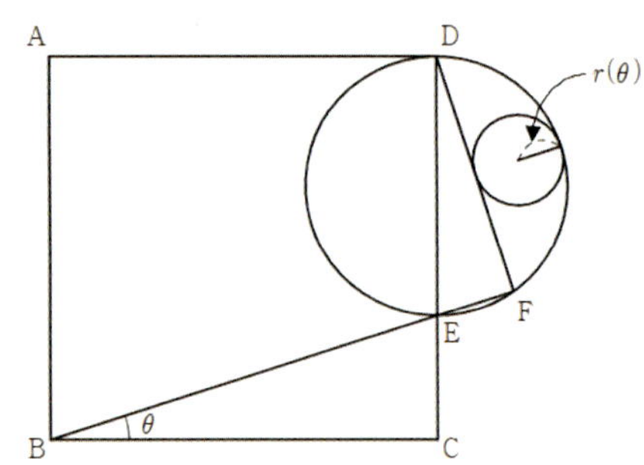

선생님들께 드리는 작은 Tip

곡선 화살표를 입력하는 방법

한글에서 곡선 화살표를 입력하는 방법은 다음과 같습니다.

❶ **[입력] - [그리기 상자] - [호]**를 선택하고 임의로 그려줍니다.

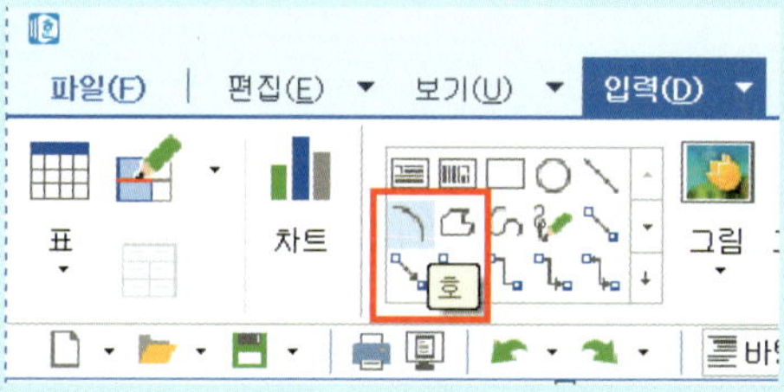

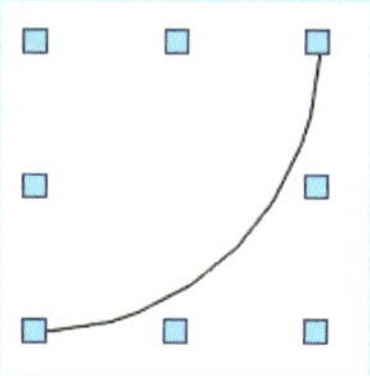

❷ **[호]**를 선택하고 마우스 오른쪽 버튼을 클릭합니다. **[개체 속성(P)]**을 클릭합니다.
[개체속성] - [선] - [화살표]에서 **[끝 모양]과 [끝 크기]**를 아래와 같이 수정합니다.

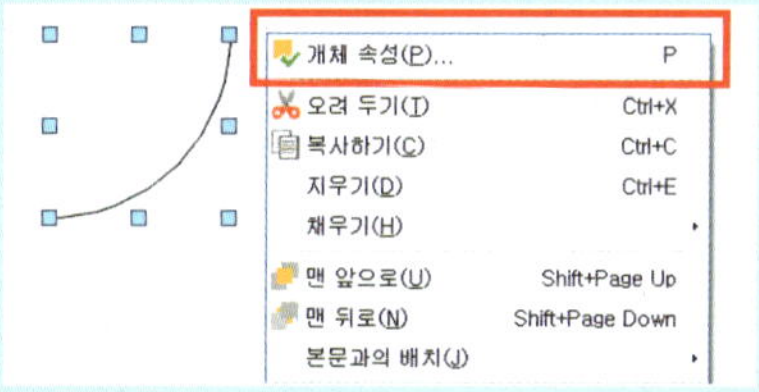

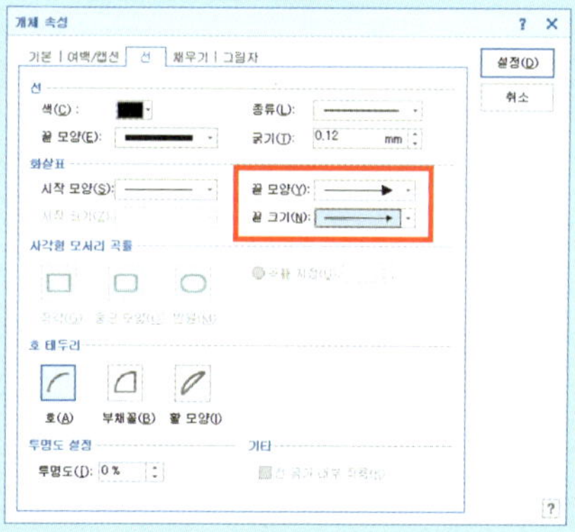

❸ 수정된 호를 클릭하고 우측 위의 크기조절 버튼을 드래그하여 오른쪽의 모양으로 만들어줍니다.

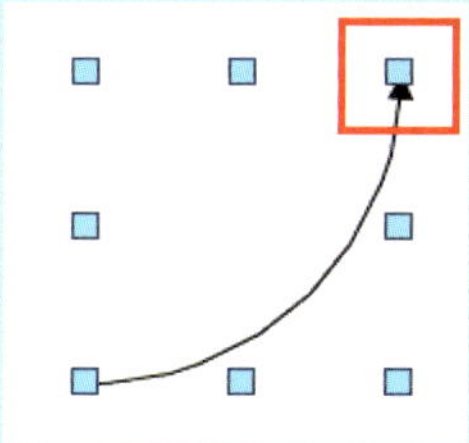

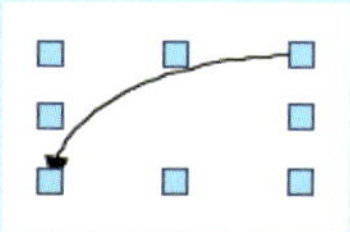

CHAPTER 04

기출문항
그래픽 디자인하기
(심화편)

들어가기 전에

이전 Chapter에서는 AlgeoMath만의 기능을 사용하여 그래프, 도형을 포함한 그래픽을 디자인하는 방법에 대해 살펴보았습니다. 이 기능 이외에 선생님들께서 흔히 사용하고 있는 프로그램 및 기능을 조금 더 활용하면 더 다양한 그래픽을 디자인할 수 있습니다. 이번 Chapter에서는 PrintScreen, Windows 운영체제의 그림판을 이용하여 디자인할 수 있는 문항들로 구성하였습니다.

SECTION 01에서는 아직 2차원밖에 구현할 수 없는 AlgeoMath의 제한된 기능을 극복하기 위해 하나의 아이디어를 제시합니다. 우리가 도안을 덧대 그릴 때, 투명용지를 사용하는 모습처럼 AlgeoMath에서도 비슷한 기능을 구현할 수 있습니다. 그 방법에 대해 자세히 설명하였습니다.

SECTION 02에서는 음영처리된 부분이 다각형, 부채꼴의 형태가 아닐 경우에 음영을 처리하는 방법에 대한 아이디어를 제시합니다. Windows 운영체제의 그림판을 이용하여 해결하는 방법에 대해 자세히 설명하였습니다.

SECTION 03에서는 고등학교 선생님들께서 가장 그리고 싶어하는 무한등비급수 문항의 그래픽을 디자인하는 방법에 대해 자세히 설명하였습니다. 단계별로 따라하다 보면 수준 높은 문항 그래픽을 디자인하는 방법을 습득할 수 있을 것이라 생각합니다.

SECTION 01

3차원 기하 그래픽 투영하기

KEY POINTS 그래픽 투영

수능 및 모의고사에서 공간도형과 관련된 문항들을 살펴보면 평면에서 입체감 있게 그래픽을 디자인하여 공간을 표현하는 것을 알 수 있습니다. [2019학년도 9월 모의평가 가형, 12번 문항]에 제시된 문항 그래픽을 함께 디자인해 보고자 합니다.

특히 이번 SECTION에서는 운영체제의 캡처 도구를 활용하여 디자인하고자 하는 그래픽을 그림파일로 만들고 [AlgeoMath 도형]에 투영시키는 방법에 대해 자세히 설명하였습니다.

2019학년도 9월 모의평가 가형, 12번 문항

12. 그림과 같이 평면 α 위에 넓이가 24인 삼각형 ABC가 있다. 평면 α 위에 있지 않은 점 P에서 평면 α에 내린 수선의 발을 H, 직선 AB에 내린 수선의 발을 Q라 하자. 점 H가 삼각형 ABC의 무게중심이고, $\overline{PH}=4$, $\overline{AB}=8$일 때, 선분 PQ의 길이는? [3점]

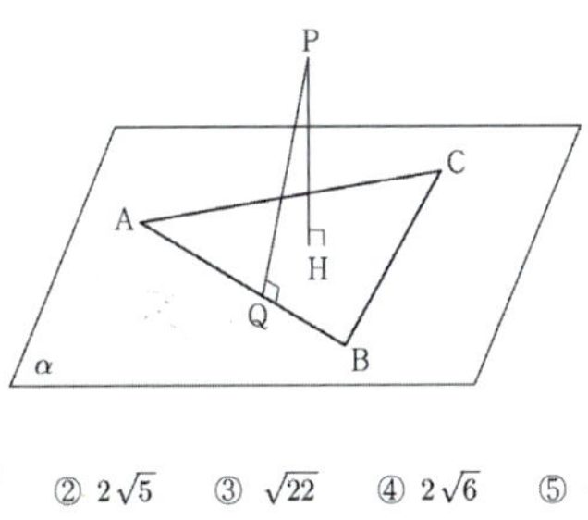

① $3\sqrt{2}$ ② $2\sqrt{5}$ ③ $\sqrt{22}$ ④ $2\sqrt{6}$ ⑤ $\sqrt{26}$

- **단계 및 순서**

[1단계] 캡처도구를 사용하여 그림파일로 만들기

[2단계] AlgeoMath 문서를 사용하여 URL 생성하기

(1) AlgeoMath 문서에 이미지 가져오기

(2) 그림 이미지 주소 복사

[3단계] AlgeoMath 도형을 사용하여 그래픽 그리기

[4단계] 그림파일로 변환하고 [그림판]으로 이동하기

(1) **[환경설정]**에서 격자 및 각종 표시 비활성화하기

(2) 캡처하기

[5단계] 한글을 이용하여 문항 그래픽 완성하기

(1) 한글에서 저장된 그림파일을 불러오기

(2) 글상자와 수식을 활용하여 문항에 맞게 입력하기

(3) **[개체 묶기(G)]**를 이용하여 그래픽 완성하기

1단계 | 캡처도구를 사용하여 그림파일로 만들기

그리고자 하는 문항의 그래픽을 투영시키고 그리는 데 가장 처음으로 이루어져야 할 단계는 그리고자 하는 문항의 그래픽을 그림파일로 만드는 단계입니다. 운영체제 고유의 [print screen] 기능, OneNote, 알캡처 등 다양한 방법을 이용하여 그림파일을 만들 수 있습니다. 이 책에서는 가장 기본적으로 사용할 수 있는 운영체제의 [print screen] 기능을 활용하여 그림파일을 만들고자 합니다.

01 캡처하기

(1) 운영체제가 Windows 10을 사용하는 경우

Windows 10을 운영체제로 사용하는 경우에는 보다 간편하게 원하는 그림을 저장할 수 있습니다.

❶ 그리고자 하는 문항을 화면에 띄웁니다.

❷ (윈도우키) + shift 키 + s 키를 누르면 음영처리 된 화면이 나옵니다.
원하는 영역을 드래그 기능을 이용하여 선택하면 [클립보드]에 자동으로 저장됩니다.

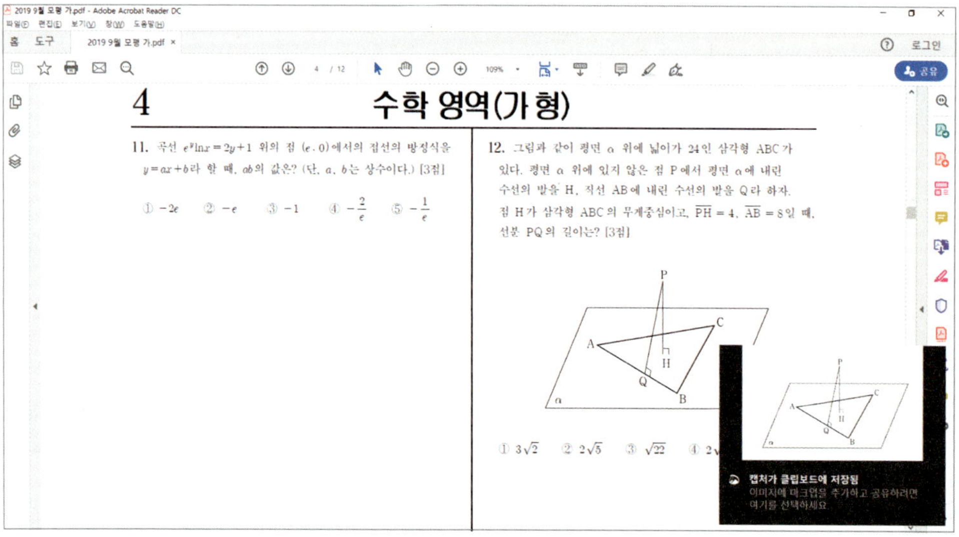

(2) Windows 8 이하의 운영체제를 사용하는 경우

❶ 그리고자 하는 문항을 화면에 띄운 상태에서 [Alt + PrintScreen]을 눌러줍니다.
[Alt + PrintScreen]은 현재 열려 있는 창을 캡처하여 [클립보드]에 저장해 주는 역할을 하

는 단축키입니다.

❷ [그림판] 프로그램을 실행하고 [Ctrl + V](붙여넣기)를 실행하면 복사된 창이 [그림판] 프로그램에 나타납니다.

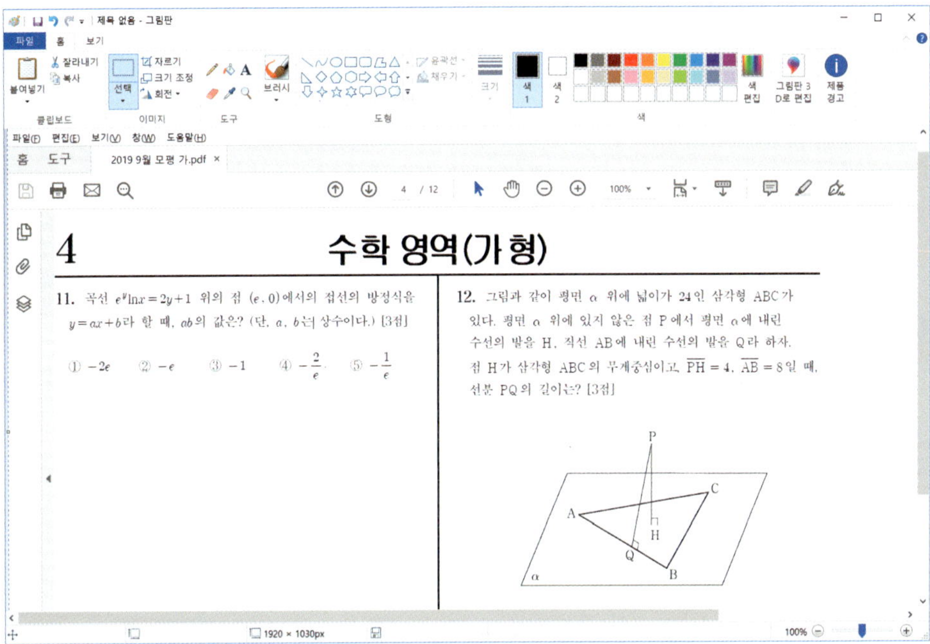

선생님들께 드리는 작은 TiP

PrintScreen은 **화면 전체**를 캡처하는 단축키이고
Alt + PrintScreen은 **현재 열려있는 창만**을 캡처해주는 기능입니다.

❸ [그림판] 프로그램 좌측 상단에 표시된 [이미지] – [선택]을 클릭하고, 캡처하고자 하는 영역을 드래그하여 선택합니다.

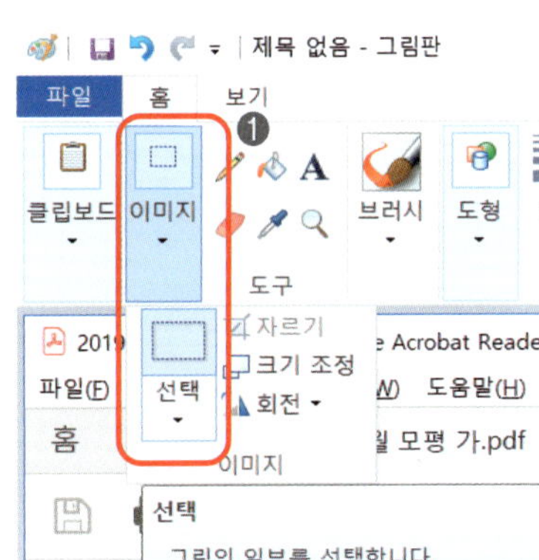

❹ 영역이 선택되면 단축키 [Ctrl + C](복사하기)]를 이용하여 [클립보드]로 복사합니다.

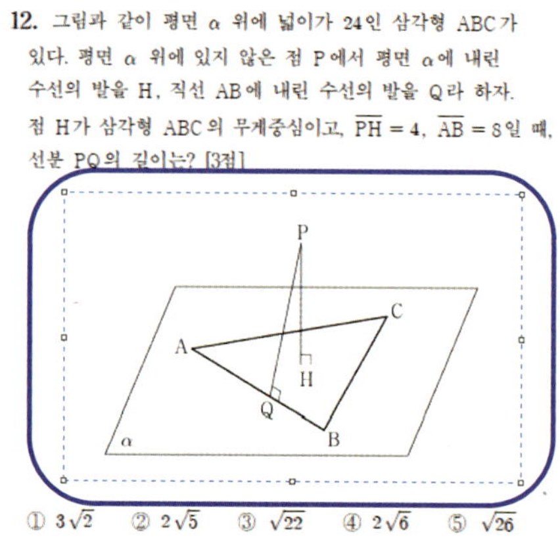
12. 그림과 같이 평면 α 위에 넓이가 24인 삼각형 ABC가 있다. 평면 α 위에 있지 않은 점 P에서 평면 α에 내린 수선의 발을 H, 직선 AB에 내린 수선의 발을 Q라 하자. 점 H가 삼각형 ABC의 무게중심이고, $\overline{PH}=4$, $\overline{AB}=8$일 때, 선분 PQ의 길이는? [3점]

① $3\sqrt{2}$ ② $2\sqrt{5}$ ③ $\sqrt{22}$ ④ $2\sqrt{6}$ ⑤ $\sqrt{26}$

02 그림판으로 옮긴 그림 저장하기

❶ 그림판을 실행합니다. (Windows 8 이하 사용자는 그림판을 새로 실행합니다.)

❷ 단축키 [Ctrl + V](붙여넣기)를 이용하여 [클립보드]에 복사된 그림을 불러옵니다.

❸ [파일] - [저장(단축키 Ctrl + S)] 버튼을 이용하여 저장합니다.

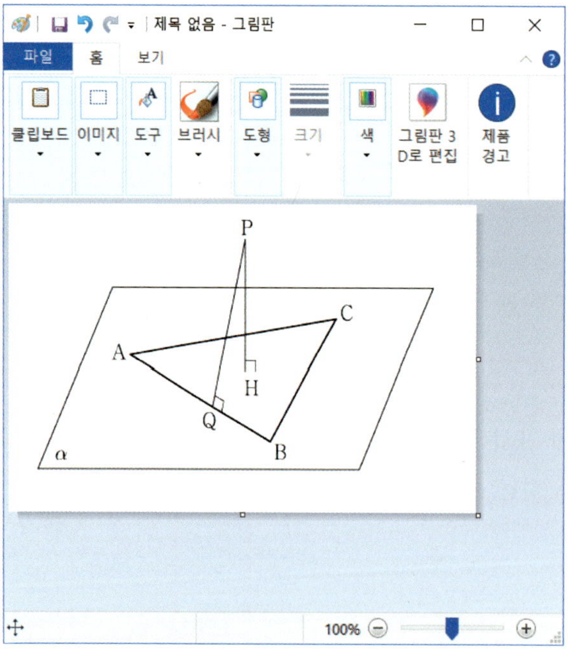

2단계 | AlgeoMath 도형을 사용하여 그래픽 그리기

01 그림 불러오기

[AlgeoMath 도형]의 [그림 넣기]를 선택합니다. [파일 선택]을 클릭하신 후 따로 저장한 그림파일을 불러옵니다.

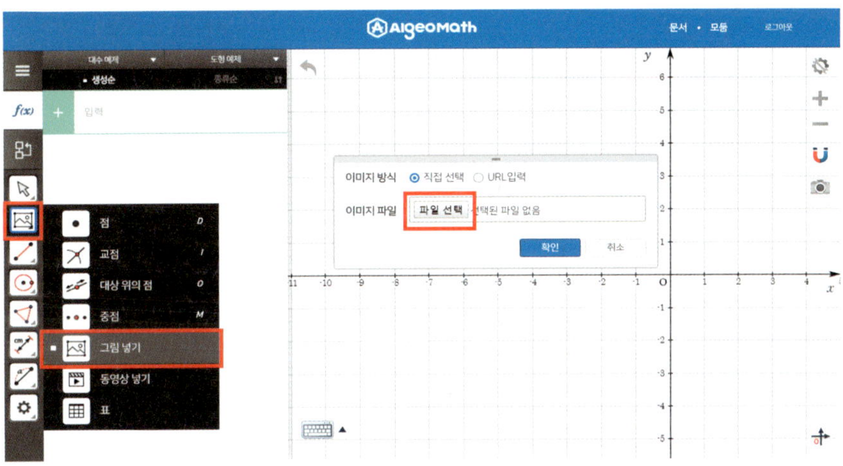

02 격자 밑으로 보내기

그림을 클릭하시면 나오는 아이콘( ) 중 [격자 밑으로 보내기( )]를 클릭합니다.

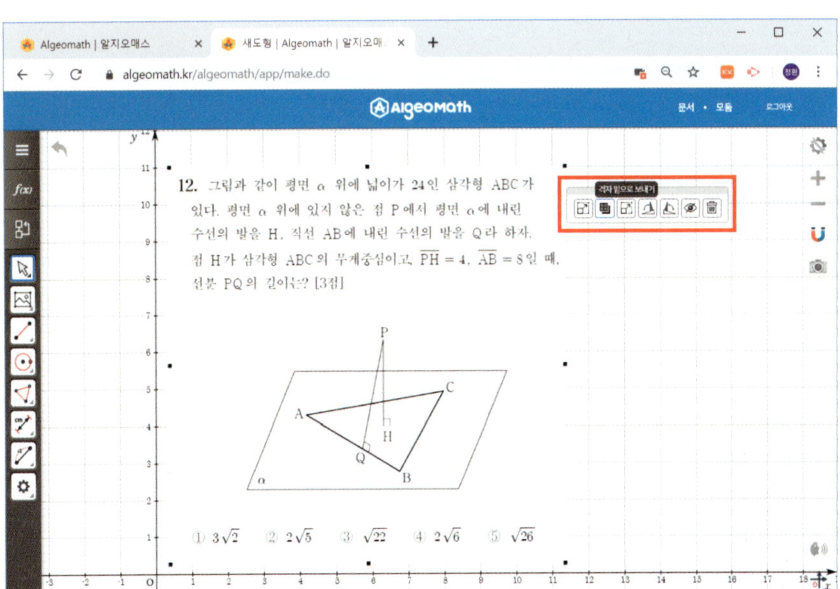

03 점 생성하기

그림의 각 위치에 점을 생성합니다.

이때 그림 위에 바로 점이 찍히지 않으니, 그림 밖에서 먼저 점을 생성한 후 생성된 점을 이동시키는 방법을 이용합니다.

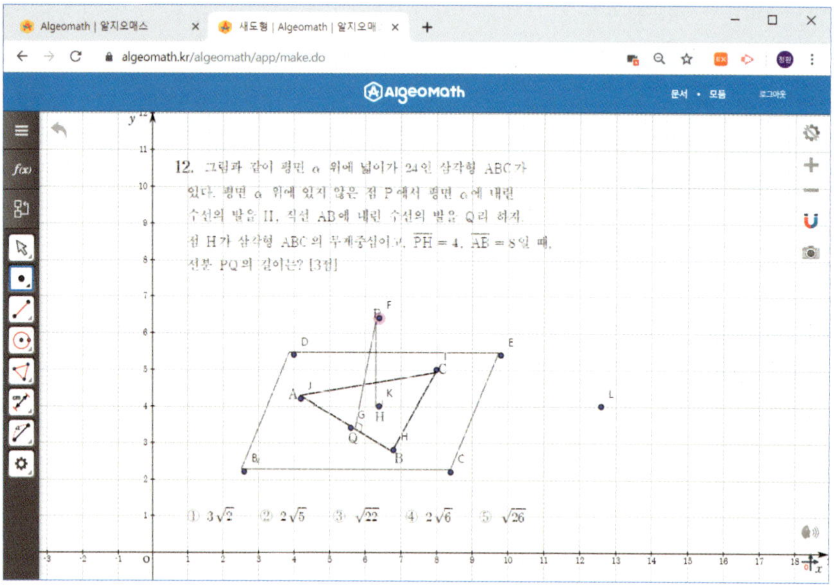

04 직각 생성하기

생성된 점을 바탕으로 그림과 같이 선분을 생성합니다. 그 이후, 꾸미기:각도(▽) 기능을 선택하고 점 L → 점 K → 점 F를 차례로 클릭하여 직각 표현을 만들어 줍니다.

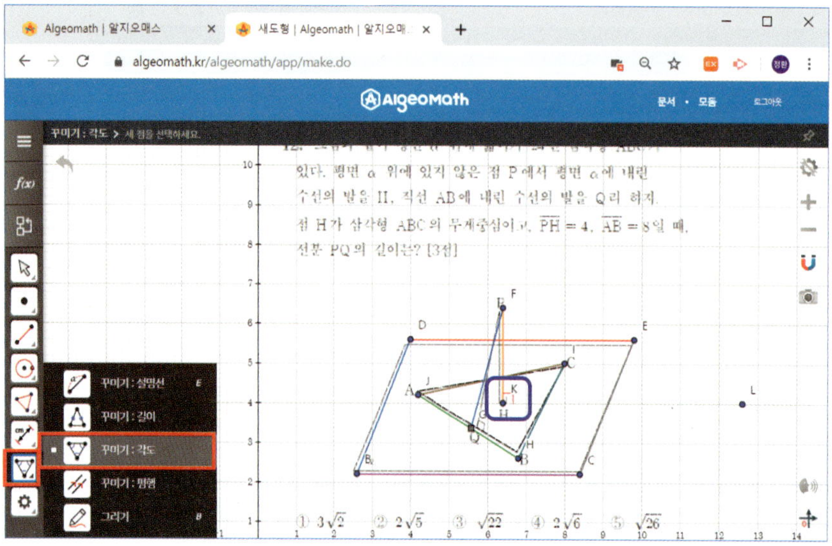

05 대상 꾸미기

그림을 우측으로 이동시킵니다.

주어진 그림과 같이 모든 선의 색상과 각의 색을 검은색으로 바꿔줍니다.

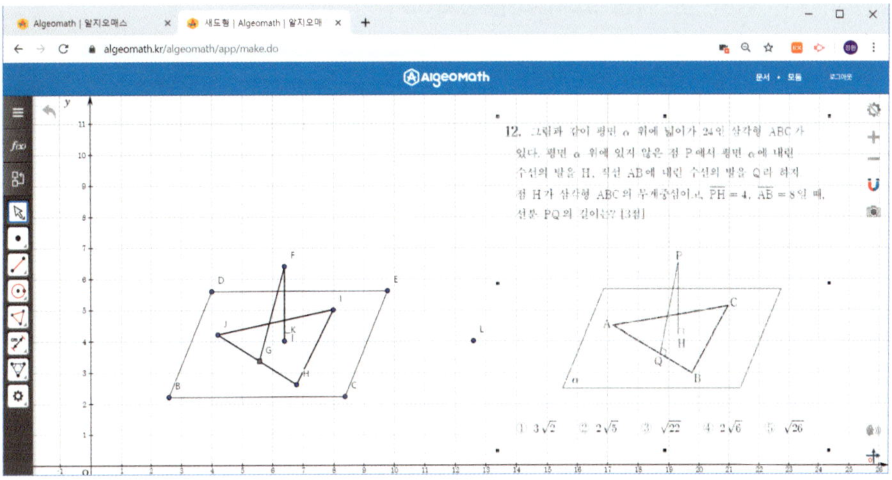

06 대상 숨기기

대상 숨기기(👁, 단축키 *H*) 기능을 이용하여 선택하고 문항과 관련 없는 점들을 숨겨줍니다.

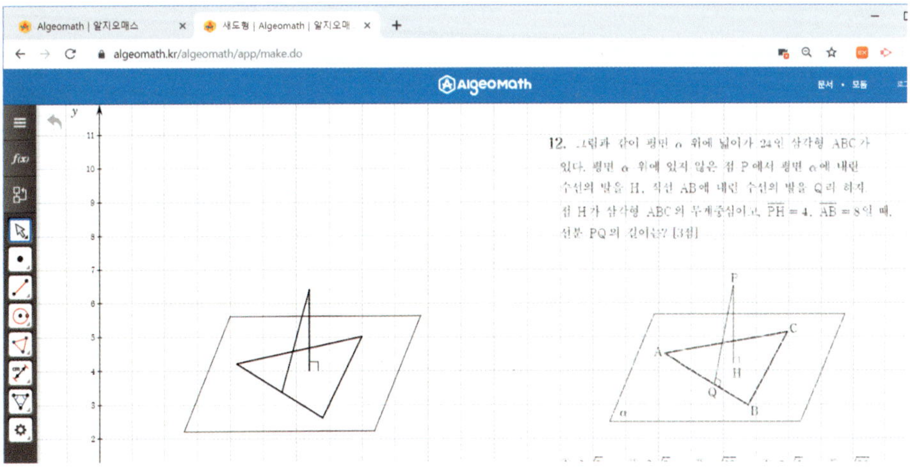

선생님들께 드리는 작은 Tip

CHAPTER 05 - SECTION 01에서는 점의 크기를 줄여서 차후 수정을 편리하게 하는 방법에 대해, CHAPTER 05 - SECTION 02에서는 선분의 색을 한번에 변경하는 방법에 대해 보다 자세히 서술해 놓았습니다.

3단계 | 그림파일로 변환하고 [그림판]으로 이동하기

(1) [환경설정]에서 격자 및 각종 표시 비활성화하기

01 화면 우측 위의 [환경설정]을 클릭합니다.

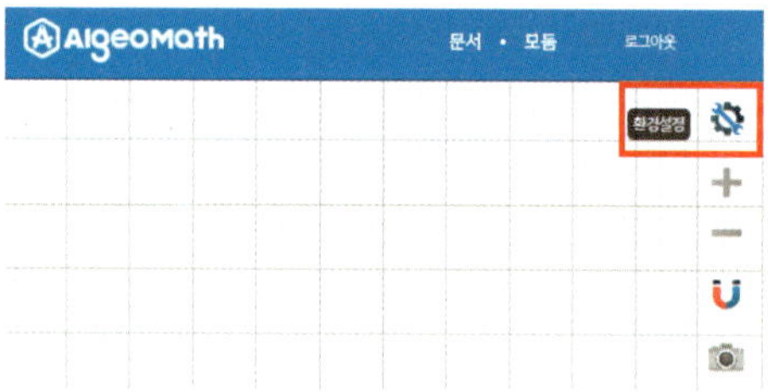

02 [그리드 보기 설정]에서 모든 항목을 **비활성화**시켜줍니다.

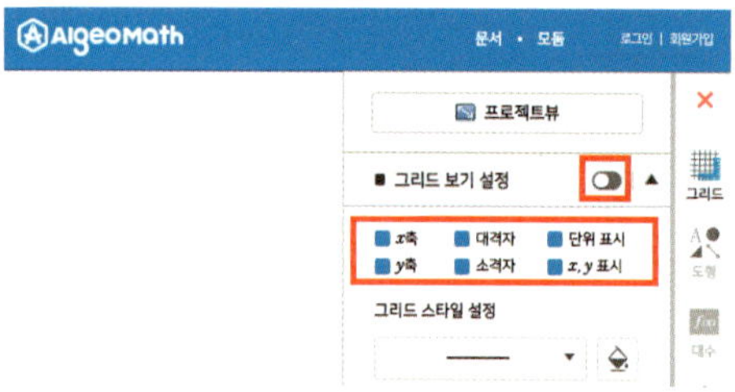

(2) 캡처하기

01 화면 우측 편에 있는 [스크린샷]을 클릭합니다.

02 캡처 설정에서는 [영역 캡처]를, 캡처 영역 설정에서는 [격자 단위]를 선택하고 [캡처하기]를 클릭합니다.

03 문항과 비슷하게 맞춘 후, ❶ [PNG로 다운로드]를 클릭합니다.
그 이후 ❷ 하단에 다운로드 된 파일을 클릭하면 [사진 창]이 생성됩니다.

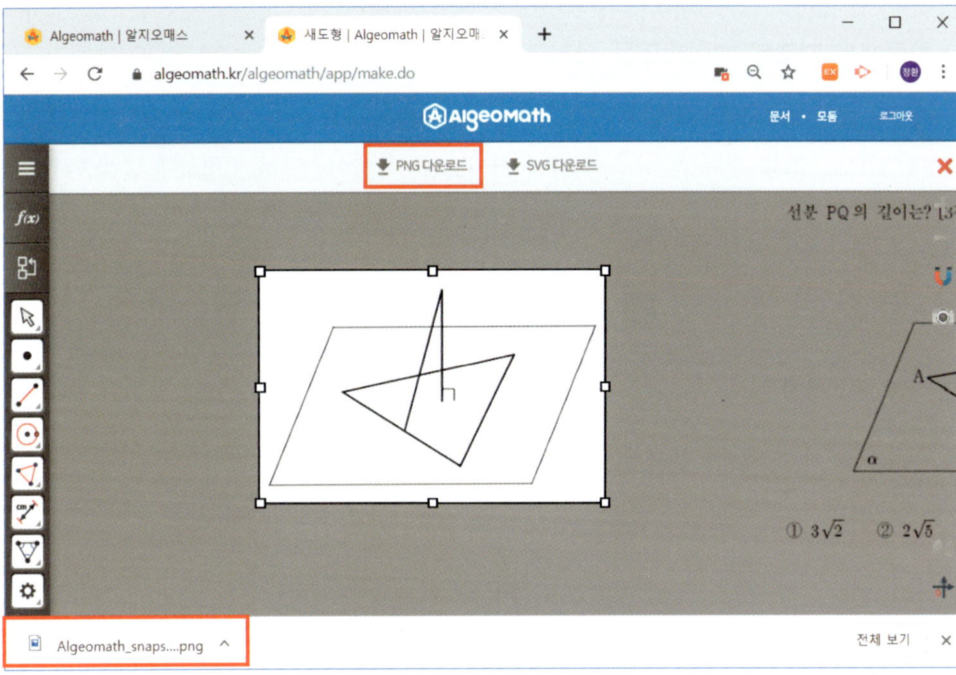

04 생성된 사진 창에서 [Ctrl + A](전체 선택)를 누르고 [Ctrl + C](복사하기)를 시행합니다.
복사된 그림은 [클립보드]에 저장됩니다.

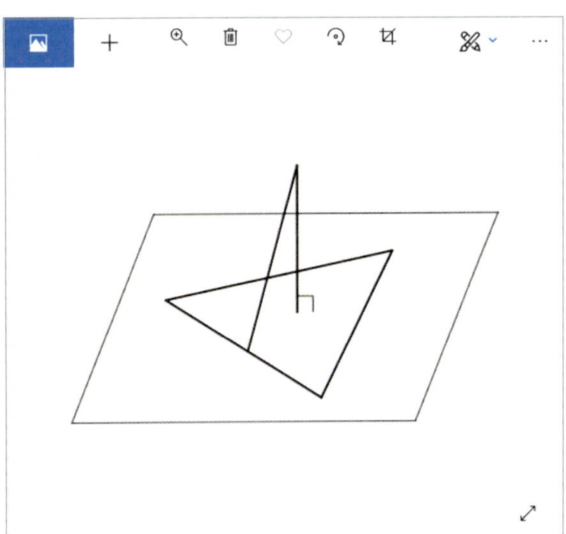

4단계 | 한글을 이용하여 문항 그래픽 완성하기

(1) 한글에서 저장된 그림파일을 불러오기

한글을 실행하고 문서 위에서 [Ctrl + V](붙여넣기)를 실행합니다. 이때 그림이 비교적 크게 들어가게 되므로, 그림 클릭 후 우측 하단의 크기조절 창을 이용하여 적절하게 줄여줍니다.

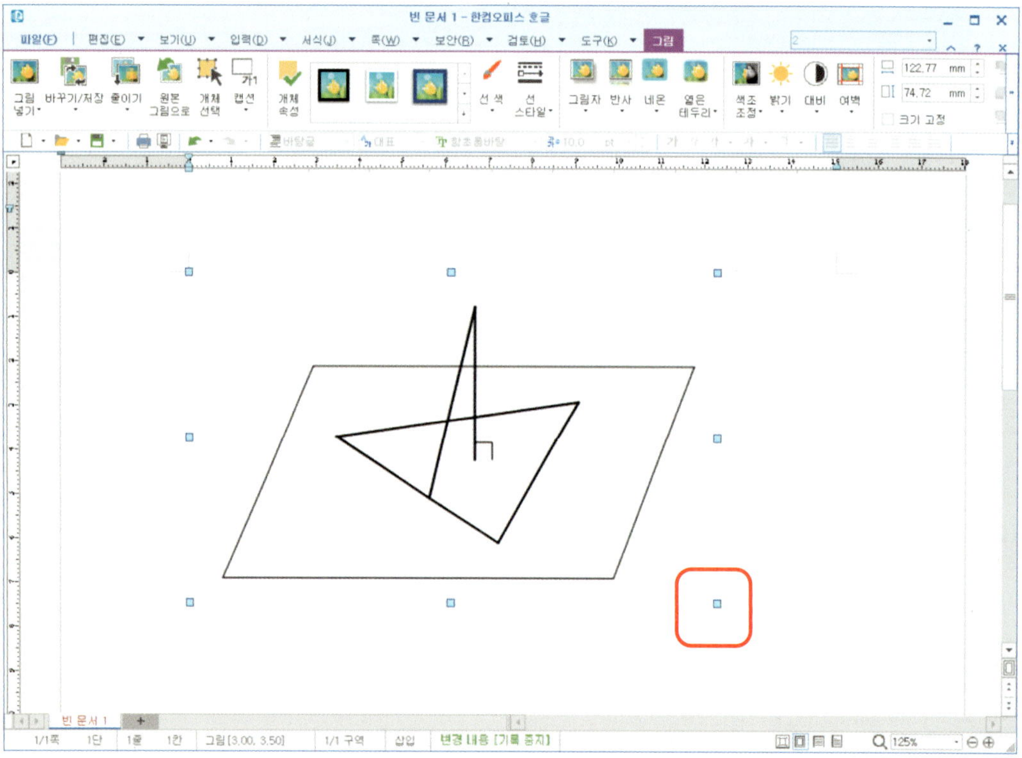

(2) 글상자와 수식을 활용하여 문항에 맞게 입력하기

01 한글에서 적당한 크기의 글상자($ctrl+n+b$)를 만들어주세요.

02 수식편집기($ctrl+n+m$)를 이용하여 입력할 문자들을 글상자 속에 입력해주세요.

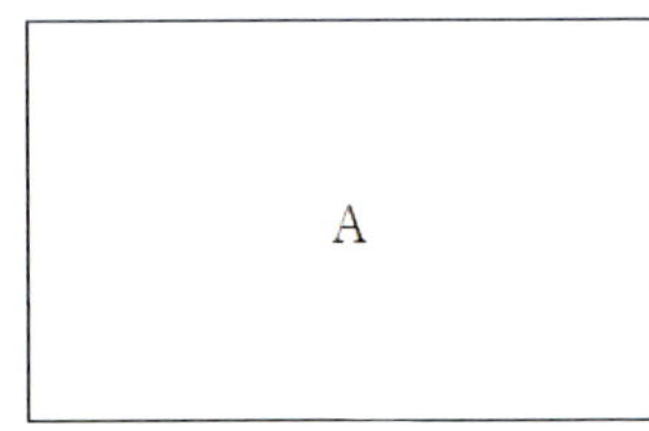

03 글상자를 클릭하신 후 마우스 오른쪽 단추를 누르면 나오는 [개체속성]을 클릭합니다.

❶ [선] → [종류(L)] → [선 없음]

❷ [채우기] → [색 채우기 없음(V)]으로 변경합니다.

그 이후, 글상자의 크기를 적절히 조정해주세요.

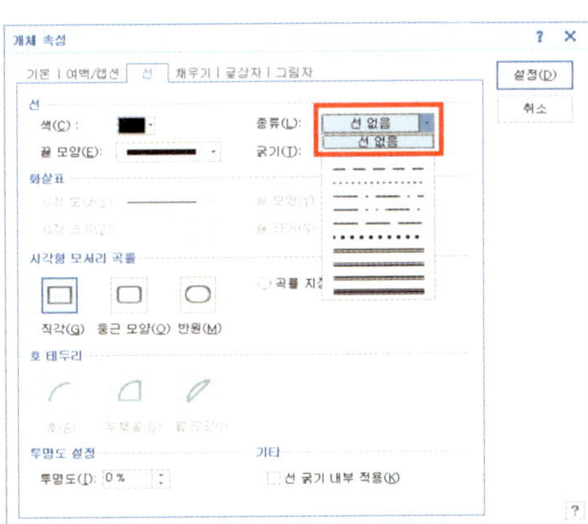

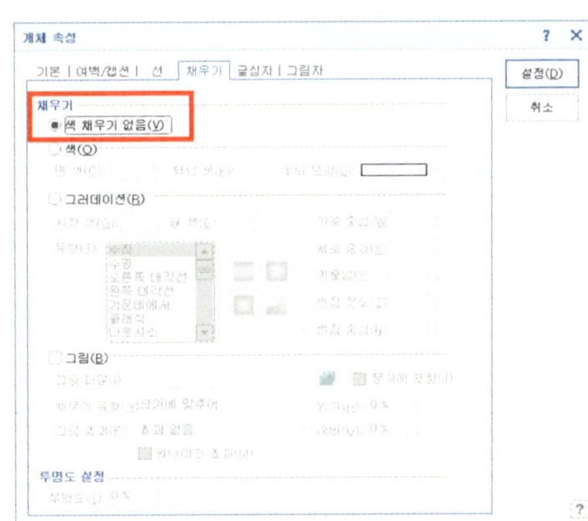

04 글상자를 여러 개 복사한 후, 그리고자 하는 문항에 맞게 글상자를 배치해주세요. [채우기 없음]과 [선 없음]으로 그림 위에서의 배치가 가능해집니다.

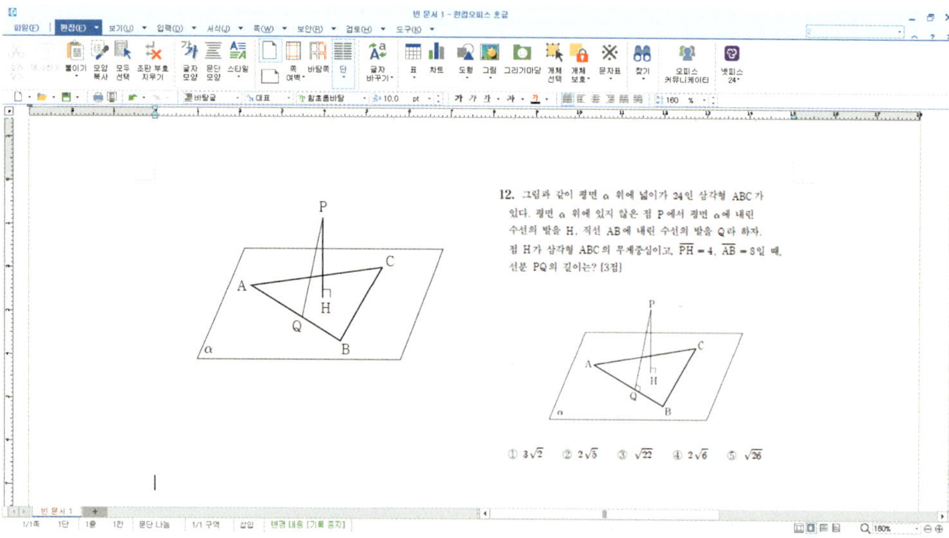

선생님들께 드리는 작은 Tip

[선 없음]으로 글상자를 선택하기 어려울 수 있습니다. 이 경우 **[보기]**의 **[기본 도구 상자]**에서 **[투명 선]**을 클릭하면 **[선 없음]** 처리된 부분이 **빨간 점선**으로 표현되어 선택이 더욱 편리해집니다. 자세한 내용은 CHAPTER 05 - SECTION 04를 참고해주세요.

05 [입력(D)] - 직선( )을 이용하여 마지막 남은 직각을 그려줍니다.

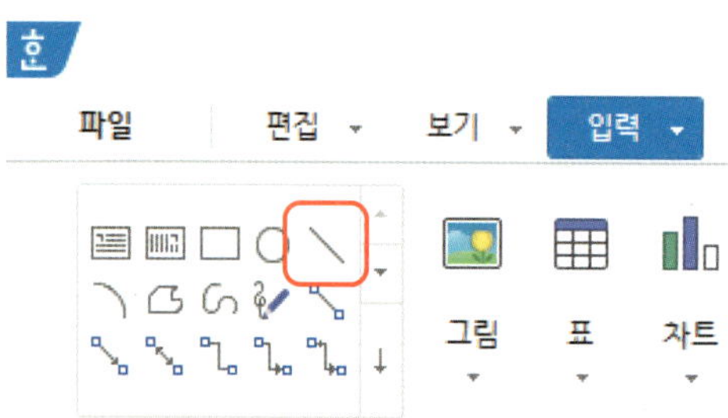

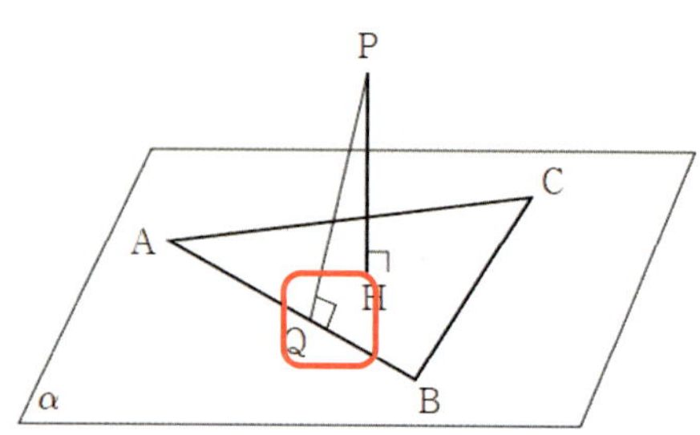

(3) [개체 묶기(G)]를 이용하여 그래픽 완성하기

01 하나의 개체를 선택한 후 [도형] 탭의 [기본 도구 상자] 왼쪽 편에 있는 [개체 선택]을 클릭합니다.

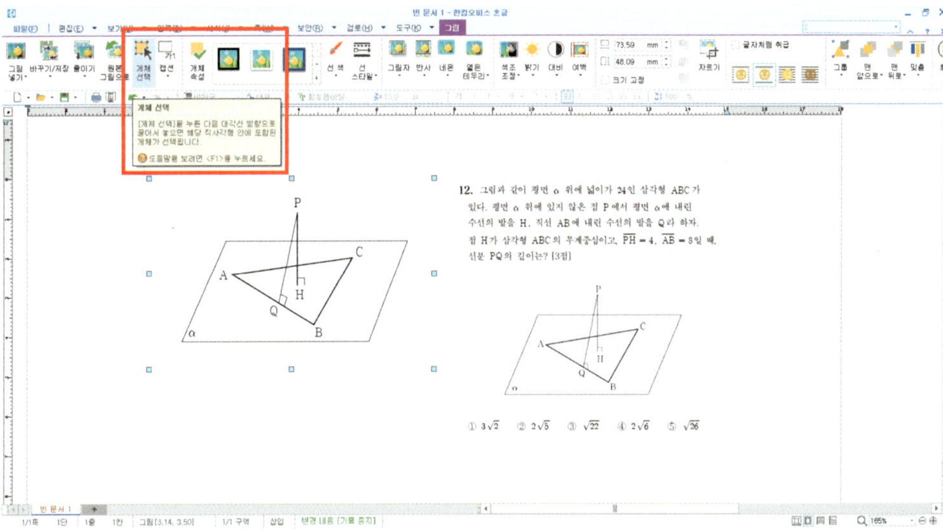

02 마우스 드래그를 통해 모든 개체를 선택합니다.
그 이후 마우스 오른쪽 단추를 눌러 [개체 묶기(단축키 *G*)]를 실행합니다.

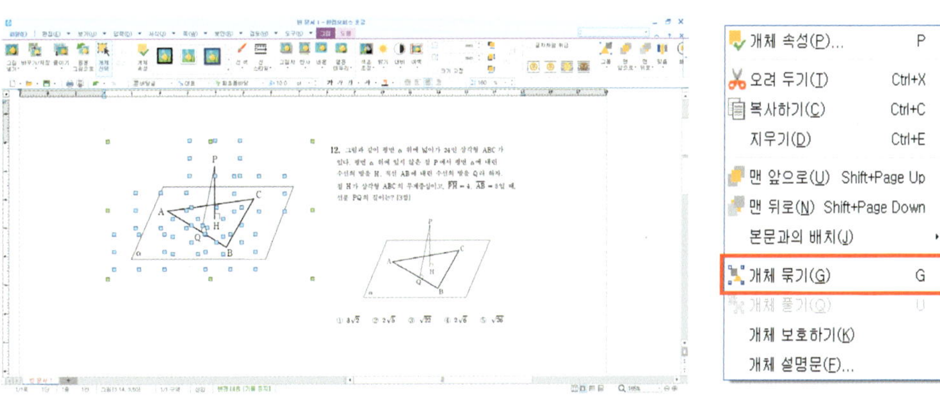

03 [개체 묶기]에 대한 안내창에서 [실행]을 클릭하면, 하나의 그래픽이 완성됩니다.

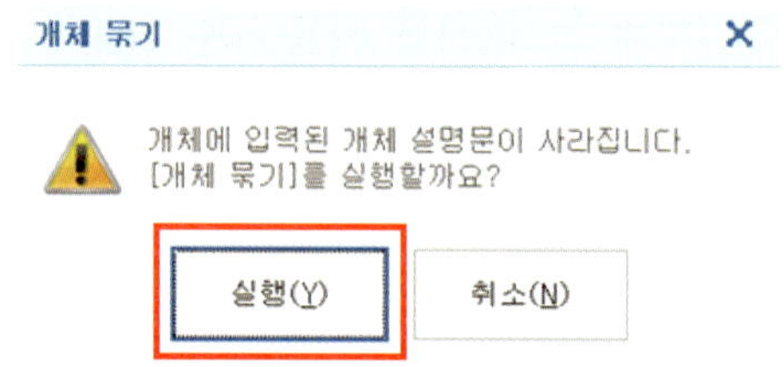

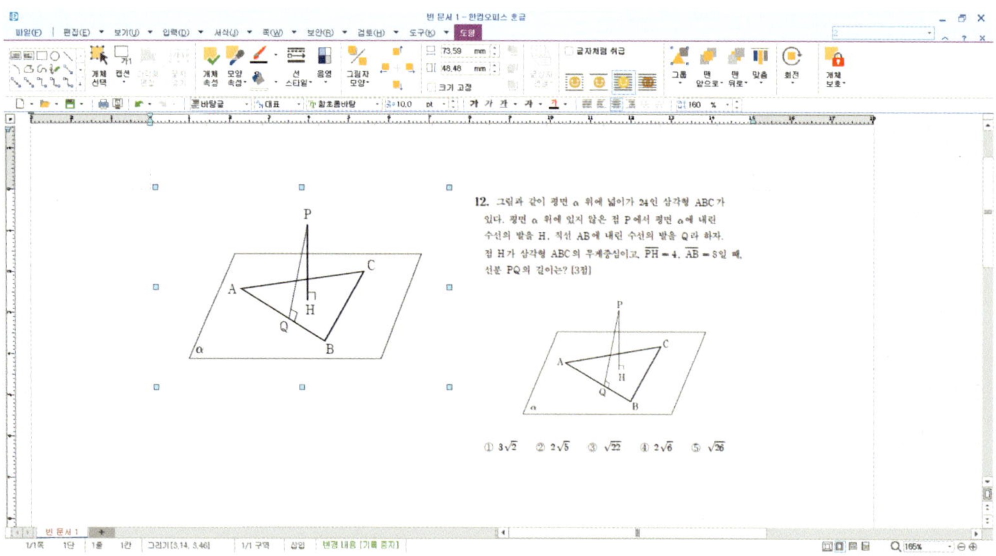

실습문항 7 | 2017학년도 9월 가형, 29번 문항

아래 제시된 실습문항을 그래픽 해보세요.

다음 장에는 AlgeoMath 도형에서 그래프를 그리는 단계와 편집한 결과를 차례대로 설명하고 있습니다.

2017학년도 9월 가형, 29번 문항

29. 그림과 같이 직선 l을 교선으로 하고 이루는 각의 크기가 $\frac{\pi}{4}$인 두 평면 α와 β가 있고, 평면 α 위의 점 A와 평면 β 위의 점 B가 있다. 두 점 A, B에서 직선 l에 내린 수선의 발을 각각 C, D라 하자. $\overline{AB}=2$, $\overline{AD}=\sqrt{3}$ 이고 직선 AB와 평면 β가 이루는 각의 크기가 $\frac{\pi}{6}$일 때, 사면체 ABCD의 부피는 $a+b\sqrt{2}$ 이다. $36(a+b)$의 값을 구하시오. (단, a, b는 유리수이다.) [4점]

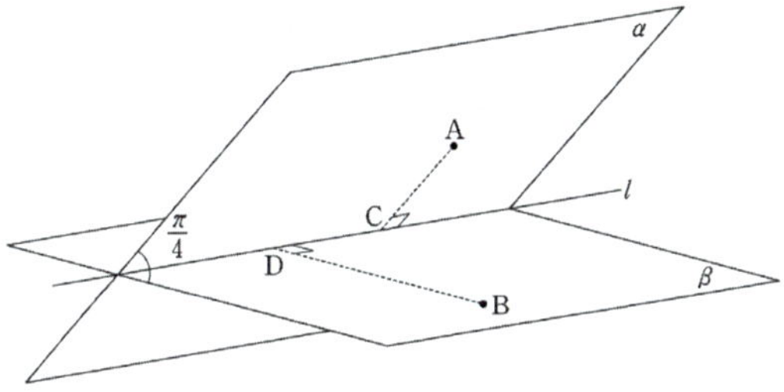

선생님들께 드리는 작은 Tip

❶ 이면각의 크기가 $\frac{\pi}{4}$로 표현된 점은 두 선분의 교점으로 표현하면 편리합니다.

❷ 직선 l 위의 점들은 대상 위의 점을 이용하면 일직선 위에 있음을 표현할 수 있습니다.

❸ 두 개의 직각 표현은 한글에서 해주세요.

실습문항 7에 대한 해설

● 1단계 AlgeoMath 도형에서 그래프 그리기

[1단계]는 AlgeoMath 도형에서 그래프의 개략적인 형태를 그리는 단계입니다. 선생님들의 이해를 돕고자 그림과 설명을 같이 넣어 자세히 설명하였습니다. 아래 제시된 점의 이름은 문항에서 제시된 점의 이름과 다를 수 있습니다.

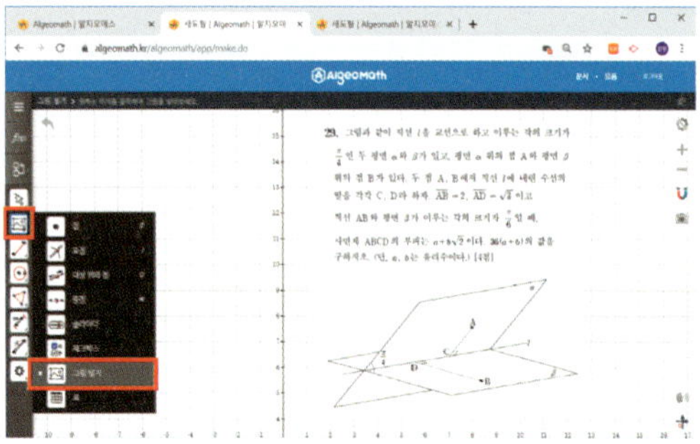

❶ AlgeoMath 도형에 그리고자 하는 문항의 그림을 불러옵니다.

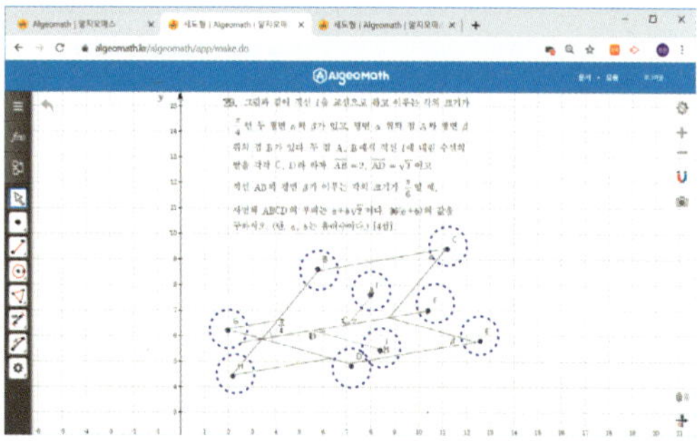

❷ 문항 위에 표현된 점들을 생성합니다.

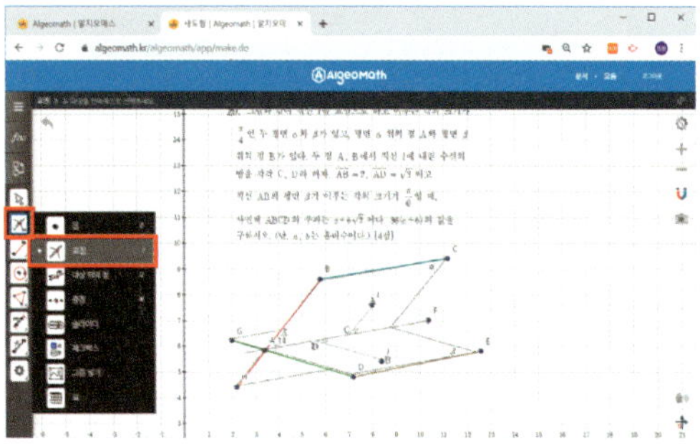

❸ 선분(![선분 아이콘]), 단축키 S) 기능을 이용하여 위의 그림과 같이 네 선분을 생성합니다.

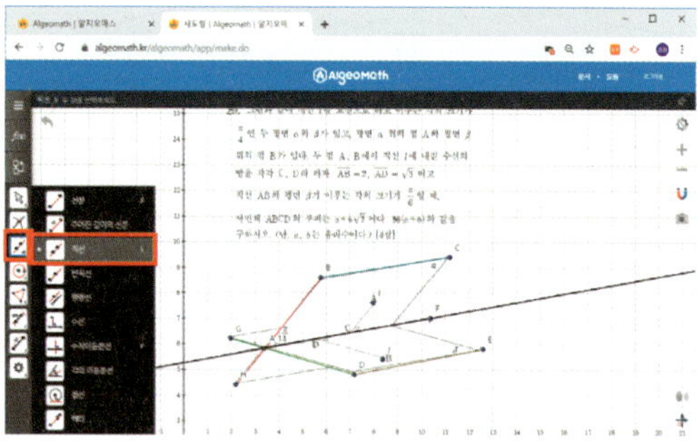

❹ 직선 l을 생성합니다.

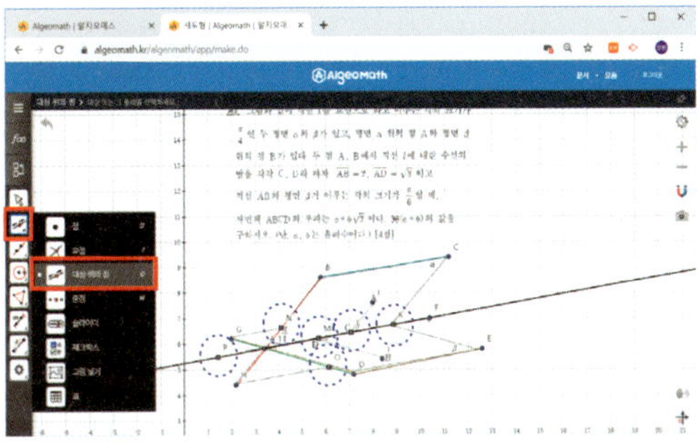

❺ 대상 위의 점(, 단축키 O)을 이용하여 위의 그림과 같이 점들을 생성합니다.

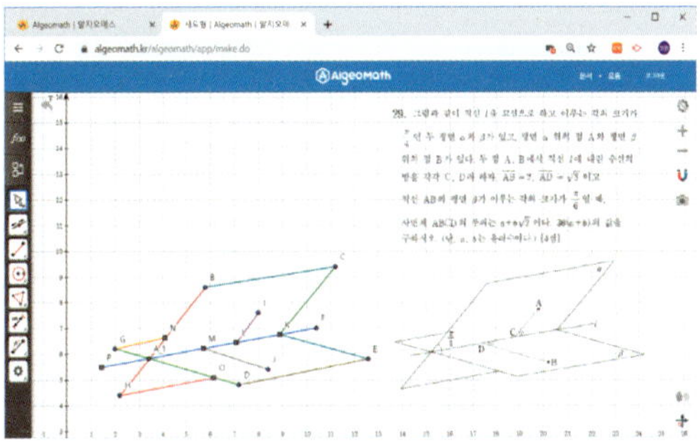

❻ 대상숨기기(, 단축키 H) 기능을 이용하여 직선을 숨기고, 선분(, 단축키 S) 기능을 이용하여 그림을 완성합니다.

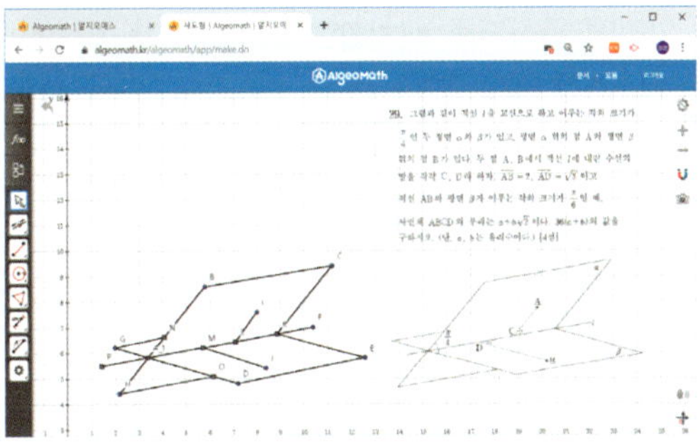

❼ 모든 선분의 색을 검은색으로 변경합니다.

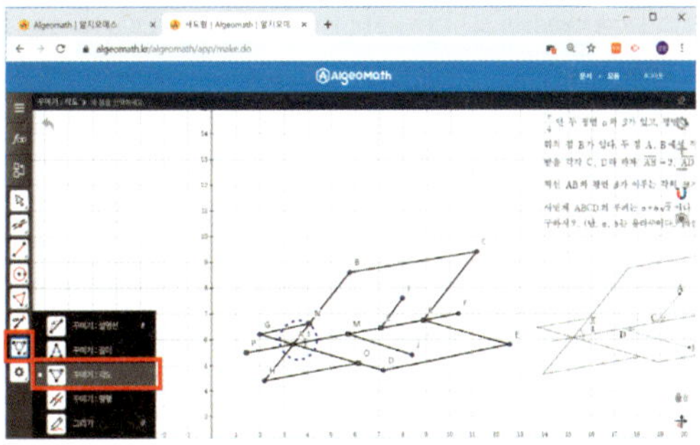

❽ 꾸미기:각도( ) 기능을 선택하고 그림과 같이 각을 표현합니다.
(각의 색은 검은색으로 변경합니다.)

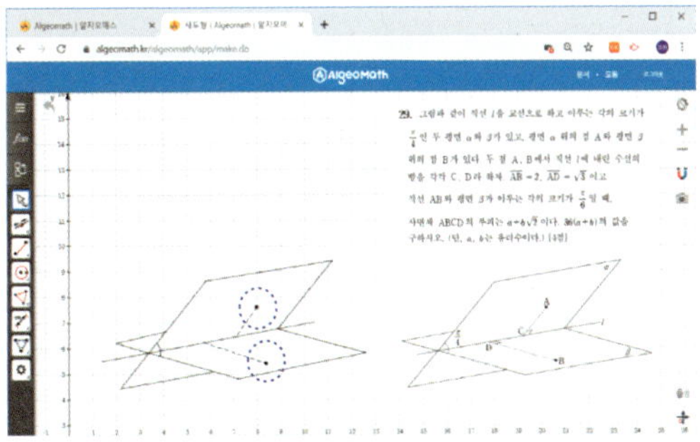

❾ 대상숨기기(, 단축키 H) 기능을 이용하여 대부분의 점을 숨겨줍니다. 이때 모든 선분의 굵기를 1px로, 표현된 점의 굵기는 3 정도 하면 좋습니다.

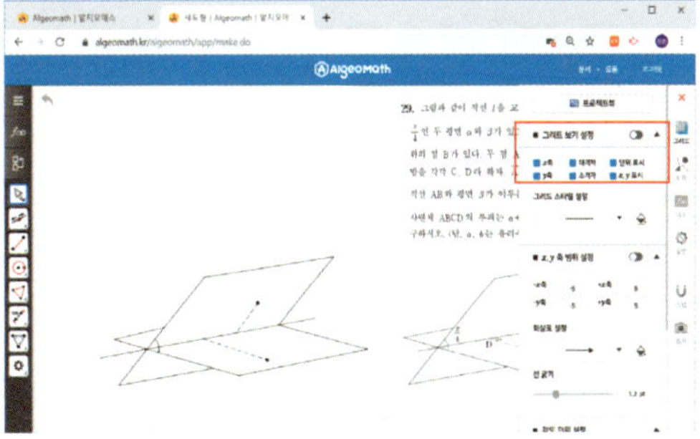

❿ [환경설정] - [그리드 보기 설정]에서 모두 비활성화합니다.

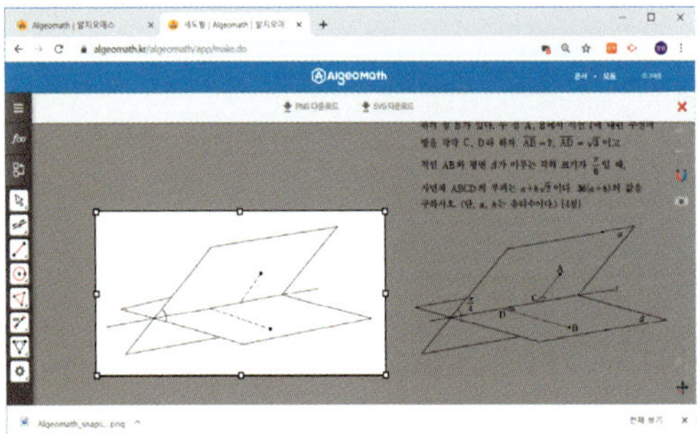

⑪ [캡처하기] 기능을 사용하여 그린 그림을 파일로 저장합니다.

● 2단계 한글에서 디자인 마무리하기

한글프로그램에서 **글상자**와 **수식**을 사용하여 각각의 위치에 글상자를 배치합니다. 특히, 이 예제에서는 θ를 한글에서 입력하는 것을 볼 수 있습니다. 그 이후 모든 객체를 선택하고 **[그룹 묶기]**를 실시해 줍니다.

※ **글자 모양** (1) **글꼴** : 문체부 제목 바탕체, (2) 크기 : 9 (A4 기준)

※ **문단 모양** (1) **정렬** : 왼쪽정렬, (2) 줄나눔기준 : 어절

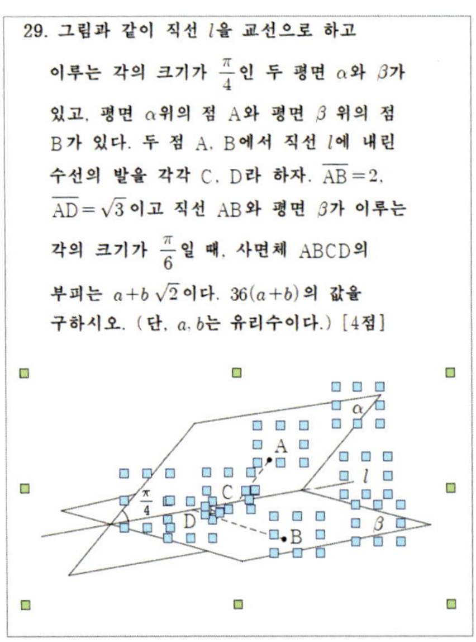

29. 그림과 같이 직선 l을 교선으로 하고 이루는 각의 크기가 $\frac{\pi}{4}$인 두 평면 α와 β가 있고, 평면 α위의 점 A와 평면 β 위의 점 B가 있다. 두 점 A, B에서 직선 l에 내린 수선의 발을 각각 C, D라 하자. $\overline{AB}=2$, $\overline{AD}=\sqrt{3}$이고 직선 AB와 평면 β가 이루는 각의 크기가 $\frac{\pi}{6}$일 때, 사면체 ABCD의 부피는 $a+b\sqrt{2}$이다. $36(a+b)$의 값을 구하시오. (단, a, b는 유리수이다.) [4점]

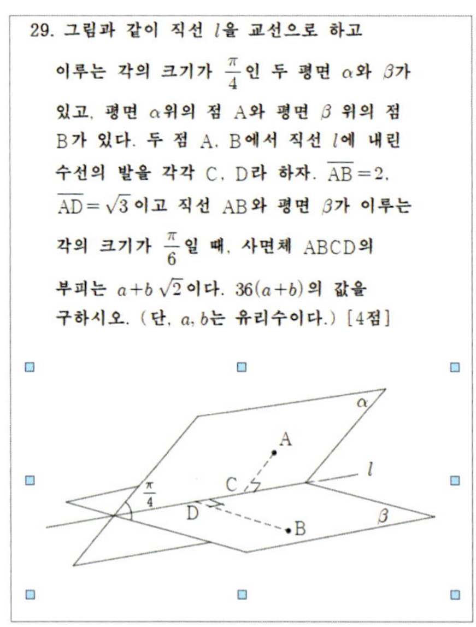

29. 그림과 같이 직선 l을 교선으로 하고 이루는 각의 크기가 $\frac{\pi}{4}$인 두 평면 α와 β가 있고, 평면 α위의 점 A와 평면 β 위의 점 B가 있다. 두 점 A, B에서 직선 l에 내린 수선의 발을 각각 C, D라 하자. $\overline{AB}=2$, $\overline{AD}=\sqrt{3}$이고 직선 AB와 평면 β가 이루는 각의 크기가 $\frac{\pi}{6}$일 때, 사면체 ABCD의 부피는 $a+b\sqrt{2}$이다. $36(a+b)$의 값을 구하시오. (단, a, b는 유리수이다.) [4점]

선생님들께 드리는 작은 Tip

1. 직각 표현은 한글에서 직접 그려야 합니다.
2. 다른 수식의 크기는 9, $\frac{\pi}{4}$의 크기는 7로 줄여서 표현하였습니다.

실습문항 8 | 2018년 국가수준 학업성취도평가 중3 서답형 2번

아래 제시된 실습문항을 그래픽 해보세요.
다음 장에는 AlgeoMath 도형에서 그래프를 그리는 단계와 편집한 결과를 차례대로 설명하고 있습니다.

2018학년도 국가수준 학업성취도평가 중3 서답형 2번

【서답형 2】 다음은 두 직육면체 모양의 그릇에 같은 양의 물이 들어 있는 그림이다. 물음에 답하시오. (단, 그릇의 두께는 고려하지 않는다.)

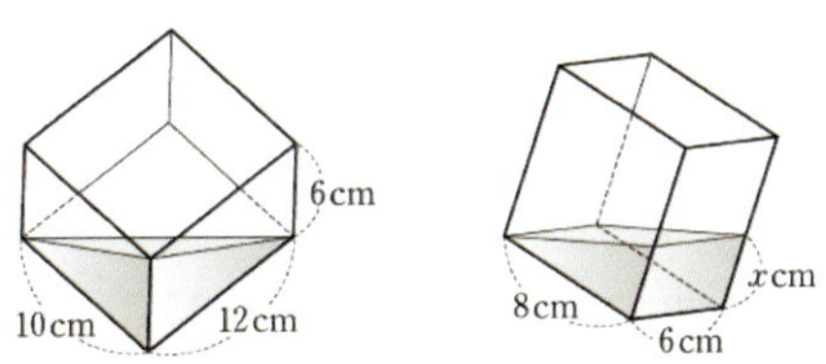

(가) (나)

선생님들께 드리는 작은 Tip

모서리의 길이를 설명선 위에 표현하는 방법에 대해 자세히 설명하였습니다.

실습문항 8에 대한 해설

● 1단계 AlgeoMath 도형에서 그래픽 그리기

[1단계]는 AlgeoMath 도형에서 그래픽의 개략적인 형태를 그리는 단계입니다.
선생님들의 이해를 돕고자 그림과 설명을 같이 넣어 자세히 설명하였습니다.

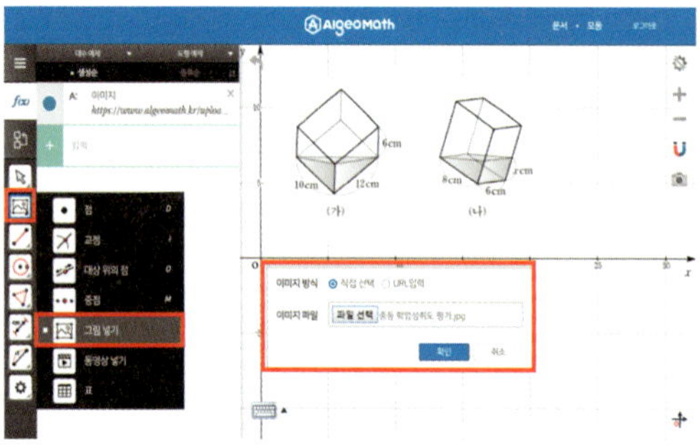

❶ [그림넣기]를 선택하고 원하는 이미지 파일을 불러옵니다.

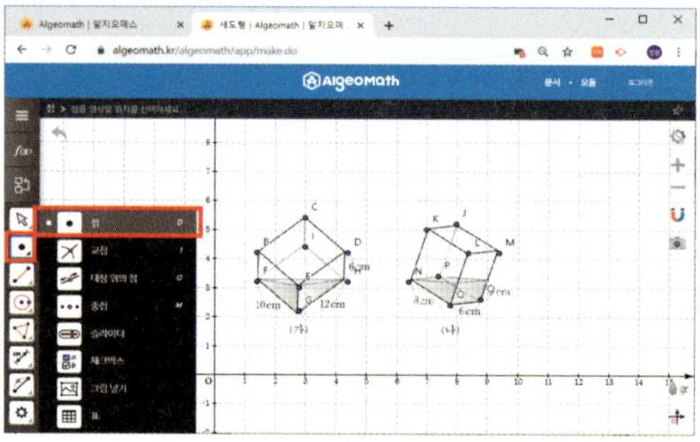

❷ 그림 위에 점을 생성합니다.
그림 위에 점이 바로 찍히지 않으니, 그림 밖에서 생성 후 드래그해서 그림 위로 옮겨 줍니다.

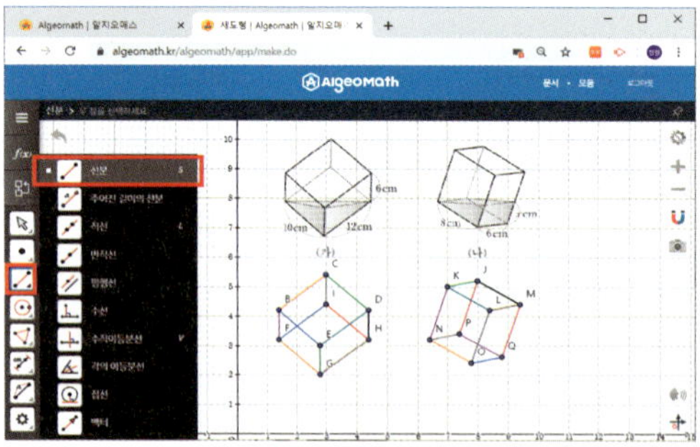

❸ 선분(, 단축키 S) 기능을 이용하여 모든 선분을 생성합니다.

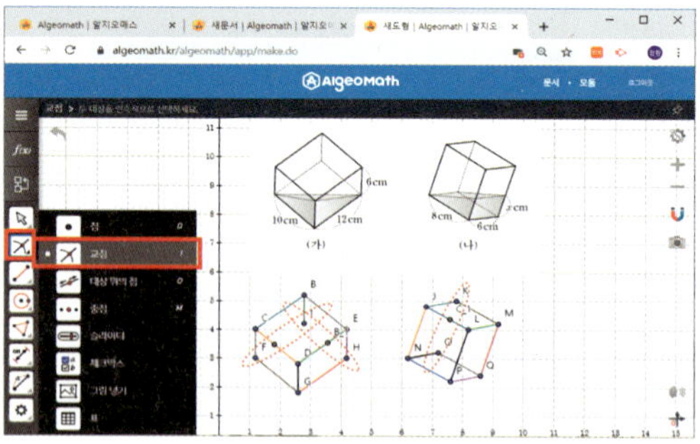

❹ 교점(, 단축키 I) 기능을 그림에서 실선과 점선으로 나뉘는 점을 생성합니다.
대상숨기기(, 단축키 H) 기능을 이용하여 실선과 점선으로 나뉘는 선분(빨간 점선)을 숨겨줍니다.

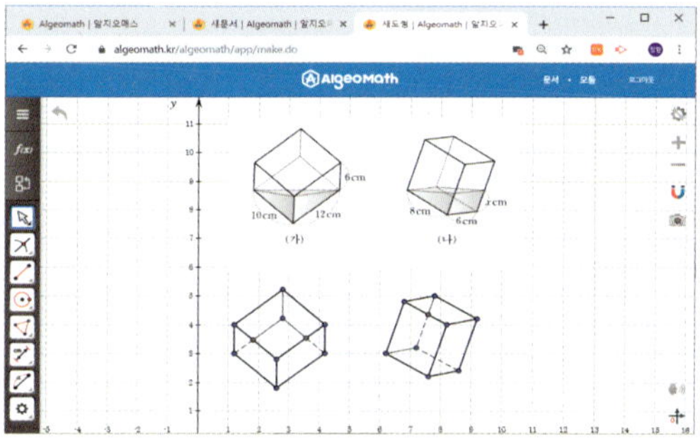

❺ 선분(, 단축키 S) 기능을 이용하여 숨긴 선분을 두 선분으로 나누어 생성합니다. 대상숨기기(, 단축키 H) 기능을 이용하여 점의 이름만 숨겨줍니다. 그 이후, 선분 스타일을 변경합니다.

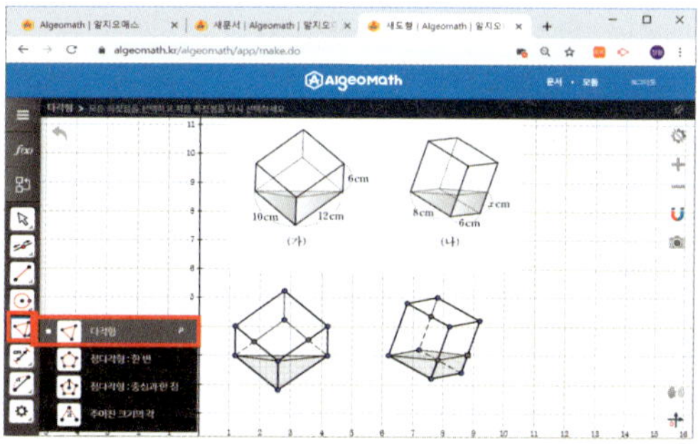

❻ 다각형 기능을 선택하고, 그림처럼 다각형을 생성합니다.

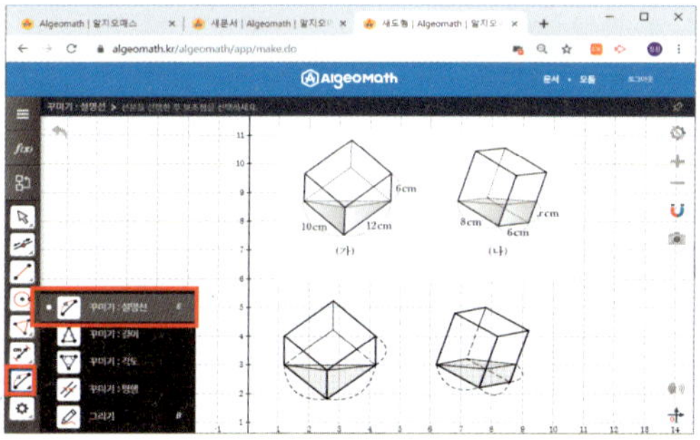

❼ 꾸미기:설명선() 기능을 이용하여 그림과 같이 설명선을 생성합니다.

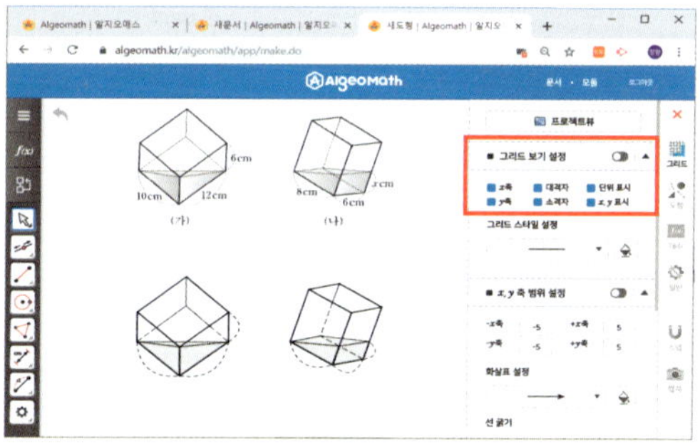

❽ [그리드 보기 설정]에서 모두 비활성화합니다.

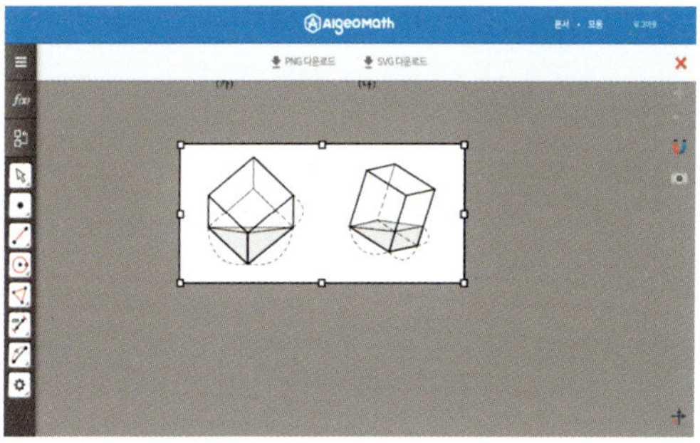

❾ [캡처하기] 기능을 사용하여 그린 그림을 파일로 저장합니다.

• 2단계 한글에서 디자인 마무리하기

한글프로그램에서 글상자와 수식을 사용하여 각각의 위치에 글상자를 배치합니다.
특히, 이 예제에서는 길이를 표현하는 글상자를 입력할 때 반드시 '흰색으로 채우기' 를 해주셔야 합니다. (선생님들께 드리는 작은 Tip 참고)

※ **글자 모양** (1) **글꼴** : 신명중명조, (2) 크기 : 9 (A4 기준)

※ **문단 모양** (1) **정렬** : 왼쪽정렬, (2) 줄나눔기준 : 어절

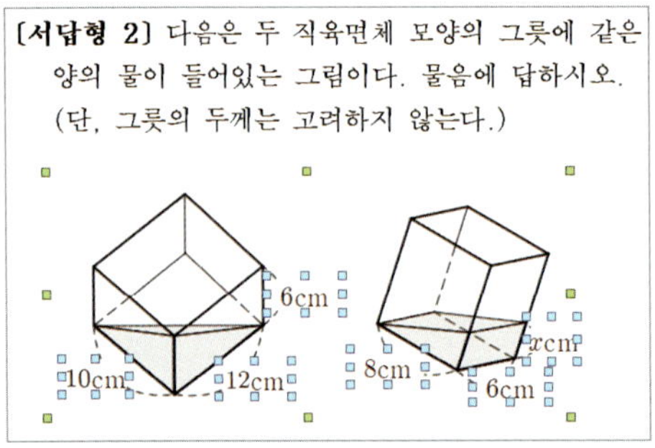
[서답형 2] 다음은 두 직육면체 모양의 그릇에 같은 양의 물이 들어있는 그림이다. 물음에 답하시오. (단, 그릇의 두께는 고려하지 않는다.)

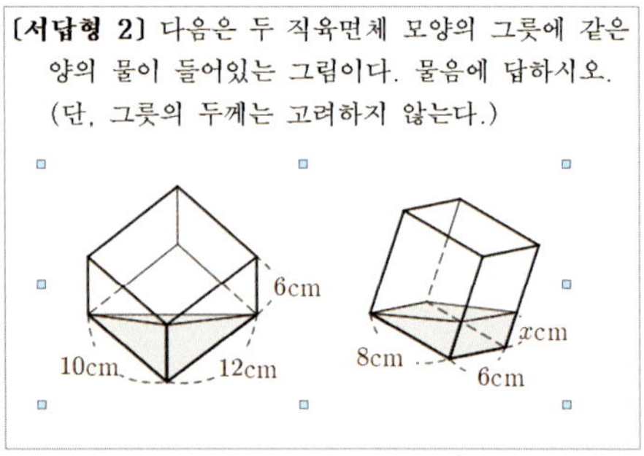
[서답형 2] 다음은 두 직육면체 모양의 그릇에 같은 양의 물이 들어있는 그림이다. 물음에 답하시오. (단, 그릇의 두께는 고려하지 않는다.)

선생님들께 드리는 작은 Tip

꾸밈선 위에 글상자를 놓을 때는 다음과 같은 단계를 꼭 확인해 주세요!

① **[여백/캡션] 탭**에서 바깥여백은 모두 0으로 변경해주세요.

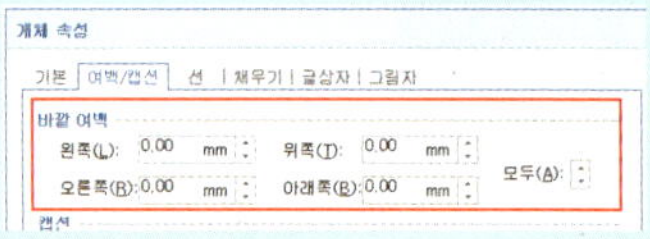

② **[채우기] 탭**에서 흰색으로 변경해주세요.

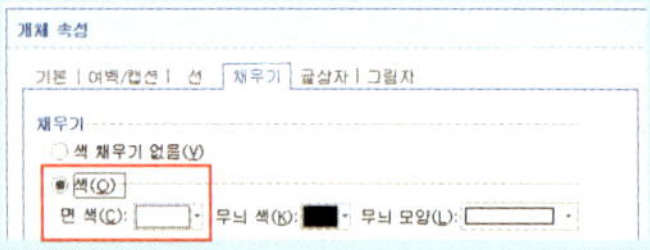

③ **[선] 탭**에서 종류는 **선없음**, 사각형 모서리 곡률을 **반원**으로 변경해주세요.

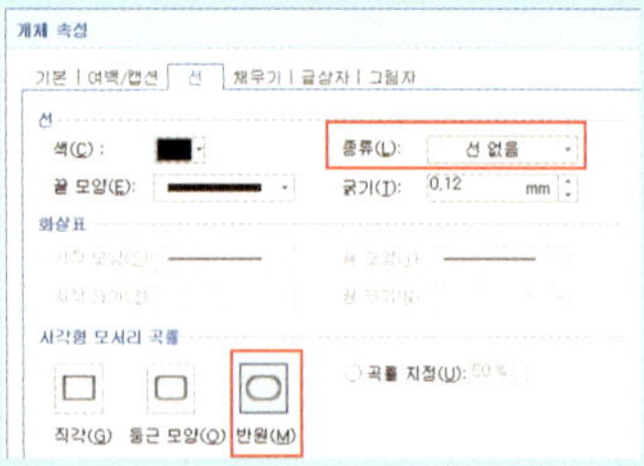

④ **반원 곡률**은 그림을 가리는 영역을 **최소화**하는 데 도움이 됩니다.

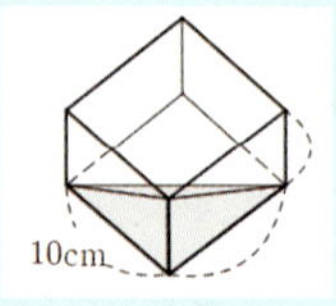

SECTION 02

음영처리된 도형 문항 디자인하기

KEY POINTS [그림판]을 활용한 음영처리

이번 장에서는 음영처리된 부분이 포함된 도형을 디자인하는 방법에 대해 같이 실습해 보려고 합니다.

1) 음영처리 된 부분이 '원', '부채꼴', '다각형'인 경우

AlgeoMath에서 원, 부채꼴, 다각형을 작도하는 경우 AlgeoMath 내에서 음영처리를 할 수 있습니다. 도형의 색을 [검은색]으로, 투명도를 10%~30%로 변경해주시면 원하는 음영 강도가 처리된 도형을 만들 수 있습니다.

> 선생님들께 드리는 작은 Tip
>
> 투명도를 입력할 때, 숫자를 입력하면 인식이 되지 않습니다. 먼저 마우스를 이용하여 움직이신 후, 키보드의 ←, → 키를 이용하면 미세 조정이 가능합니다.

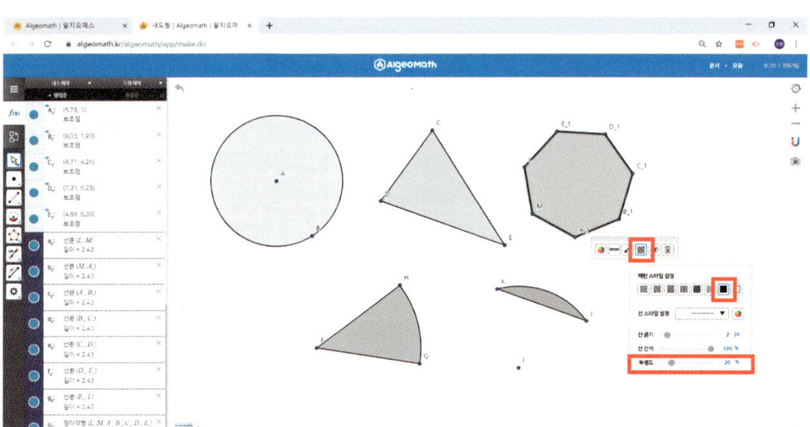

	원	삼각형	정다각형	부채꼴	활꼴
음영강도	10%	15%	20%	25%	30%

2) 음영처리가 된 부분이 '원', '부채꼴', '다각형'의 범위를 넘어선 경우

음영처리가 되는 부분이 때로는 원, 부채꼴, 다각형이 아닌 경우가 있습니다. 여러 개의 함수의 그래프로 둘러싸인 영역을 음영처리 해야 하는 경우에는 이 둘러싸인 영역이 도형이 되지 않기 때문에 AlgeoMath 도형에서 음영을 넣기는 어렵습니다. [2018학년도 수능 가형, 홀수 12번 문항]의 영역 A, [2019학년도 9월 모의평가 가형, 9번 문항]에서 주어진 영역의 경우 모두 AlgeoMath 내에서만 작업하기에는 어려움이 따르게 됩니다.

2018학년도 수능 가형, 홀수 12번 문항

12. 곡선 $y=e^{2x}$과 y축 및 직선 $y=-2x+a$로 둘러싸인 영역을 A, 곡선 $y=e^{2x}$과 두 직선 $y=-2x+a$, $x=1$로 둘러싸인 영역을 B라 하자. A의 넓이와 B의 넓이가 같을 때, 상수 a의 값은? (단, $1<a<e^2$) [3점]

① $\frac{e^2+1}{2}$ ② $\frac{2e^2+1}{4}$ ③ $\frac{e^2}{2}$
④ $\frac{2e^2-1}{4}$ ⑤ $\frac{e^2-1}{2}$

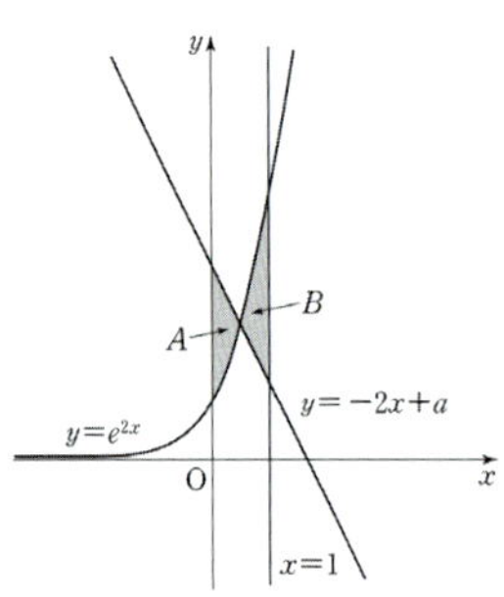

2019학년도 9월 모의평가 가형, 9번 문항

9. 그림과 같이 두 곡선 $y=2^x-1$, $y=\left|\sin\frac{\pi}{2}x\right|$가 원점 O와 점 (1, 1)에서 만난다. 두 곡선 $y=2^x-1$, $y=\left|\sin\frac{\pi}{2}x\right|$로 둘러싸인 부분의 넓이는? [3점]

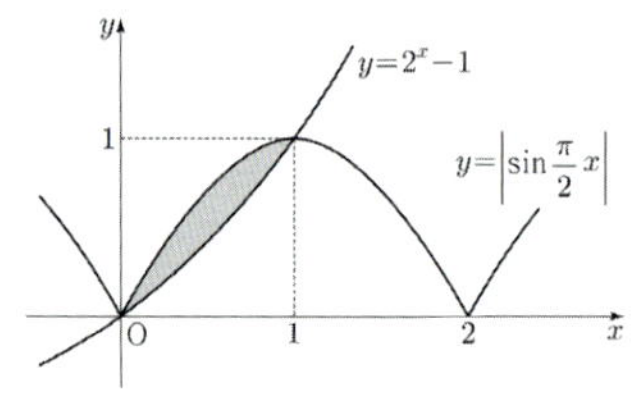

① $-\frac{1}{\pi}+\frac{1}{\ln 2}-1$ ② $\frac{2}{\pi}-\frac{1}{\ln 2}+1$ ③ $\frac{2}{\pi}+\frac{1}{2\ln 2}-1$
④ $\frac{1}{\pi}-\frac{1}{2\ln 2}+1$ ⑤ $\frac{1}{\pi}+\frac{1}{\ln 2}-1$

이러한 경우는 어떻게 해야 할까요?

여러 가지 방법이 있을 수 있지만, 본 책에서는 선생님들께서 쉽게 사용하실 수 있는 [그림판]을 이용하여 그 해법을 제시하고자 합니다. 그러므로 이번 장에서는 [2018년 수능 가형, 홀수 12번 문항]을 바탕으로 ❶ AlgeoMath 도형에서 먼저 그림을 그리고, ❷ [그림판]으로 가져가 음영을 입히는 작업을 거친 후 ❸ 한글에서 디자인을 마무리하는 방법에 대해 함께 알아보려고 합니다.

• 단계 및 순서

[1단계] 주어진 그래프 분석하기
[2단계] AlgeoMath 도형을 이용하여 그래프 그리기
[3단계] 그림파일로 변환하고 [그림판]으로 이동하기
(1) [환경설정]에서 격자 및 각종 표시 비활성화하기
(2) 캡처하기
[4단계] [그림판]을 활용하여 음영처리하기
[5단계] 한글을 이용하여 문항 그래픽 완성하기
(1) 한글에서 저장된 그림파일을 불러오기
(2) 글상자와 수식을 활용하여 문항에 맞게 입력하기
(3) [개체 묶기(G)]를 이용하여 그래픽 완성하기

1단계 | 주어진 그래프 분석하기

[2018학년도 수능 가형, 홀수 12번 문항]에서 주어진 함수 $y=-2x+a$의 a값을 찾는 것에서부터 문항 디자인은 시작됩니다. 문제를 해결하면 $a=\frac{1}{2}(e^2+1)$임을 확인할 수 있습니다.

그래프를 그리는 데 필요한 세 함수는 아래와 같습니다.

$$x=1, \quad y=-2x+\frac{1}{2}(e^2+1), \quad y=e^{2x}$$

2단계 | AlgeoMath 도형을 이용하여 기본 도형 그리기

01 대수 창에 세 함수 $y=-2x+\frac{1}{2}(e^2+1)$, $x=1$, $y=e^{2x}$를 입력합니다.

> 선생님들께 드리는 작은 Tip
>
> AlgeoMath 대수 창에서 $y=-2x+(1/2)(e^2+1)$로 입력하면 됩니다.

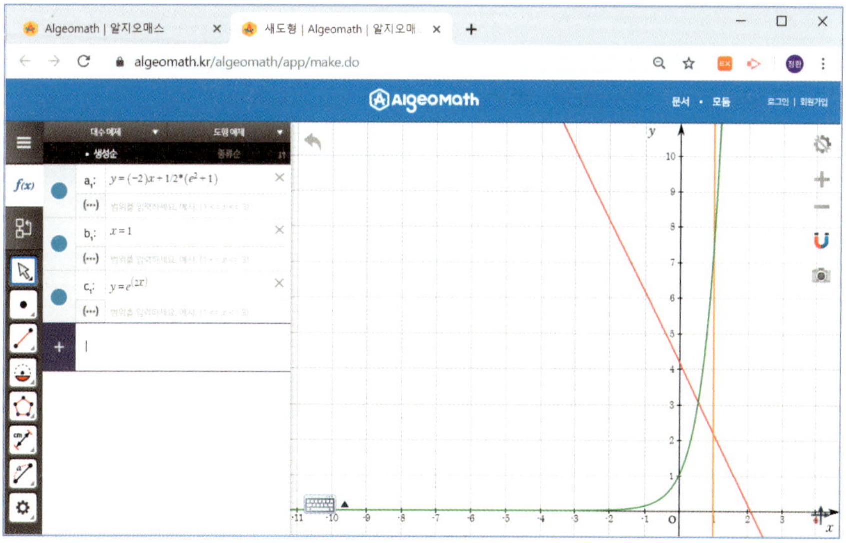

02 그래프 색상 바꾸기

색을 변경시키길 원하는 그래프를 클릭하고 [색상 아이콘]를 눌러 [검은색]으로 변경합니다.

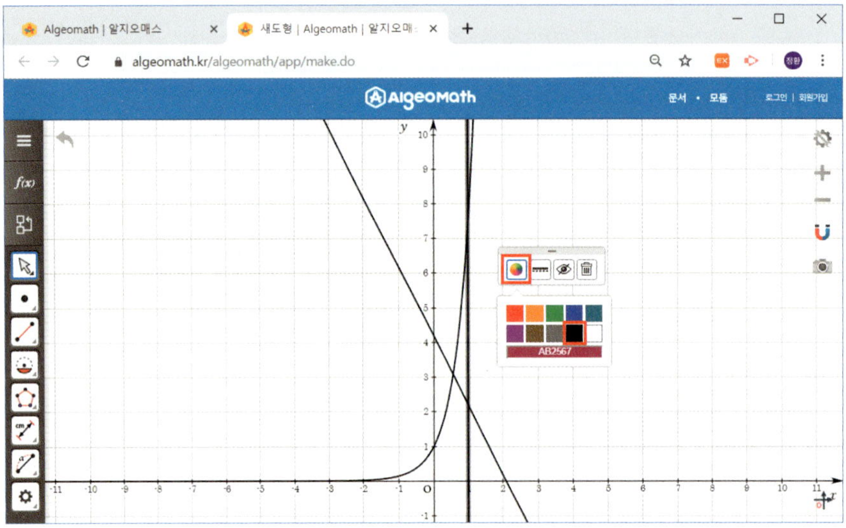

3단계 | 그림파일로 변환하고 [그림판]으로 이동하기

(1) [환경설정]에서 격자 및 각종 표시 비활성화하기

01 화면 우측 위의 [환경설정]을 클릭합니다.

02 [그리드 보기 설정]에서 x축, y축을 제외하고 모두 **비활성화**시켜줍니다.

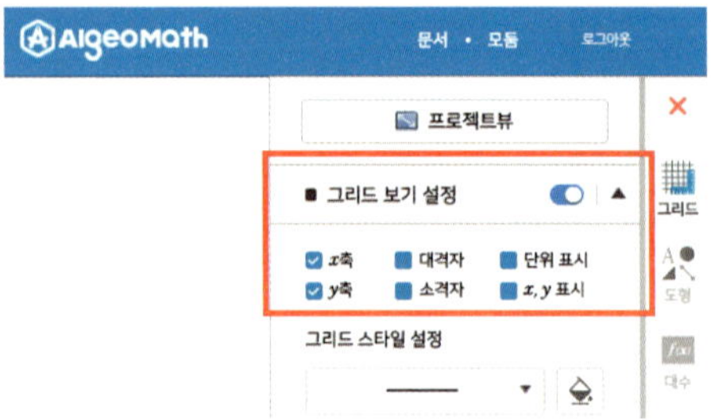

(2) 캡처하기

01 화면 우측 편에 있는 [스크린샷]을 클릭합니다.

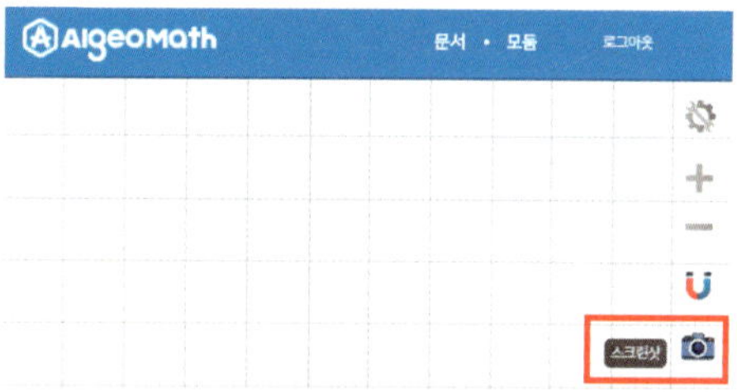

02 캡처 설정에서는 [영역 캡처]를, 캡처 영역 설정에서는 [격자 단위]를 선택하고 [캡처하기]를 클릭합니다.

03 문항과 비슷하게 맞춘 후, ❶ [PNG로 다운로드]를 클릭합니다.
그 이후 ❷ 하단에 다운로드 된 파일을 클릭하면 [사진 창]이 생성됩니다.

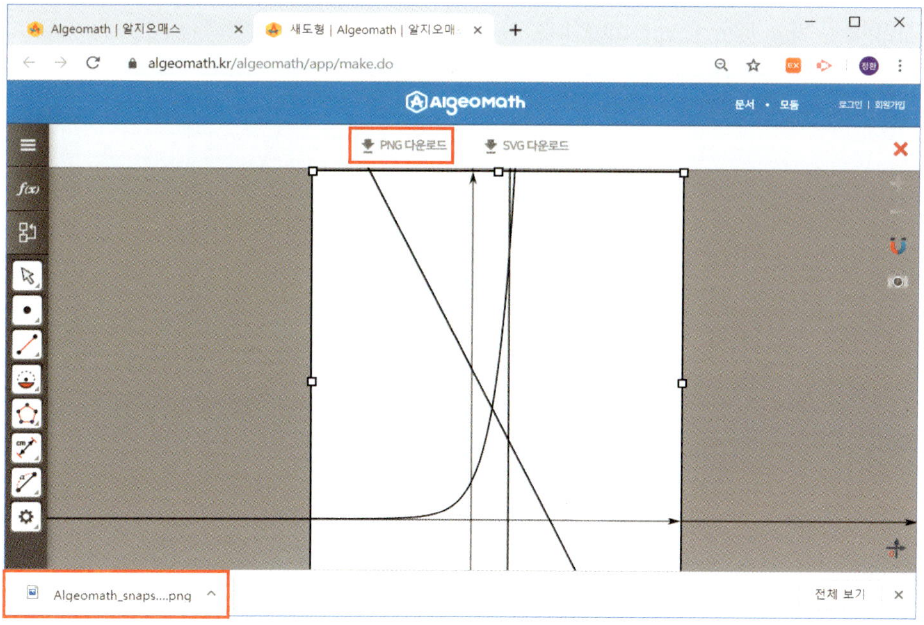

04 생성된 사진 창에서 [Ctrl + A](전체 선택)를 누르고 [Ctrl + C](복사하기)를 실행합니다. 복사된 그림은 [클립보드]에 저장됩니다.

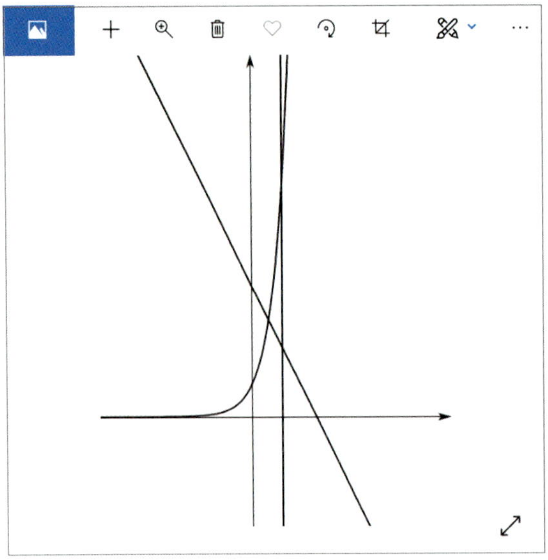

4단계 | [그림판]을 활용하여 음영처리 하기

01 [그림판]을 열고 [Ctrl + V](붙여넣기)를 실시합니다. 클립보드에 저장된 그림이 그림판으로 이동하게 됩니다.

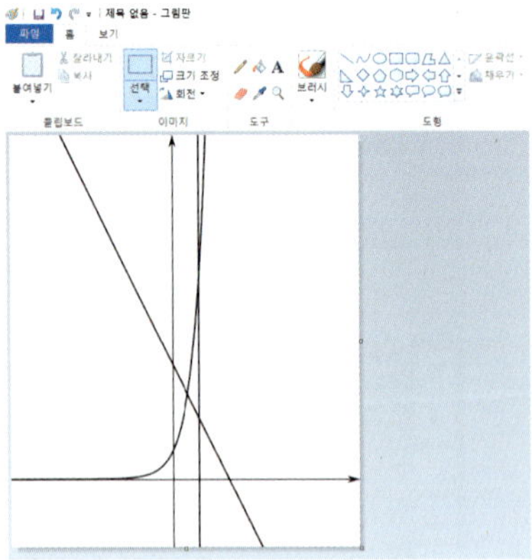

02 도구의 [색 채우기], 색은 [회색]을 순서대로 클릭합니다.

03 ❶ 음영 처리하고자 하는 영역을 클릭하면 색이 채워집니다.

❷ 음영 처리한 그림을 한글로 가져가기 위해 그림판에서 [Ctrl + A](전체 선택)를 누르고 [Ctrl + C](복사하기)를 실행합니다. 복사된 그림은 [클립보드]에 저장됩니다.

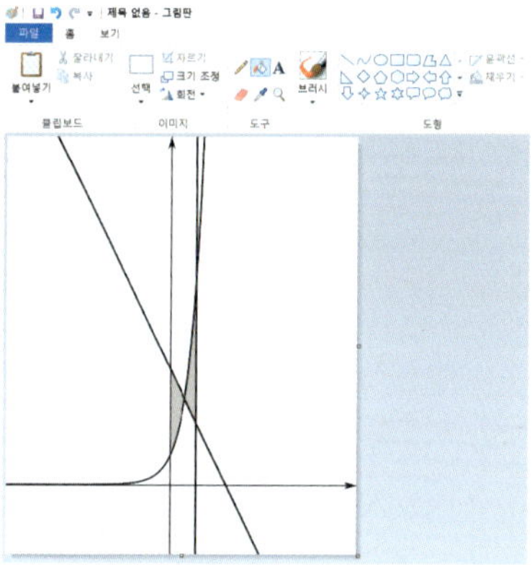

5단계 | 한글을 이용하여 문항 그래픽 완성하기

(1) 한글에서 저장된 그림파일을 불러오기

한글을 실행하고 문서 위에서 [Ctrl + V](붙여넣기)를 실행합니다. 이때 그림이 비교적 크게 들어가게 되므로, 그림 클릭 후 우측 하단의 크기조절 창을 이용하여 적절하게 줄여줍니다.

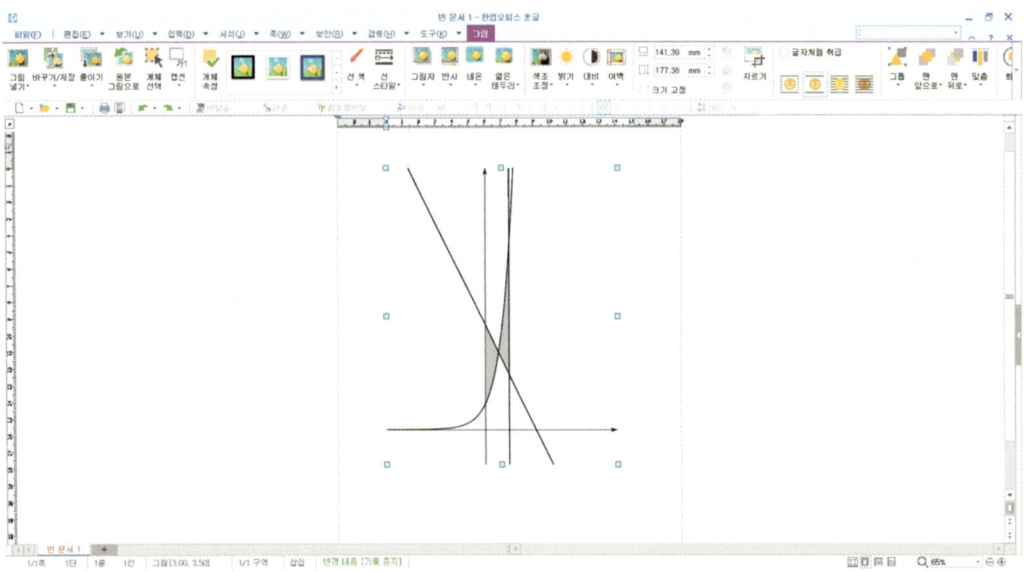

(2) 글상자와 수식을 활용하여 문항에 맞게 입력하기

01 한글에서 적당한 크기의 글상자($ctrl+n+b$)를 만들어주세요.

02 수식편집기($ctrl+n+m$)를 이용하여 입력할 문자들을 글상자 속에 입력해주세요.

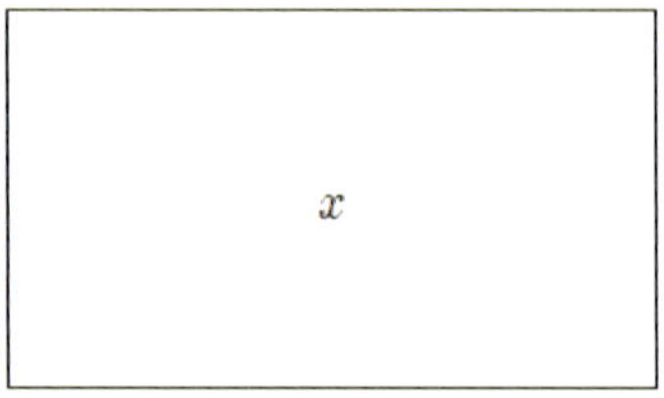

03 글상자를 클릭하신 후 마우스 오른쪽 단추를 누르면 나오는 [개체속성]을 클릭합니다.

❶ [선] → [종류(L)] → [선 없음]

❷ [채우기] → [색 채우기 없음(V)]으로 변경합니다.

그 이후, 글상자의 크기를 적절히 조정해주세요.

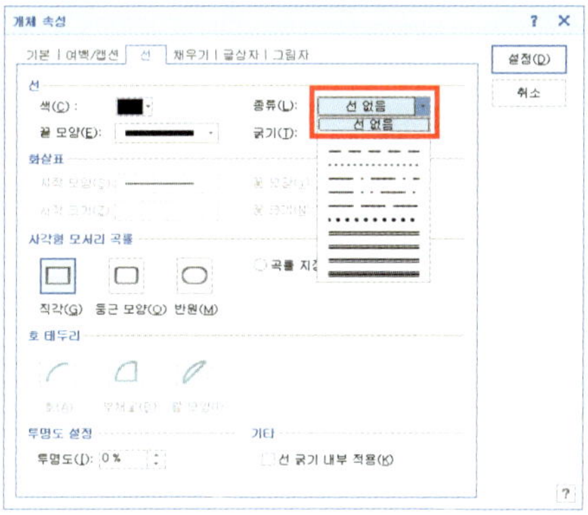

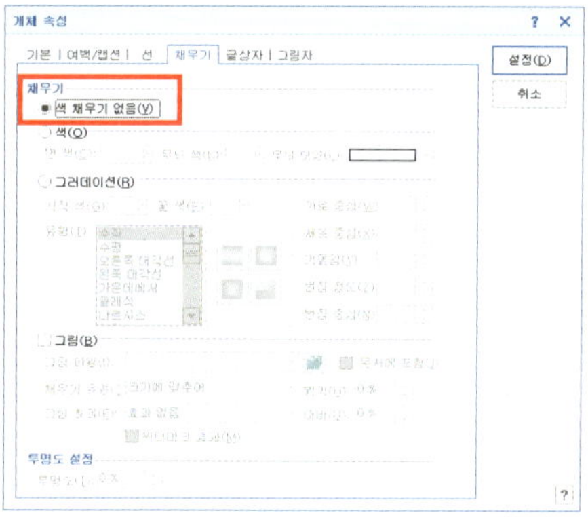

04 글상자를 여러 개 복사한 후, 그리고자 하는 문항에 맞게 글상자를 배치해주세요.
[채우기 없음]과 [선 없음]으로 그림 위에서의 배치가 가능해집니다.

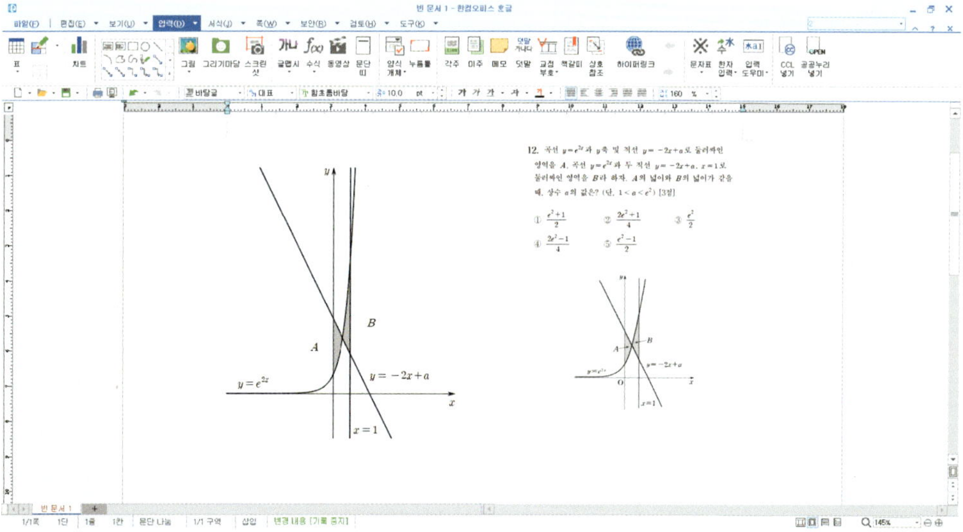

선생님들께 드리는 작은 Tip

[선 없음]으로 글상자를 선택하기 어려울 수 있습니다. 이 경우 **[보기]**의 **[기본 도구 상자]**에서 **[투명 선]**을 클릭하면 **[선 없음]** 처리된 부분이 **빨간 점선**으로 표현되어 선택이 더욱 편리해집니다.
자세한 내용은 CHAPTER 05 - SECTION 04를 참고해주세요.

05 한글 창 상단의 [입력]-[기본 도구 상자]-[직선 화살표 연결선( )]을 선택하고, A, B에 해당하는 영역에 화살표를 표현해 줍니다.*

* [한글]에서 화살표를 그린 경우, 화살표의 머리 부분이 기존 문항과 비교했을 때 조금 더 두껍게 표현될 수 있습니다.

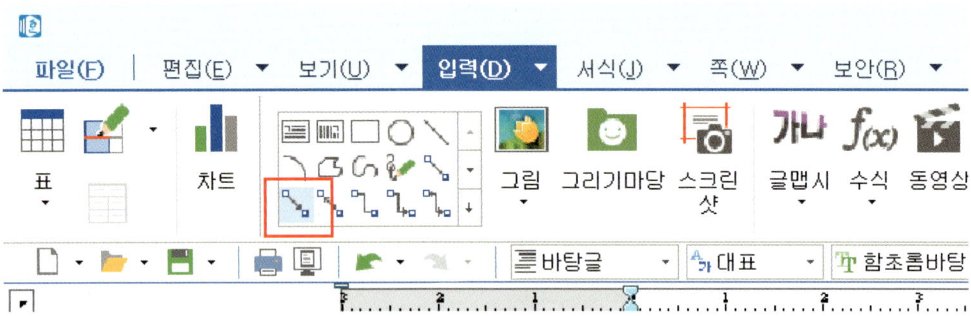

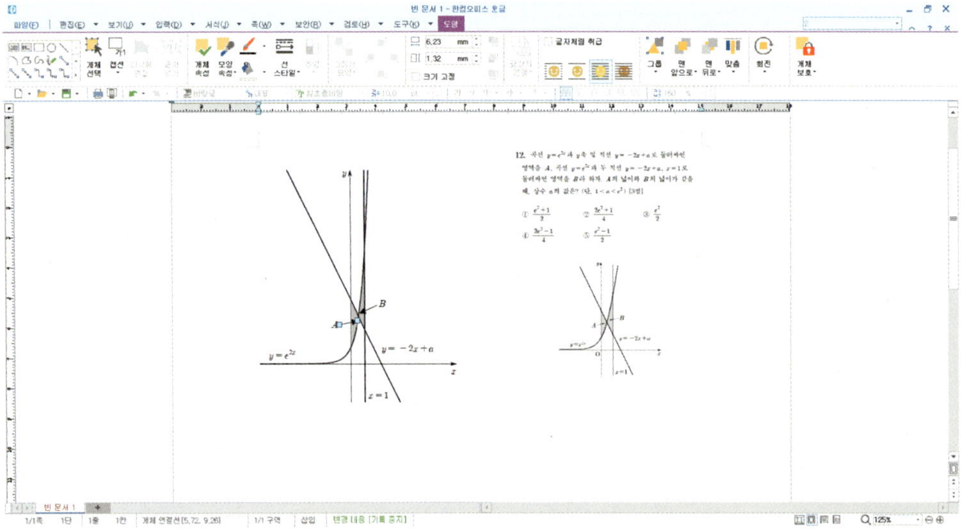

(3) [개체 묶기(G)]를 이용하여 그래픽 완성하기

01 하나의 개체를 선택한 후 [도형] 탭의 [기본 도구 상자] 왼쪽 편에 있는 [개체 선택]을 클릭합니다.

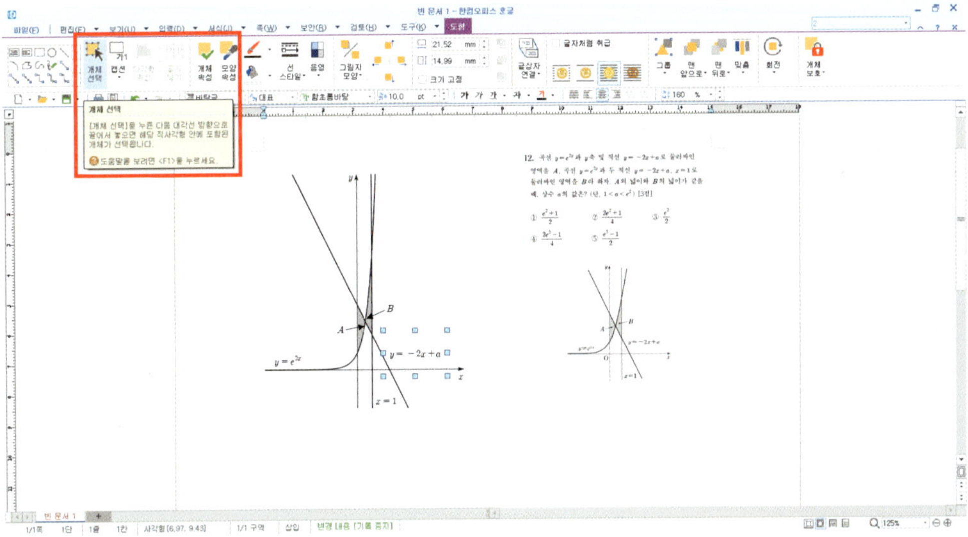

02 마우스 드래그를 통해 모든 개체를 선택합니다.
그 이후 마우스 오른쪽 단추를 눌러 [개체 묶기(단축키 *G*)]를 실행합니다.

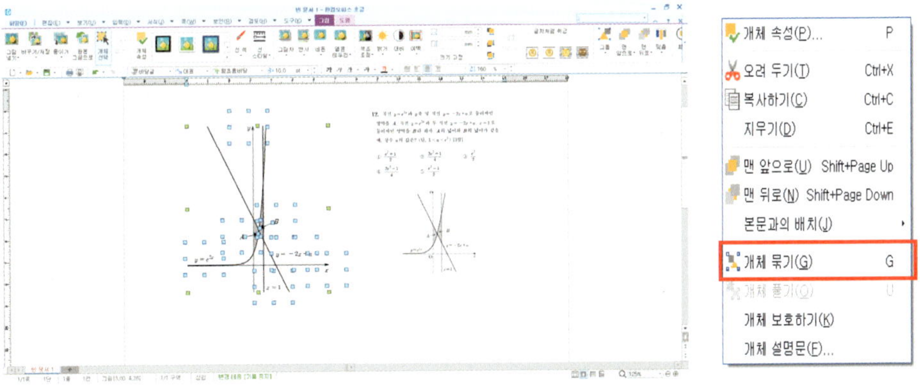

03 [개체 묶기]에 대한 안내창에서 [실행]을 클릭하면, 하나의 그래픽이 완성됩니다.

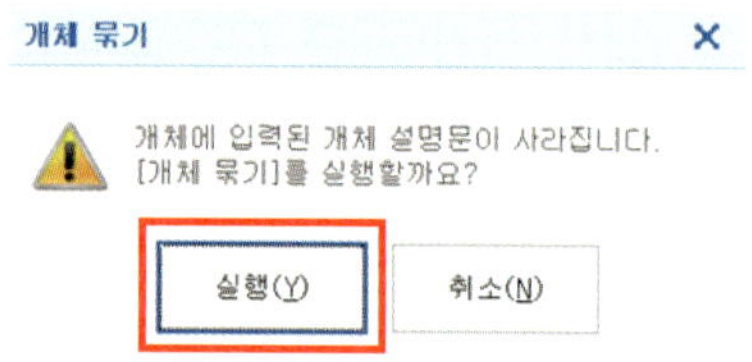

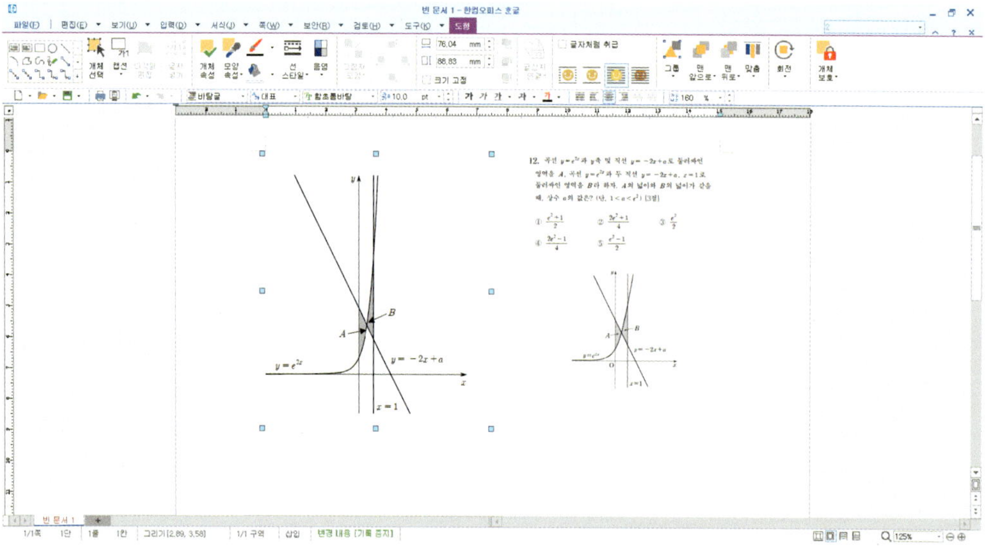

실습문항 9 | 2019학년도 9월 가형, 9번 문항

아래 제시된 문항의 그래픽을 완성해보세요.
다음 장에는 AlgeoMath 도형에서 그래프를 그리는 단계, 그린 결과, 한글에서 편집한 그림까지 순서대로 정리되어 있습니다.

2019학년도 9월 가형, 9번 문항

9. 그림과 같이 두 곡선 $y=2^x-1$, $y=\left|\sin\frac{\pi}{2}x\right|$가 원점 O와 점 (1, 1)에서 만난다. 두 곡선 $y=2^x-1$, $y=\left|\sin\frac{\pi}{2}x\right|$로 둘러싸인 부분의 넓이는? [3점]

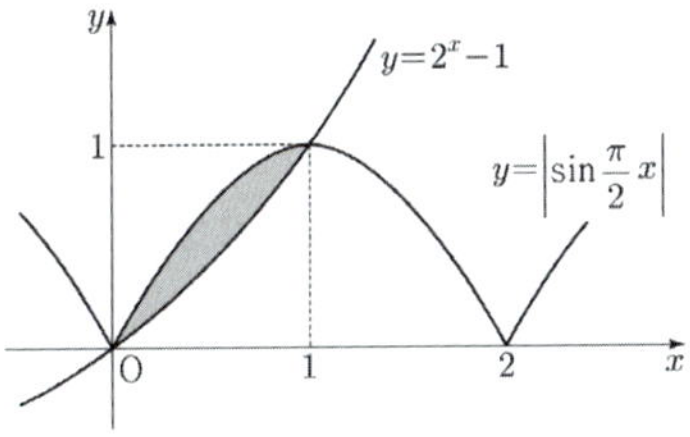

① $-\frac{1}{\pi}+\frac{1}{\ln 2}-1$　② $\frac{2}{\pi}-\frac{1}{\ln 2}+1$　③ $\frac{2}{\pi}+\frac{1}{2\ln 2}-1$

④ $\frac{1}{\pi}-\frac{1}{2\ln 2}+1$　⑤ $\frac{1}{\pi}+\frac{1}{\ln 2}-1$

선생님들께 드리는 작은 Tip

❶ $y=\left|\sin\frac{\pi}{2}x\right|$를 수식으로 입력하면 $y=|\sin\frac{\pi}{2}x|$로 입력이 되는 경우가 있습니다. 어떻게 바꿀 수 있을까요?

❷ $y=\left|\sin\frac{\pi}{2}x\right|$가 포함된 글상자를 어떻게 해야 그래프 위에 배치할 수 있을까요?

❸ 점선 입력은 정의역이 제한된 그래프를 이용하여 그리는 것 기억하시죠?

실습문항 9에 대한 해설

● 1단계 AlgeoMath 도형에서 그래프 그리기

[1단계]는 AlgeoMath 도형에서 그래프의 개략적인 형태를 그리는 단계입니다. 선생님들의 이해를 돕고자 그림과 설명을 같이 넣어 자세히 설명하였습니다. 아래 제시된 점의 이름은 문항에서 제시된 점의 이름과 다를 수 있습니다.

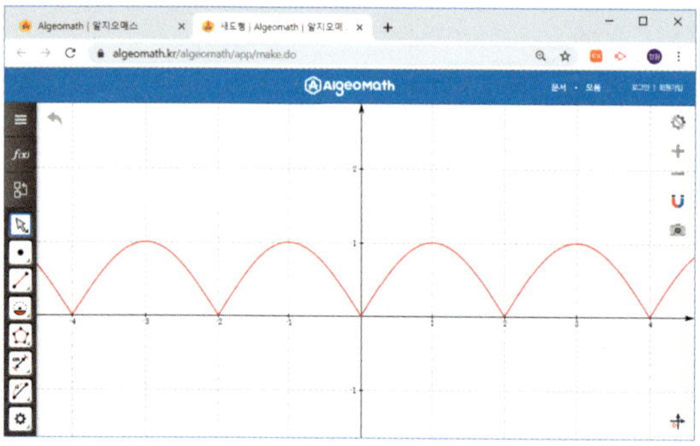

❶ 대수 창에 $y=\left|\sin\frac{\pi}{2}x\right|$를 입력합니다.*

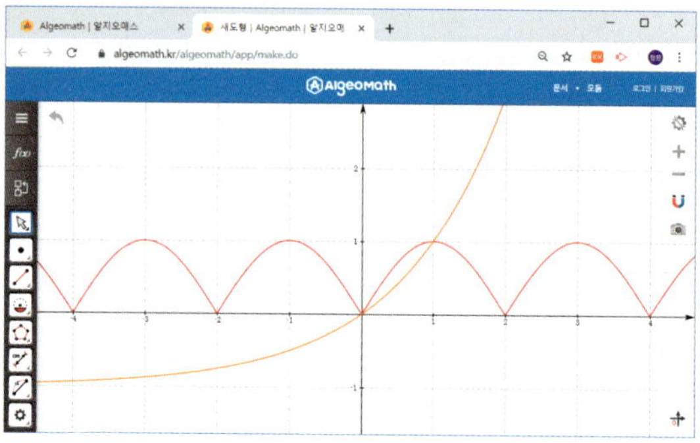

❷ 대수 창에 $y=2^x-1$을 입력합니다.

* 대수 창에 [y=|sin(pi/2)x|]를 입력합니다.

❸ 대수 창에 $x=1$을 입력 후, 정의역을 입력하는 칸에 $(0<y<1)$을 입력합니다.

❹ 대수 창에 $y=1$을 입력 후, 정의역을 입력하는 칸에 $(0<x<1)$을 입력합니다.

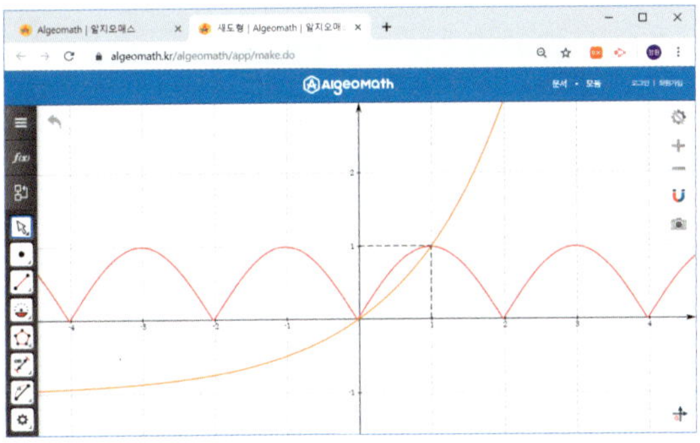

⑤ ③, ④에서 생성된 선분을 점선, 1px로 변경합니다.

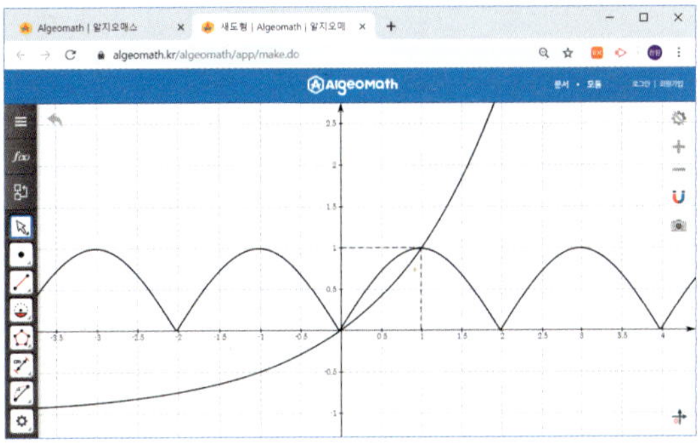

⑥ 모든 선분 및 그래프의 색을 검은색으로 변경합니다.

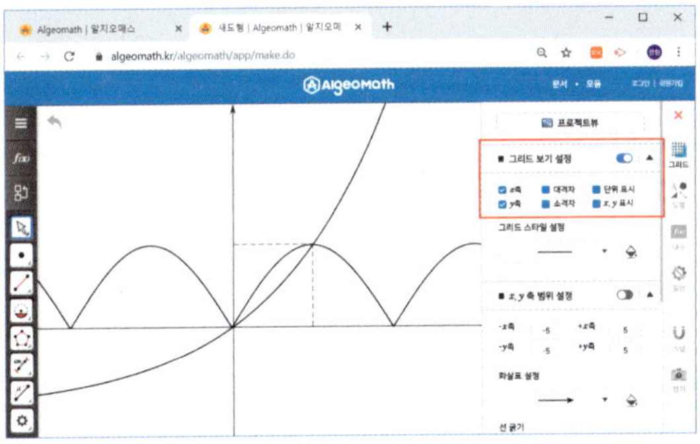

⑦ [환경설정] - [그리드 보기 설정]에서 x축과 y축을 제외하고 모두 비활성화합니다.

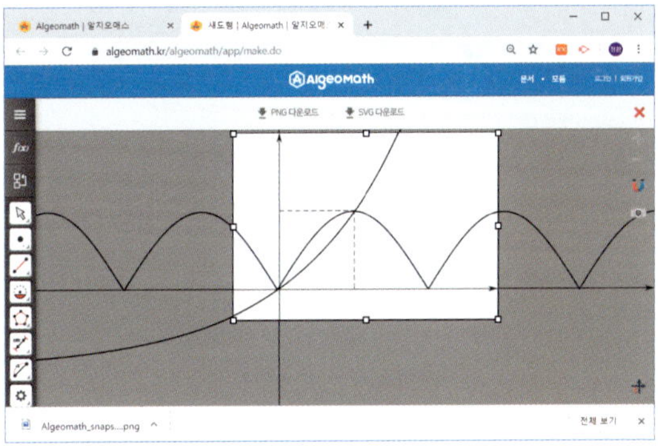

⑧ [캡처하기] 기능을 사용하여 그래프를 그림파일로 저장합니다.

● 2단계 그림판에서 음영 넣기

[그림판]으로 저장된 파일을 불러옵니다.

[회색] → [페인트] → [영역 클릭]으로 원하는 음영을 생성할 수 있습니다.

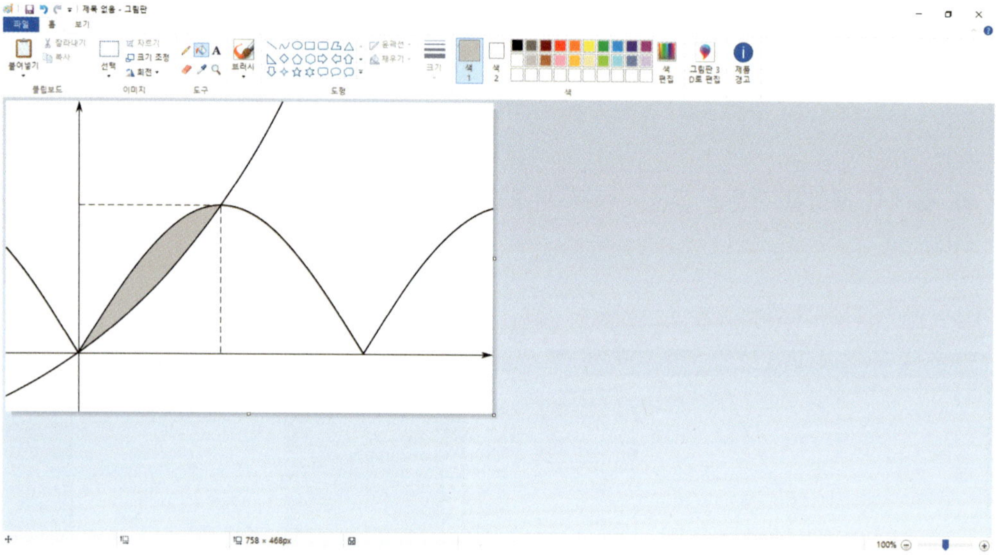

● 3단계 한글에서 디자인 마무리하기

한글프로그램에서 **글상자**와 **수식**을 사용하여 각각의 위치에 글상자를 배치합니다. 특히, 이 예제에서는 θ를 한글에서 입력하는 것을 볼 수 있습니다. 그 이후 모든 객체를 선택하고 **[그룹 묶기]**를 실시해 줍니다.

※ **글자 모양 (1) 글꼴** : 함초롬바탕, (2) 크기 : 9 (A4 기준)

※ **문단 모양 (1) 정렬** : 왼쪽정렬, (2) 줄나눔기준 : 어절

9. 그림과 같이 두 곡선 $y=2^x-1$,

$y=\left|\sin\frac{\pi}{2}x\right|$가 원점 O와 점 $(1, 1)$에서

만난다. 두 곡선 $y=2^x-1$, $y=\left|\sin\frac{\pi}{2}x\right|$로

둘러싸인 부분의 넓이는? [3점]

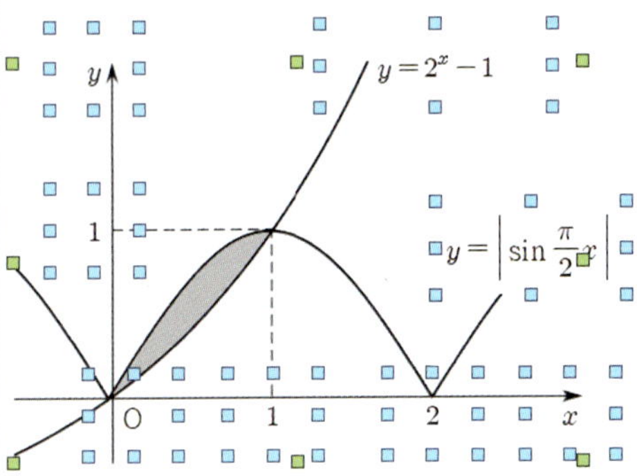

9. 그림과 같이 두 곡선 $y=2^x-1$,

$y=\left|\sin\frac{\pi}{2}x\right|$가 원점 O와 점 $(1, 1)$에서

만난다. 두 곡선 $y=2^x-1$, $y=\left|\sin\frac{\pi}{2}x\right|$로

둘러싸인 부분의 넓이는? [3점]

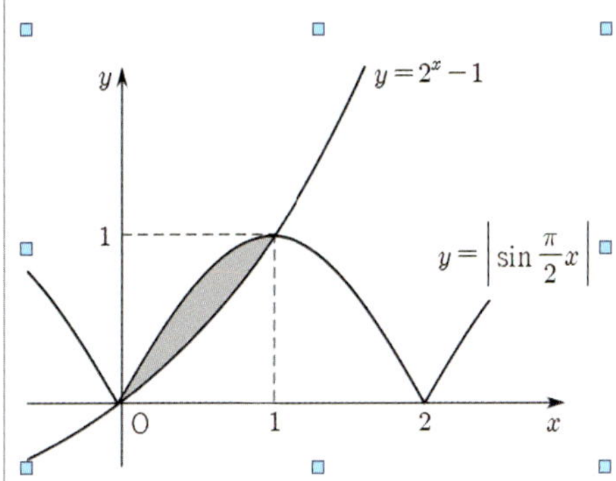

선생님들께 드리는 작은 Tip

$y=\left|\sin\frac{\pi}{2}x\right|$가 들어 있는 **글상자**를 편집하실 때, 글상자의 **[개체속성]-[채우기]-[색]**에서 **색채우기 없음**이 아닌 **흰색**으로 채워주세요. 자신의 영역만큼 흰색으로 처리되어 문항처럼 그래프의 일정 부분을 감춰주는 역할을 하게 됩니다.

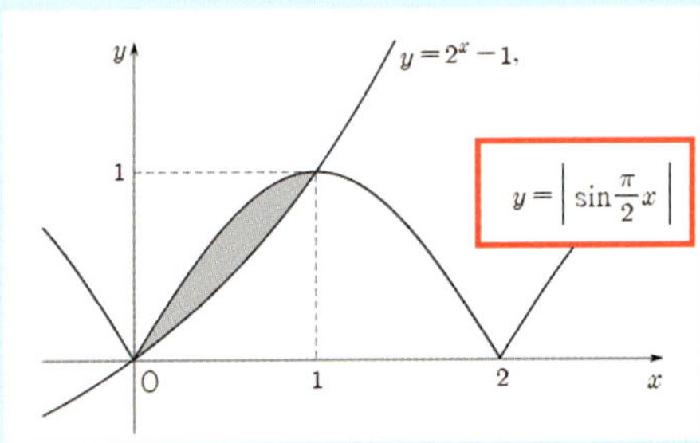

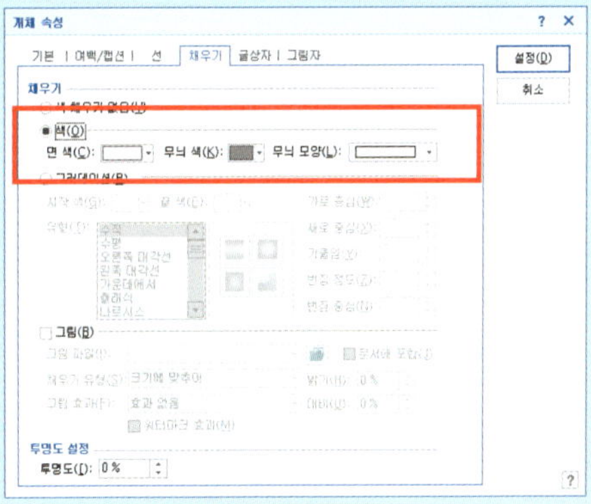

SECTION 03

특정 영역이 음영처리된 무한 등비급수 문항 디자인하기

KEY POINTS 무한등비급수, 특정영역음영

선생님들께서 가장 까다로워하는 문항 그래픽 중 하나를 고르면 무한등비급수를 들 수 있습니다. 일정한 성질을 반복하는 도형의 길이, 넓이, 부피와 관련된 문항에 해당하는 도형을 그려야 하기에 부담감을 가지게 됩니다. 도형을 실측 비에 맞게 깔끔하게 그리기 어렵다는 첫 번째 어려움과 더불어, 중간중간 표현해야 하는 음영 표시는 무한등비급수 그래픽을 디자인하는 데 많은 어려움을 줍니다. 이번 장에서는 제시된 문항 그래픽을 함께 디자인하면서 [무한등비급수] 문항 그래픽에 쉽게 접근해보고자 합니다.

2019학년도 수능 나형, 홀수 16번 문항

16. 그림과 같이 $\overline{OA_1}=4$, $\overline{OB_1}=4\sqrt{3}$ 인 직각삼각형 OA_1B_1 이 있다. 중심이 O이고 반지름의 길이가 $\overline{OA_1}$ 인 원이 선분 OB_1 과 만나는 점을 B_2 라 하자. 삼각형 OA_1B_1 의 내부와 부채꼴 OA_1B_2 의 내부에서 공통된 부분을 제외한 ◣ 모양의 도형에 색칠하여 얻은 그림을 R_1 이라 하자.

그림 R_1 에서 점 B_2 를 지나고 선분 A_1B_1 에 평행한 직선이 선분 OA_1 과 만나는 점을 A_2, 중심이 O이고 반지름의 길이가 $\overline{OA_2}$ 인 원이 선분 OB_2 와 만나는 점을 B_3 이라 하자. 삼각형 OA_2B_2 의 내부와 부채꼴 OA_2B_3 의 내부에서 공통된 부분을 제외한 ◣ 모양의 도형에 색칠하여 얻은 그림을 R_2 라 하자.

이와 같은 과정을 계속하여 n 번째 얻은 그림 R_n 에 색칠되어 있는 부분의 넓이를 S_n 이라 할 때, $\lim_{n \to \infty} S_n$ 의 값은? [4점]

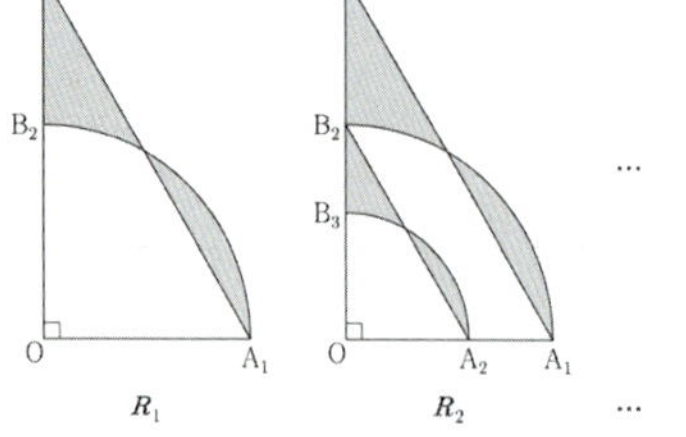

① $\frac{3}{2}\pi$　② $\frac{5}{3}\pi$　③ $\frac{11}{6}\pi$　④ 2π　⑤ $\frac{13}{6}\pi$

- **단계 및 순서**

[1단계] AlgeoMath 도형을 이용하여 기본 도형 그리기

[2단계] 그림파일로 변환하고 [그림판]으로 이동하기
  (1) [환경설정]에서 격자 및 각종 표시 비활성화하기
  (2) 캡처하기

[3단계] [그림판]을 활용하여 음영처리 하기

[5단계] 한글을 이용하여 문항 그래픽 완성하기
  (1) 한글에서 저장된 그림파일을 불러오기
  (2) 글상자와 수식을 활용하여 문항에 맞게 입력하기
  (3) [개체 묶기(G)]를 이용하여 그래픽 완성하기

1단계 | AlgeoMath 도형을 이용하여 기본 도형 그리기

01 대수 창에 $A(0,\ 0)$, $B(4,\ 0)$, $C(0,\ 4\sqrt{3})$을 입력합니다.

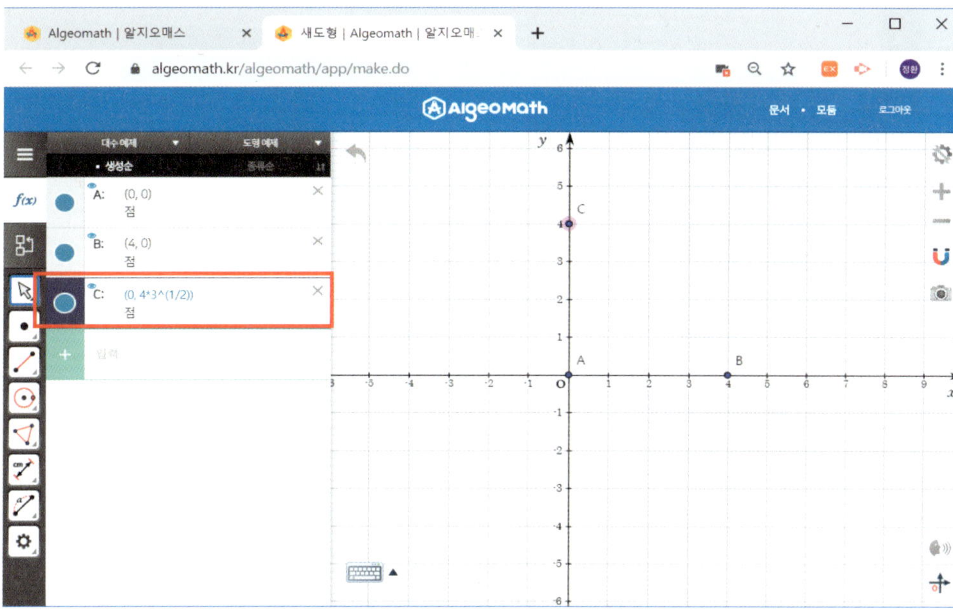

선생님들께 드리는 작은 Tip

(0, 4sqrt(3))을 입력하면 $(0, 4\sqrt{3})$이 입력됩니다.

02 $\overline{AB}$, $\overline{BC}$, $\overline{CA}$을 생성합니다.

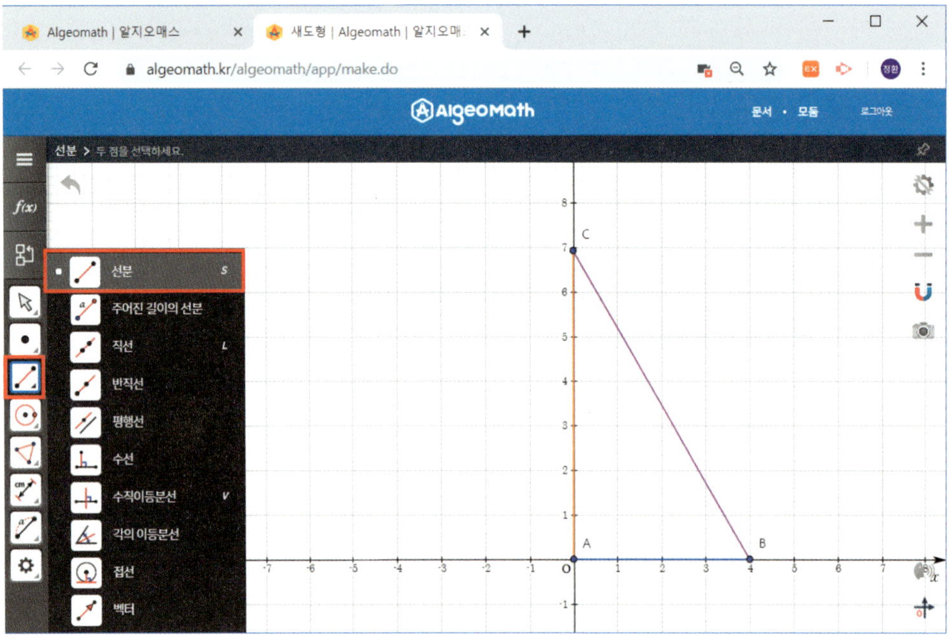

03 원:중심과 한 점(, 단축키 C) 기능을 선택하고 ❶ 점 A와 ❷ 점 B를 차례로 클릭합니다.

점 A를 중심으로 하고 반지름의 길이가 $\overline{AB}$인 원이 생성됩니다.

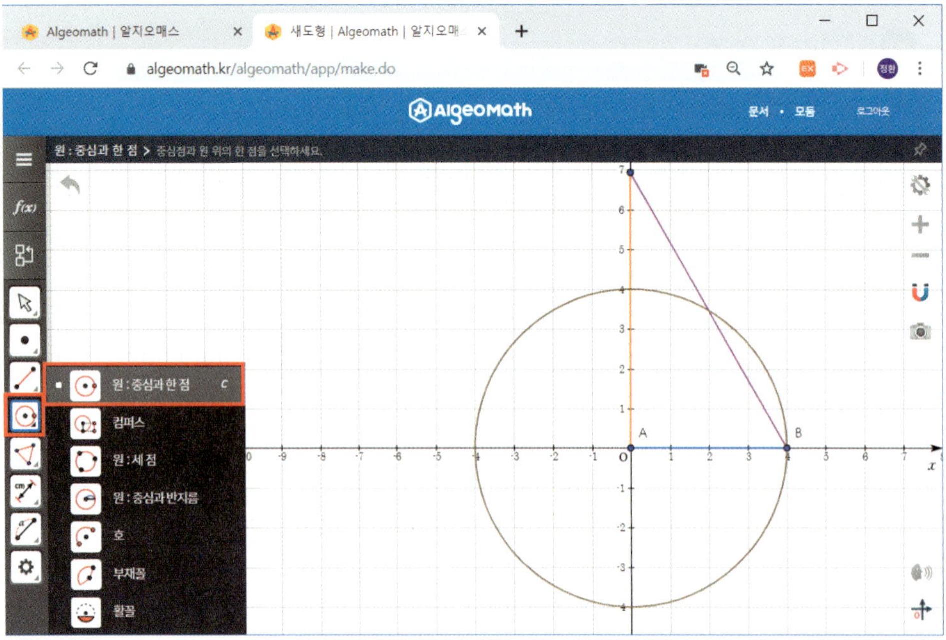

04 교점(, 단축키 I) 기능을 선택하고 원 → $\overline{AC}$를 차례로 클릭합니다. 교점 A_1이 생성됩니다. 비슷하게 교점(, 단축키 I) 기능을 선택하고 원 → $\overline{BC}$를 차례로 클릭하면 교점 C_1, D_1이 생성됩니다.

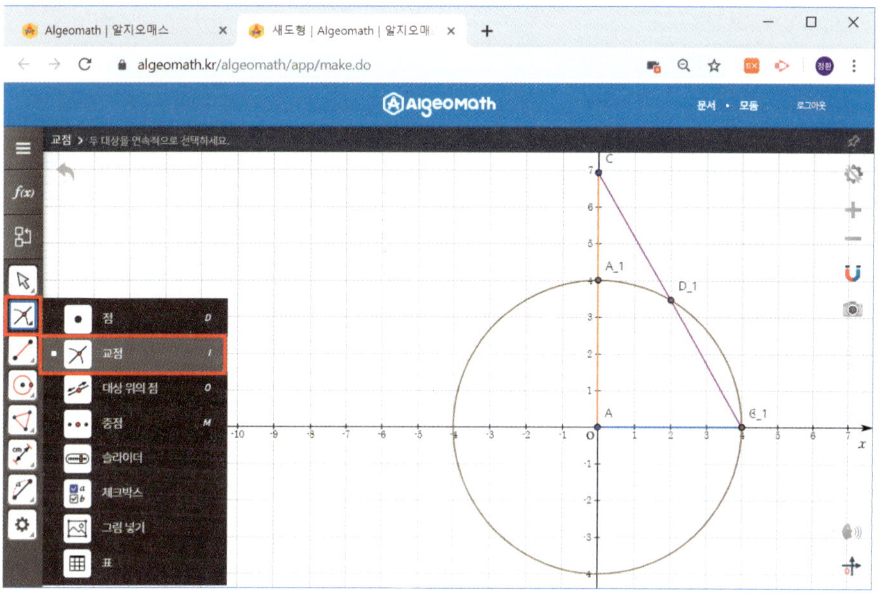

05 평행선( )을 선택하고 점 A_1 → $\overline{BC}$를 차례로 클릭합니다. 점 A_1을 지나고 $\overline{BC}$에 평행한 직선이 생성됩니다.

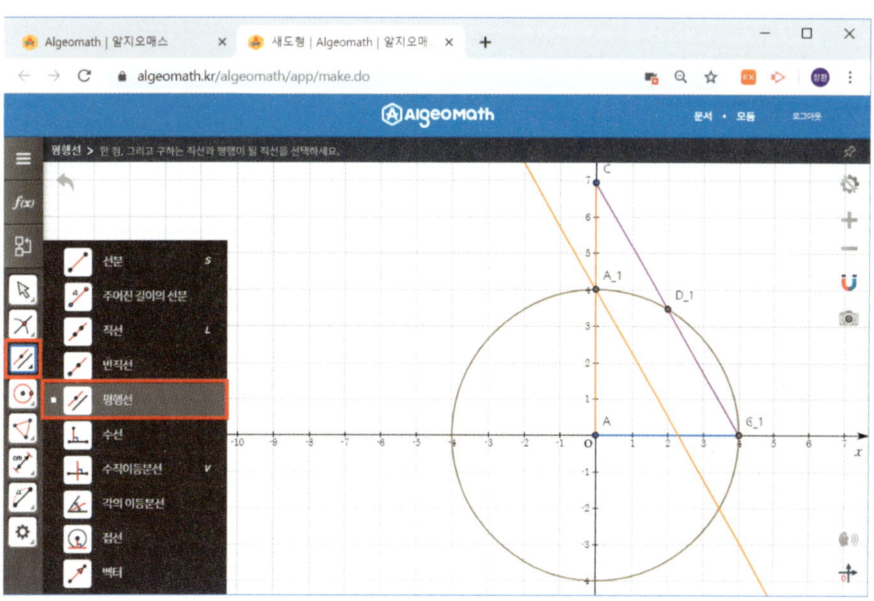

06 교점(, 단축키 I)을 선택하고 05에서 생성한 직선 → $\overline{\text{AB}}$를 차례로 클릭합니다. 교점 E_1이 생성됩니다.

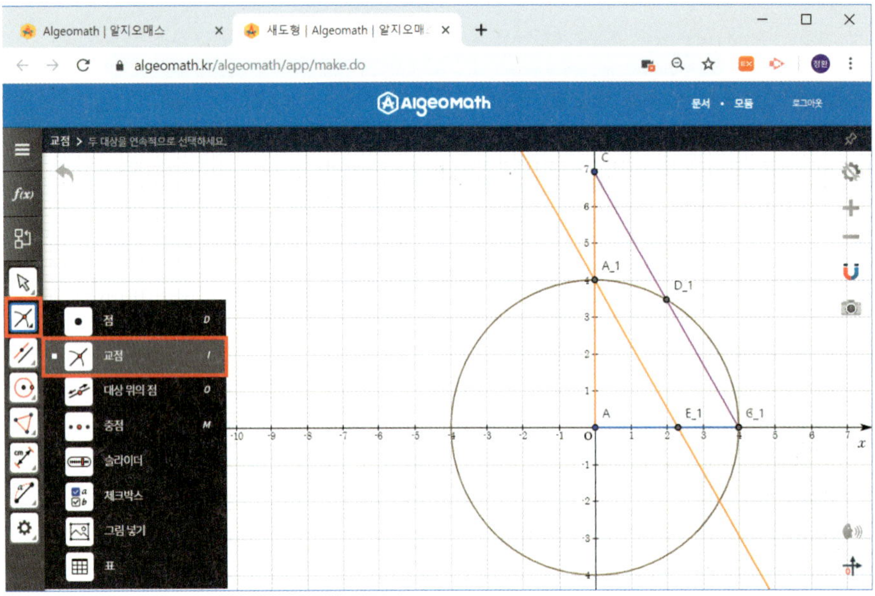

07 원:중심과 한 점( ) 기능을 선택하고 점 A → 점 E_1을 차례로 클릭합니다. 점 A를 중심으로 하고 반지름의 길이가 $\overline{\text{AE}_1}$인 원이 생성됩니다.

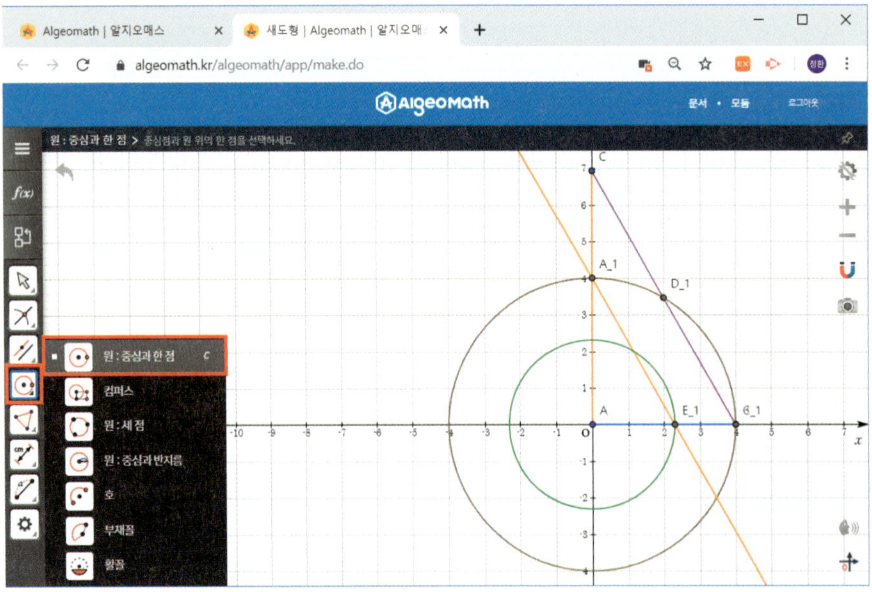

08 교점(), 단축키 I) 기능을 선택하고 06단계에서 생성한 원 → $\overline{\mathrm{AC}}$를 차례로 클릭합니다. 교점 $\mathrm{F_1}$이 생성됩니다.

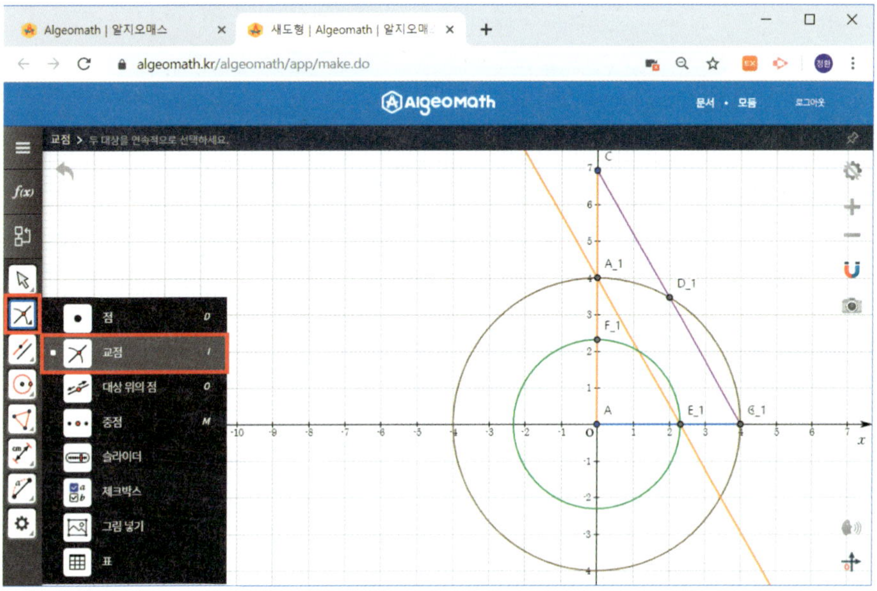

09 ❶ 그림의 부채꼴() 기능을 선택하고 큰 원의 점 A → 점 $\mathrm{C_1}$ → 점 $\mathrm{A_1}$을 차례로 클릭합니다.

❷ 두 번째 부채꼴을 만들기 위해 부채꼴() 기능을 한 번 더 선택하고 점 A → 점 $\mathrm{E_1}$ → 점 $\mathrm{F_1}$을 차례로 클릭합니다.

❸ 마지막으로 $\overline{\mathrm{A_1E_1}}$을 생성합니다.

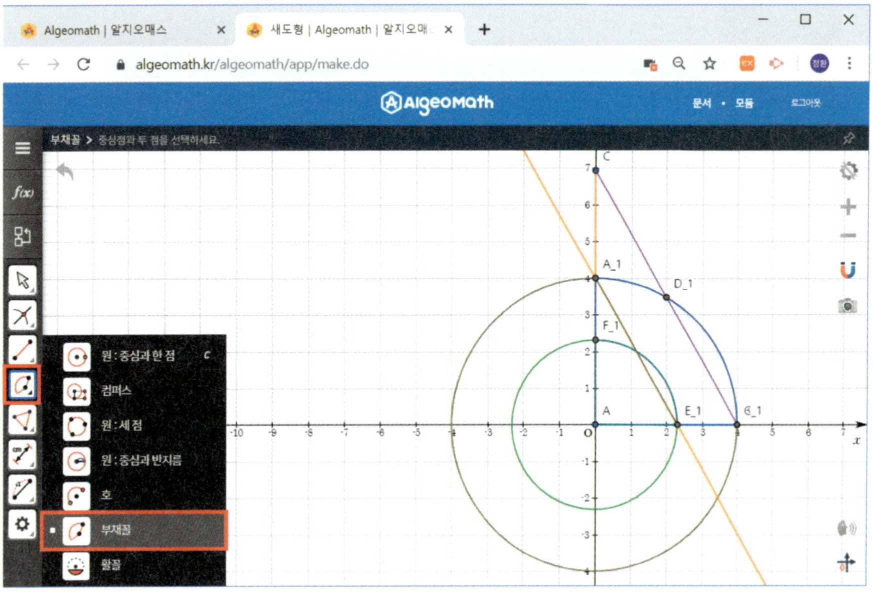

10 꾸미기-각도(▽) 기능을 선택하고 점 B → 점 A → 점 C를 순서대로 선택하면 직각이 만들어 집니다. 직각의 색을 검은색으로 변경합니다.

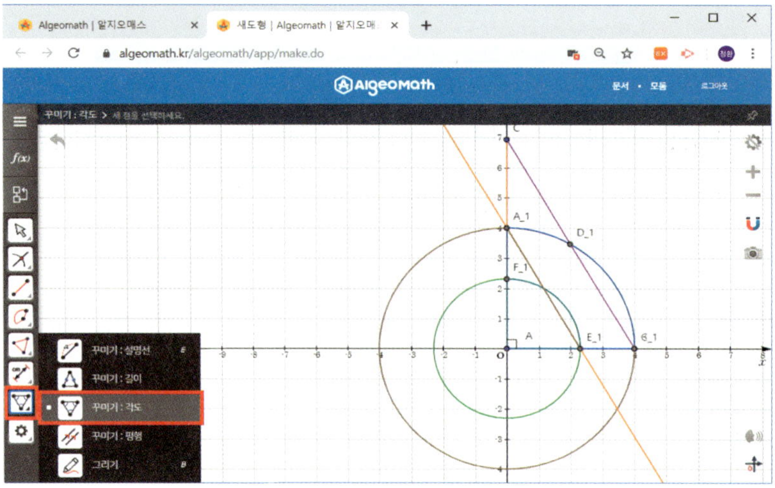

11 ❶ 대상 숨기기(◉, 단축키 H)를 선택하고 두 원, 직선, 모든 점들을 숨겨줍니다.
❷ 선 색상을 모두 검은색으로 변경합니다.

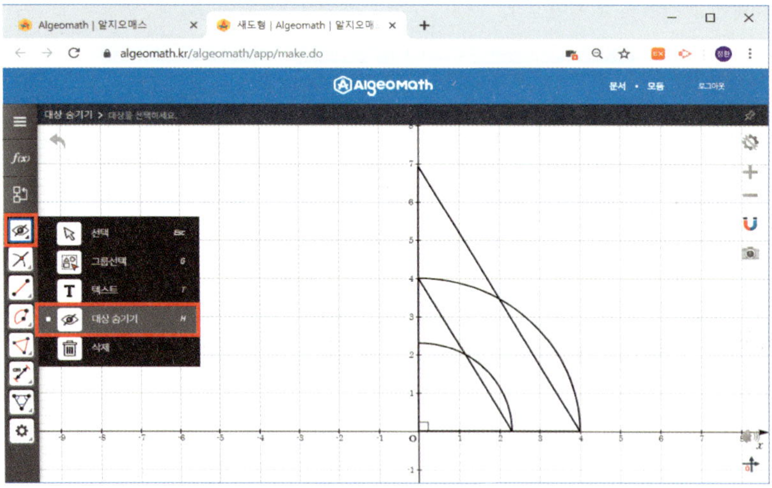

선생님들께 드리는 작은 Tip

CHAPTER 05 - SECTION 01에서는 점의 크기를 줄여서 차후 수정을 편리하게 하는 방법에 대해, CHAPTER 05 - SECTION 02에서는 선분 및 도형의 색을 한 번에 변경하는 방법에 대해 보다 자세히 서술해 놓았습니다.

2단계 | 그림파일로 변환하고 [그림판]으로 이동하기

(1) [환경설정]에서 격자 및 각종 표시 비활성화하기

01 화면 우측 위의 [환경설정]을 클릭합니다.

02 [그리드 보기 설정]에서 모든 항목을 **비활성화** 시켜줍니다.

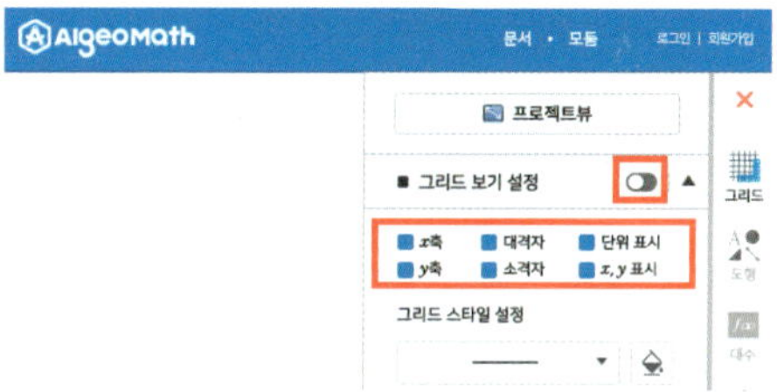

(2) 캡처하기

01 화면 우측 편에 있는 [스크린샷]을 클릭합니다.

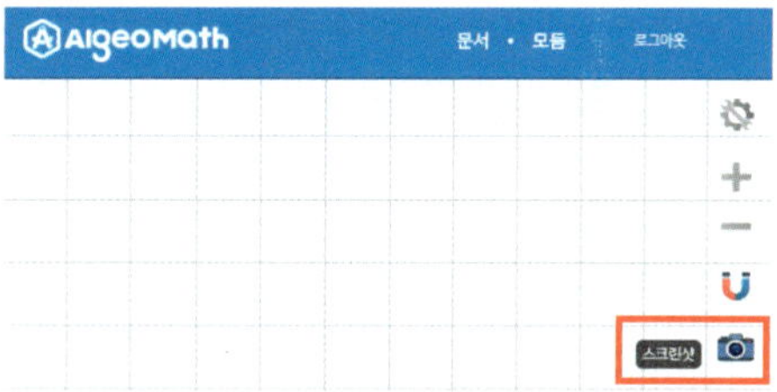

02 캡처 설정에서는 [영역 캡처], 캡처 영역 설정에서는 [격자 단위]를 선택하고 [캡처하기]를 클릭합니다.

03 문항과 비슷하게 맞춘 후, ❶ [PNG로 다운로드]를 클릭합니다.
그 이후 ❷ 하단에 다운로드 된 파일을 클릭하면 [사진 창]이 생성됩니다.

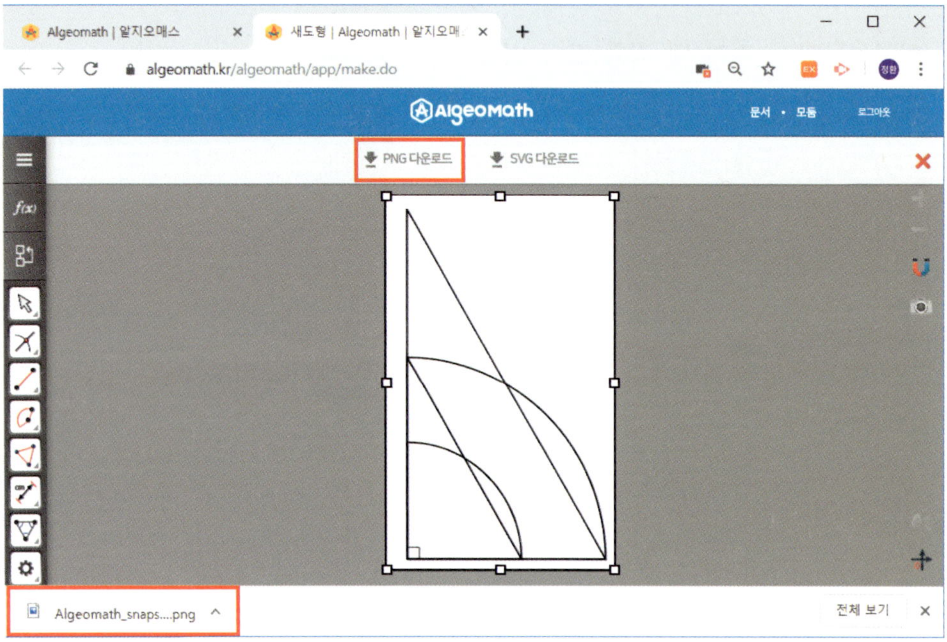

04 생성된 사진 창에서 [Ctrl + A](전체 선택)를 누르고 [Ctrl + C](복사하기)를 실행합니다.
복사된 그림은 [클립보드]에 저장됩니다.

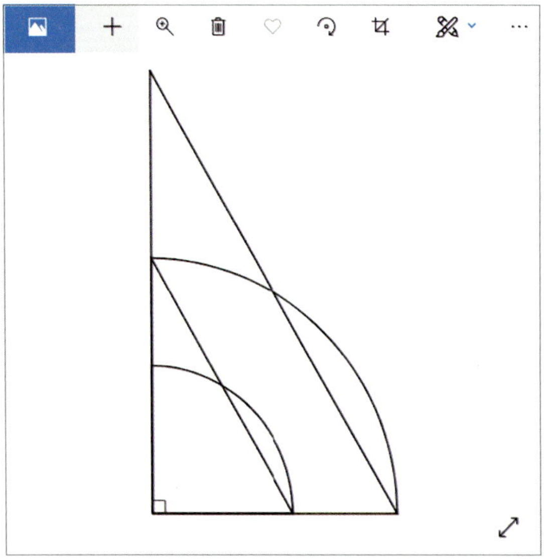

3단계 | [그림판]을 활용하여 음영처리 하기

01 [그림판]을 열고 [Ctrl + V : 붙여넣기]를 실시합니다. 클립보드에 저장된 그림이 그림판으로 이동하게 됩니다.

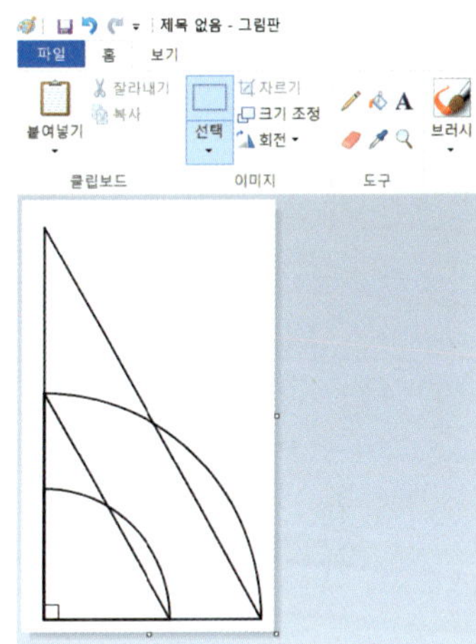

02 도구의 [색 채우기], 색은 [회색]을 순서대로 클릭합니다.

03 ❶ 음영 처리하고자 하는 영역을 클릭하면 색이 채워집니다.

❷ 음영 처리한 그림을 한글로 가져가기 위해 그림판에서 [Ctrl + A](전체 선택)를 누르고 [Ctrl + C](복사하기)를 실행합니다. 복사된 그림은 [클립보드]에 저장됩니다.

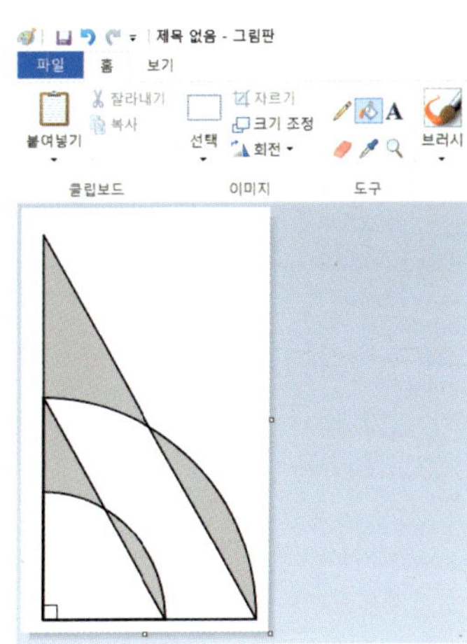

4단계 | 한글을 이용하여 문항 그래픽 완성하기

(1) 한글에서 저장된 그림파일을 불러오기

한글을 실행하고 문서 위에서 [Ctrl + V (붙여넣기)]를 실행합니다. 이때 그림이 비교적 크게 들어가게 되므로, 그림 클릭 후 우측 하단의 크기조절 창을 이용하여 적절하게 줄여줍니다.

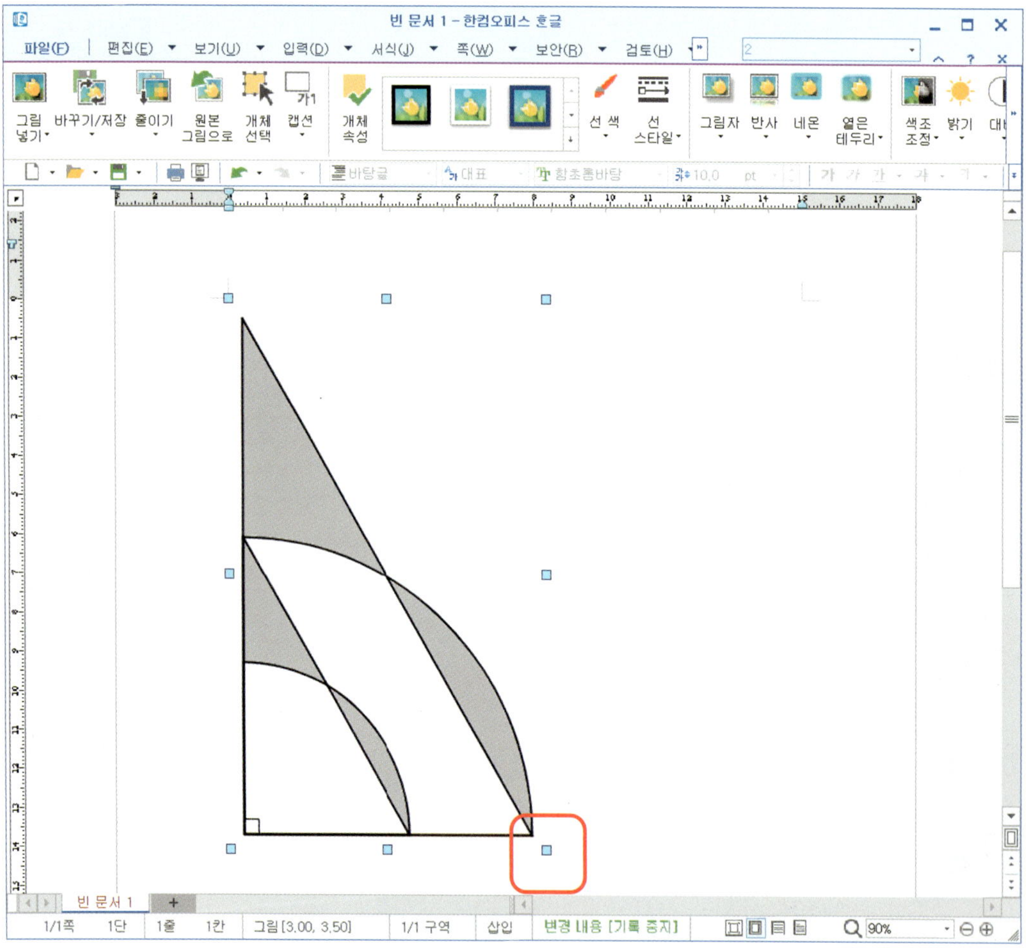

(2) 글상자와 수식을 활용하여 문항에 맞게 입력하기

01 한글에서 적당한 크기의 글상자($ctrl+n+b$)를 만들어주세요.

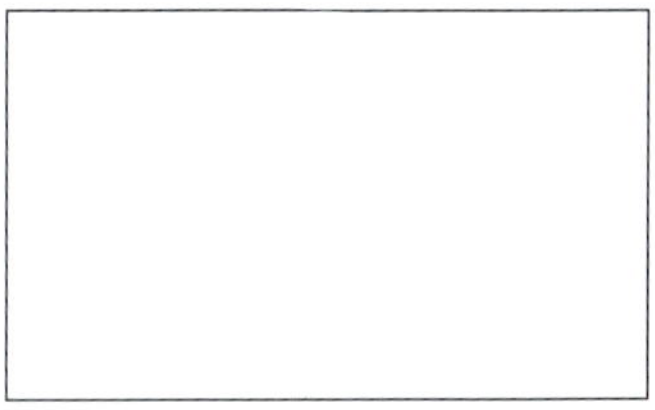

02 수식편집기($ctrl+n+m$)를 이용하여 입력할 문자들을 글상자 속에 입력해주세요.

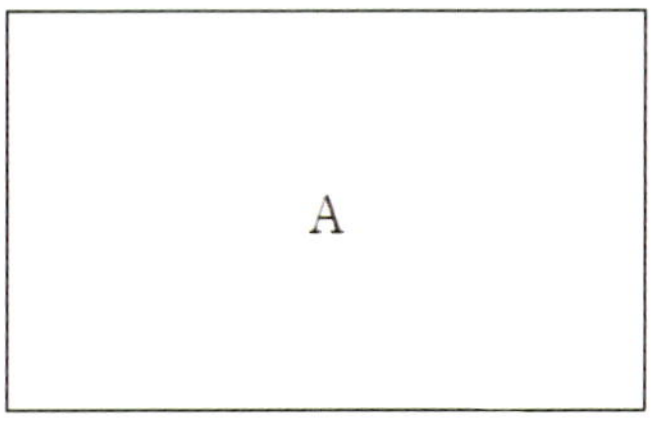

03 글상자를 클릭하신 후 마우스 오른쪽 단추를 누르면 나오는 [개체속성]을 클릭합니다.

❶ [선] → [종류(L)] → [선 없음]

❷ [채우기] → [색 채우기 없음(V)]으로 변경합니다.

그 이후, 글상자의 크기를 적절히 조정해주세요.

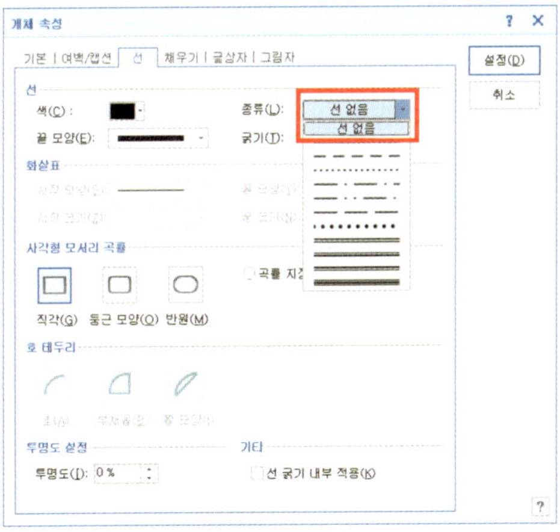

04 글상자를 여러 개 복사한 후, 그리고자 하는 문항에 맞게 글상자를 배치해주세요. [채우기 없음]과 [선 없음]으로 그림 위에서의 배치가 가능해집니다.

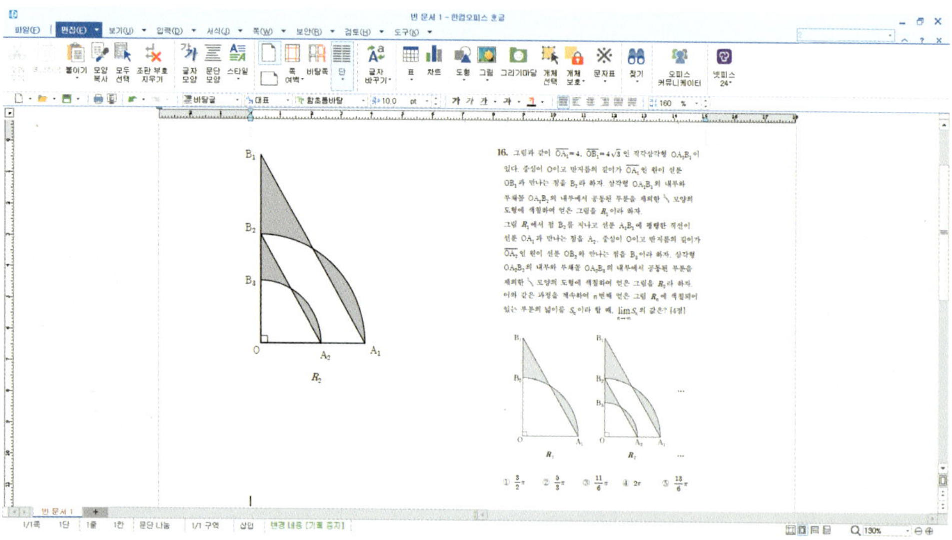

선생님들께 드리는 작은 Tip

[선 없음]으로 글상자를 선택하기 어려울 수 있습니다. 이 경우 **[보기]**의 **[기본 도구 상자]**에서 **[투명 선]**을 클릭하면 **[선 없음]** 처리된 부분이 **빨간 점선**으로 표현되어 선택이 더욱 편리해집니다. 자세한 내용은 CHAPTER 05 - SECTION 04를 참고해주세요.

05 ❶ 문자 O, A_1, A_2를 포함하는 글상자들을 Shift 키를 이용하여 선택한 후, 한글 화면 상단 [그림] 탭에서 [맞춤] → [위쪽 맞춤]을 클릭하여 일렬로 정렬합니다.

❷ 비슷하게 문자 O, B_1, B_2, B_3를 포함하는 글상자들을 [그림] 탭 → [맞춤] → [위쪽 맞춤]을 클릭하여 일렬로 정렬합니다.

기타 미세한 위치 조정은 상하좌우 키를 이용하여 조절할 수 있습니다.

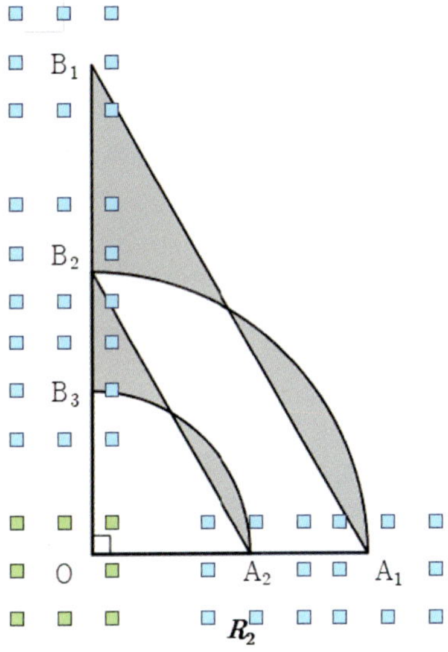

(3) [개체 묶기(G)]를 이용하여 그래픽 완성하기

01 하나의 개체를 선택한 후 [도형] 탭의 [기본 도구 상자] 왼쪽 편에 있는 [개체 선택]을 클릭합니다.

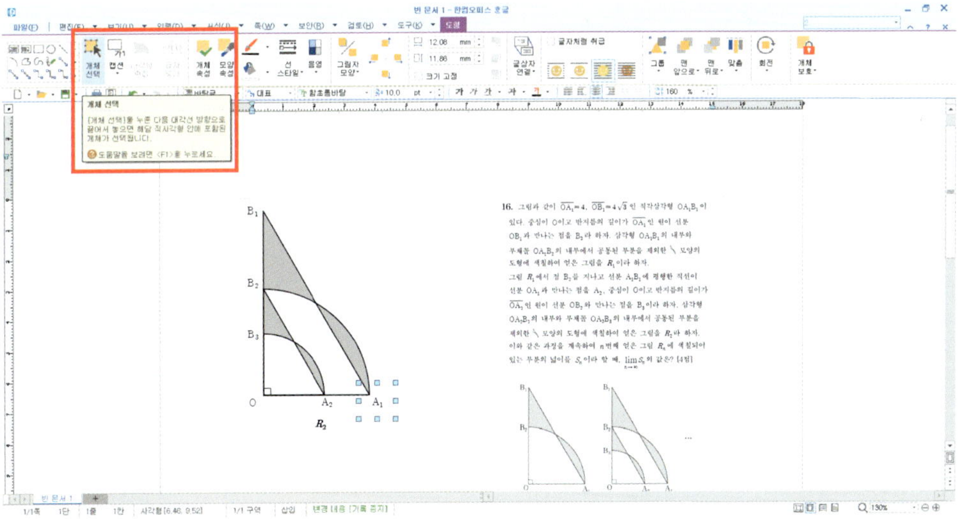

02 마우스 드래그를 통해 모든 개체를 선택합니다.
그 이후 마우스 오른쪽 단추를 눌러 [개체 묶기(단축키 *G*)]를 실행합니다.

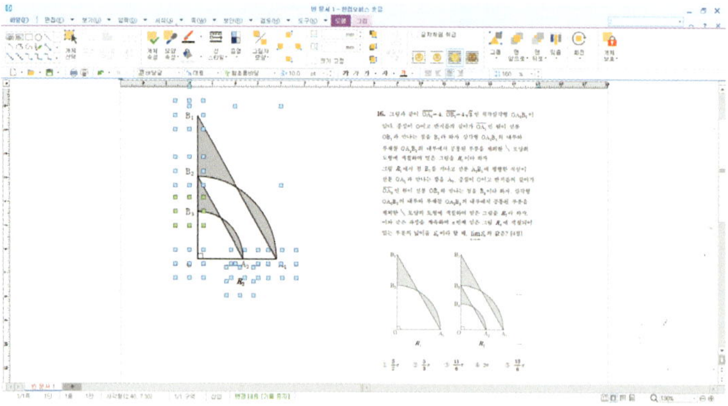

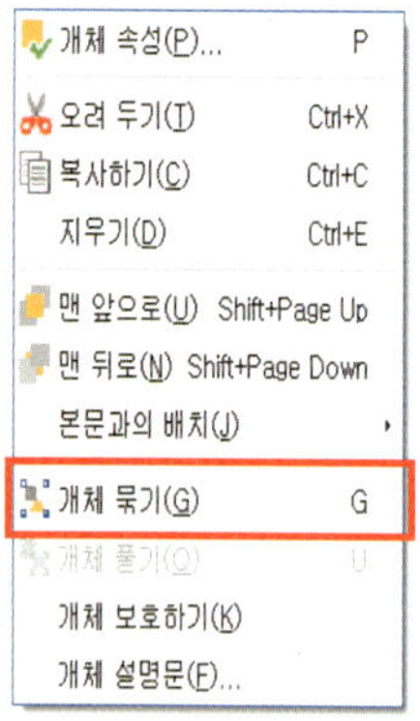

03 [개체 묶기]에 대한 안내창에서 [실행]을 클릭하면, 하나의 그래픽이 완성됩니다.

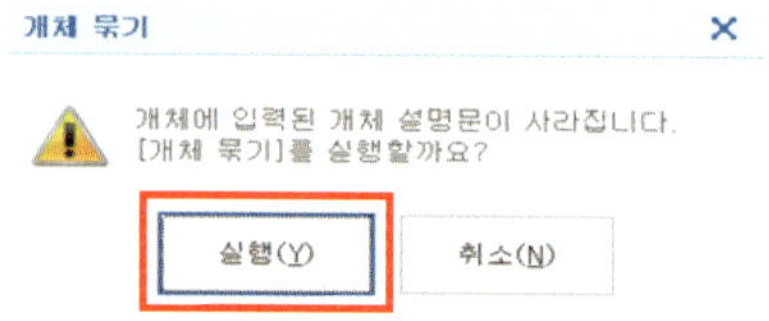

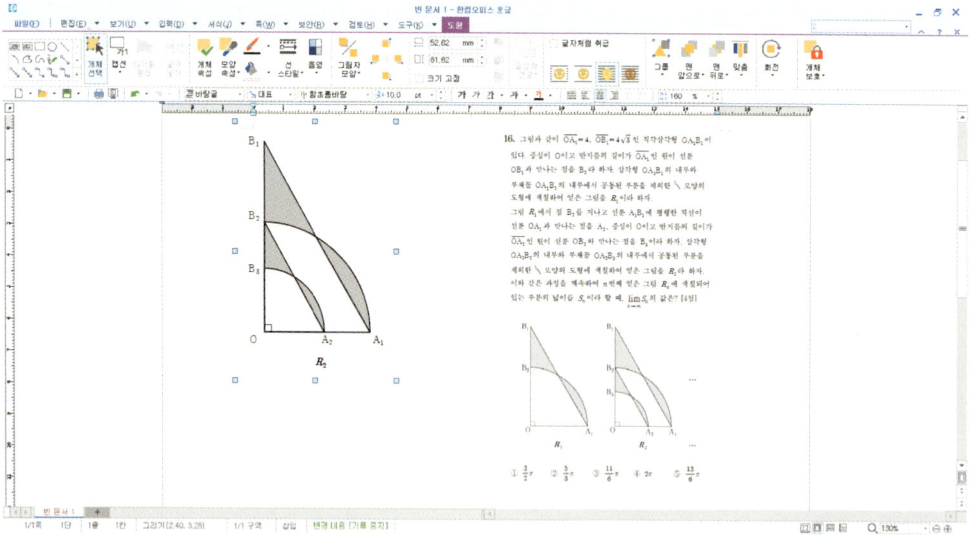

실습문항 10 | 2018년 수능 나형, 홀수 19번 문항

아래 제시된 문항의 그래픽을 완성해보세요.
다음 장에는 AlgeoMath 도형에서 그래프를 그리는 단계, 그린 결과, 한글에서 편집한 그림까지 순서대로 정리되어 있습니다.

2018학년도 수능 나형, 홀수 19번 문항

19. 그림과 같이 한 변의 길이가 1인 정삼각형 $A_1B_1C_1$이 있다. 선분 A_1B_1의 중점을 D_1이라 하고, 선분 B_1C_1 위의 $\overline{C_1D_1}=\overline{C_1B_2}$인 점 B_2에 대하여 중심이 C_1인 부채꼴 $C_1D_1B_2$를 그린다. 점 B_2에서 선분 C_1D_1에 내린 수선의 발을 A_2, 선분 C_1B_2의 중점을 C_2라 하자. 두 선분 B_1B_2, B_1D_1과 호 D_1B_2로 둘러싸인 영역과 삼각형 $C_1A_2C_2$의 내부에 색칠하여 얻은 그림을 R_1이라 하자.
그림 R_1에서 선분 A_2B_2의 중점을 D_2라 하고, 선분 B_2C_2 위의 $\overline{C_2D_2}=\overline{C_2B_3}$인 점 B_3에 대하여 중심이 C_2인 부채꼴 $C_2D_2B_3$을 그린다. 점 B_3에서 선분 C_2D_2에 내린 수선의 발을 A_3, 선분 C_2B_3의 중점을 C_3이라 하자. 두 선분 B_2B_3, B_2D_2와 호 D_2B_3으로 둘러싸인 영역과 삼각형 $C_2A_3C_3$의 내부에 색칠하여 얻은 그림을 R_2라 하자.
이와 같은 과정을 계속하여 n번째 얻은 그림 R_n에 색칠되어 있는 부분의 넓이를 S_n이라 할 때, $\lim_{n\to\infty} S_n$의 값은? [4점]

R_1

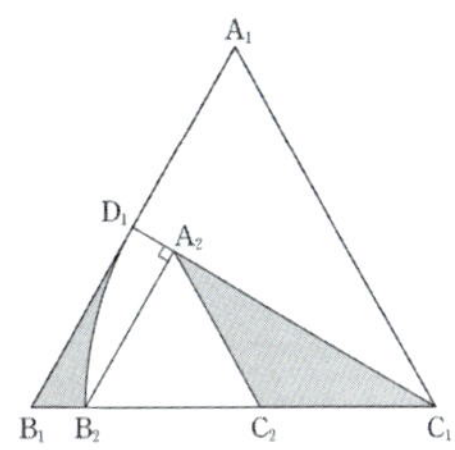

R_2

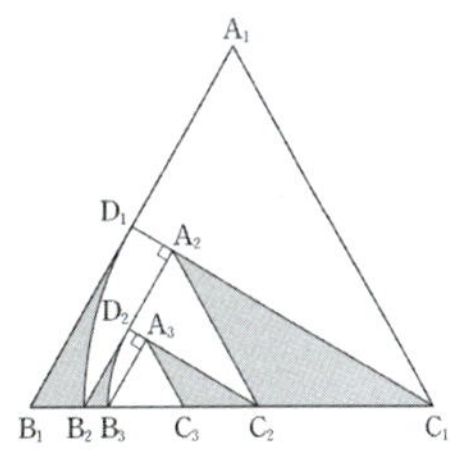

⋮ ⋮

① $\frac{11\sqrt{3}-4\pi}{56}$ ② $\frac{11\sqrt{3}-4\pi}{52}$ ③ $\frac{15\sqrt{3}-6\pi}{56}$
④ $\frac{15\sqrt{3}-6\pi}{52}$ ⑤ $\frac{15\sqrt{3}-4\pi}{52}$

실습문항 10에 대한 해설

● 1단계 AlgeoMath 도형에서 도형 그리기

AlgeoMath 도형에서 주어진 그래프의 개략적인 형태를 그리는 순서를 설명합니다.

상세한 설명보다는 과정 위주로 설명되어 있습니다.

아래 제시된 점의 이름은 **문항에서 제시된 점의 이름과 동일하게 작성**하였습니다.

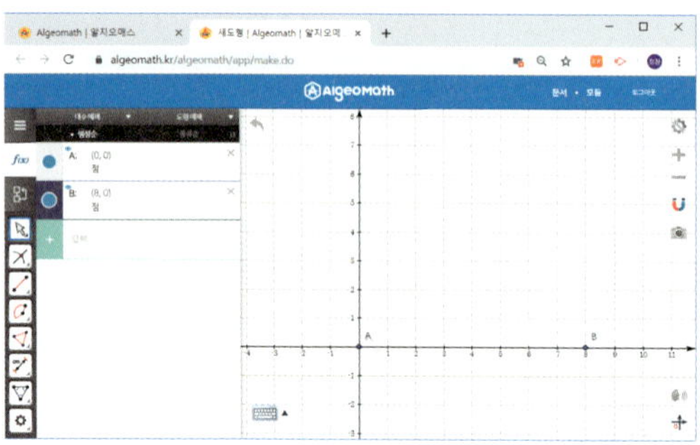

❶ 두 점 A(0, 0), B(8, 0)을 생성합니다.

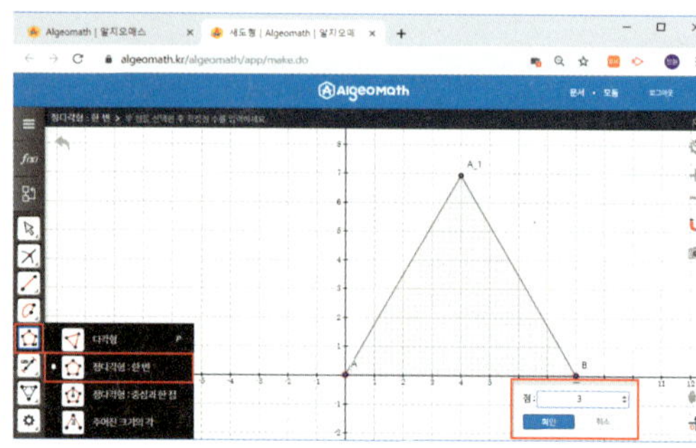

❷ 정다각형(⭔)을 선택하고 두 점 A와 B를 차례로 선택한 후 나타난 창에 3을 입력합니다. 새로운 꼭짓점 A_1이 생성됩니다.

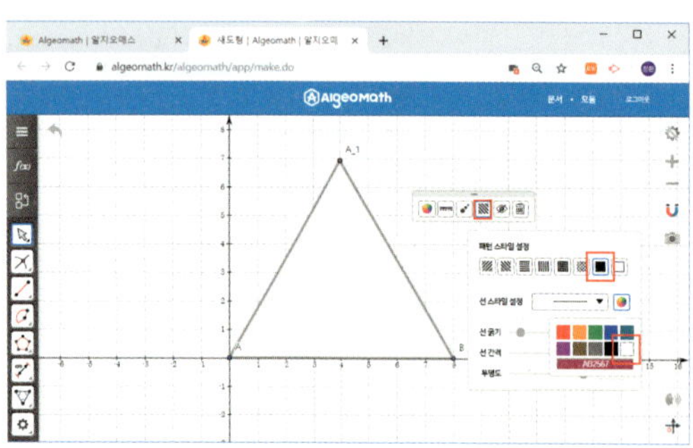

❸ 생성된 삼각형의 변과 면의 스타일을 아래와 같이 변경합니다.

선 : 검은색

면 : 패턴 → 흰색, 100%

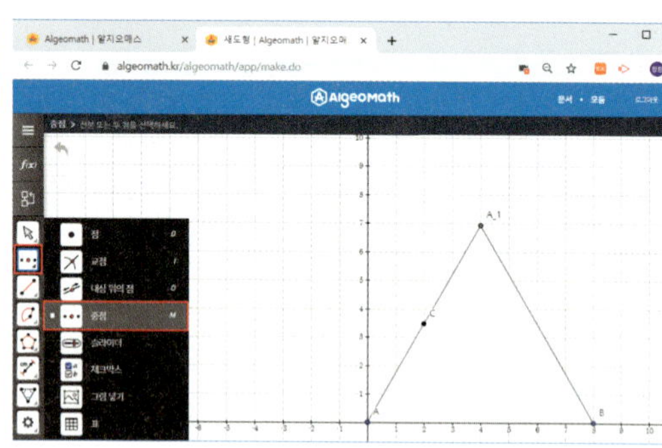

❹ 중점(⋯, 단축키 M) 기능을 이용하여 점 A와 점 A_1의 중점을 생성합니다. 점 C가 생성됩니다.

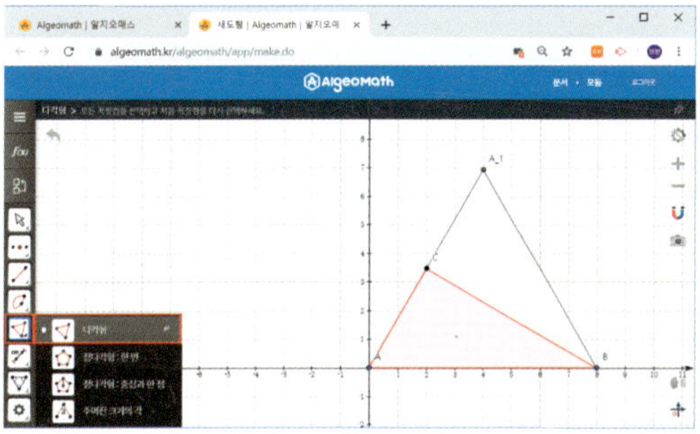

⑤ 다각형() 기능을 이용하여 △ABC를 생성합니다.

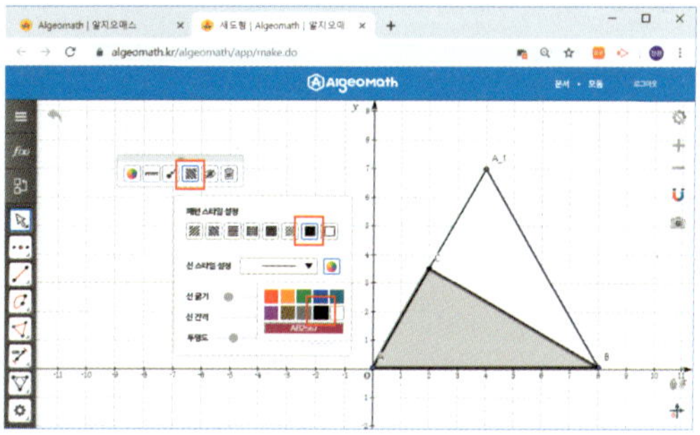

⑥ 생성된 △ABC의 스타일을 아래와 같이 변경합니다.

선 : 검은색

면 : 패턴 → 검은색, 20%

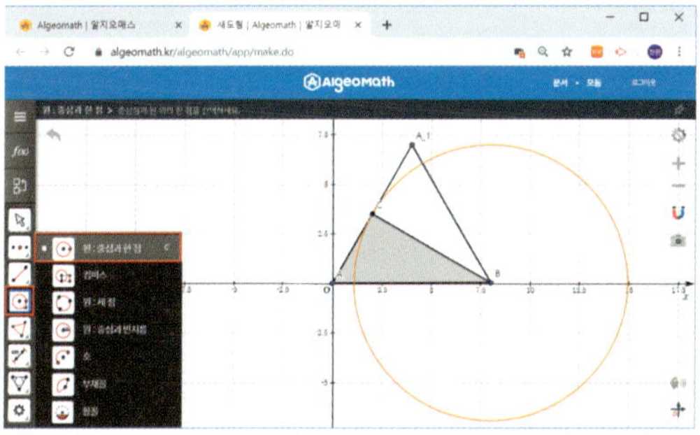

⑦ 원: 중심과 한 점(, 단축키 C) 기능을 이용하여 점 B를 중심으로 하고 점 C를 지나는 원을 생성합니다.

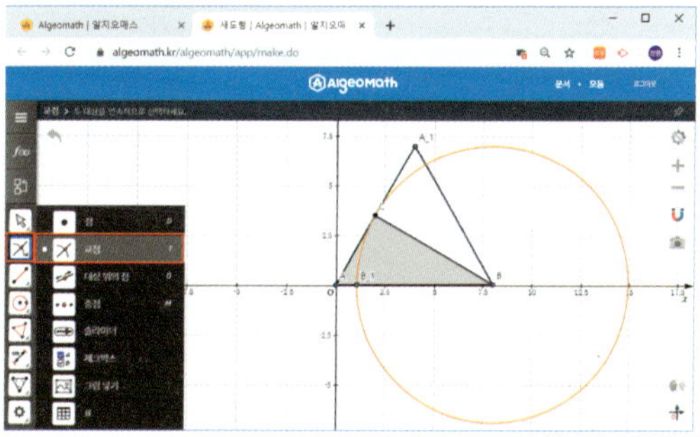

⑧ 교점(, 단축키 I) 기능을 이용하여 생성된 원과 $\overline{AB}$의 교점을 생성합니다. 점 B_1이 생성됩니다.

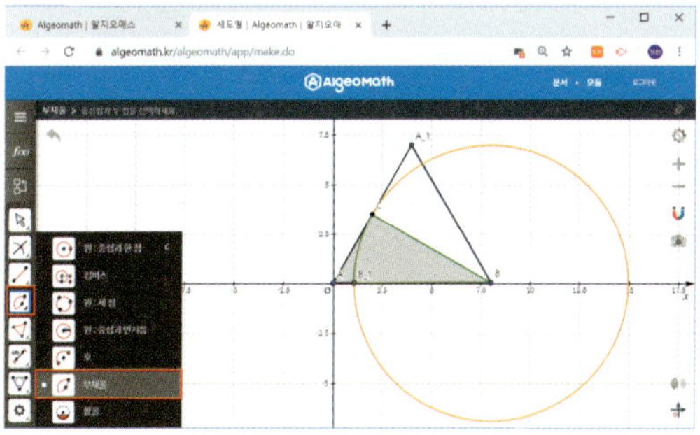

⑨ 부채꼴() 기능을 선택하고 점 B, 점 C, 점 B_1을 차례로 클릭합니다.

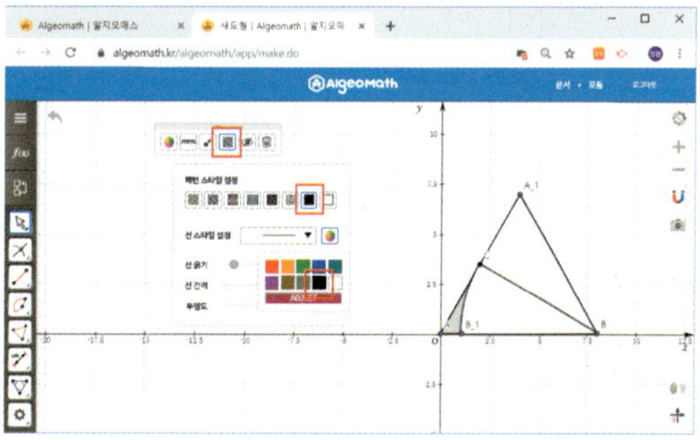

⑩ 대상숨기기(, 단축키 H) 기능을 이용하여 원을 숨기고, 생성된 부채꼴의 스타일을 아래와 같이 변경합니다.

선 : 검은색

면 : 흰색 100%

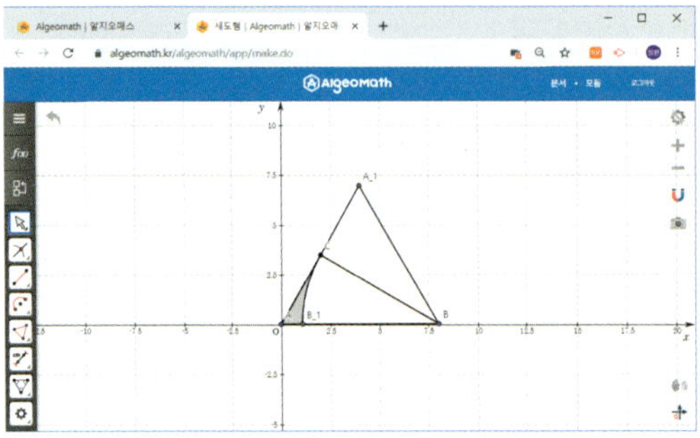

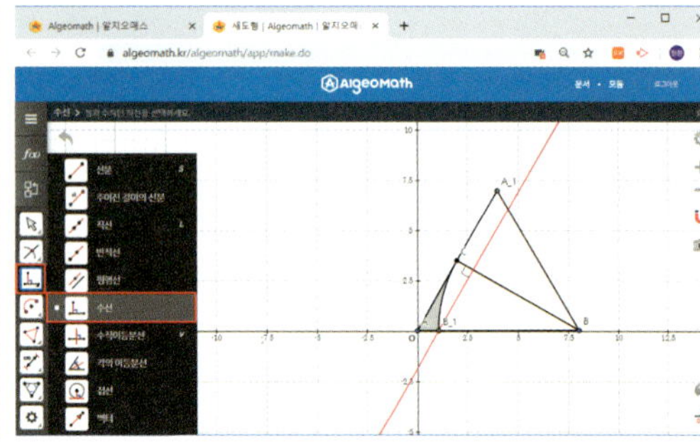

⑪ 희미해진 부채꼴의 경계를 선명하게 하기 위해 선분(, 단축키 S)과 호( ) 기능을 이용하여 부채꼴을 새롭게 그려줍니다. 선분 및 호의 색을 검은색으로 변경합니다.

⑫ 수선( ) 기능을 이용하여 점 B_1에서 $\overline{BC}$를 지나는 수선을 생성합니다.

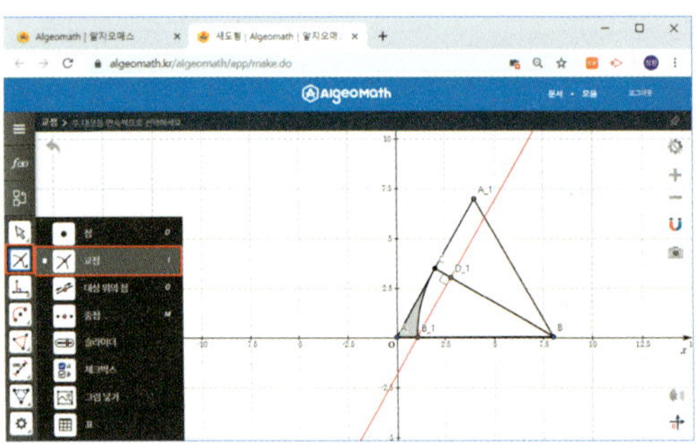

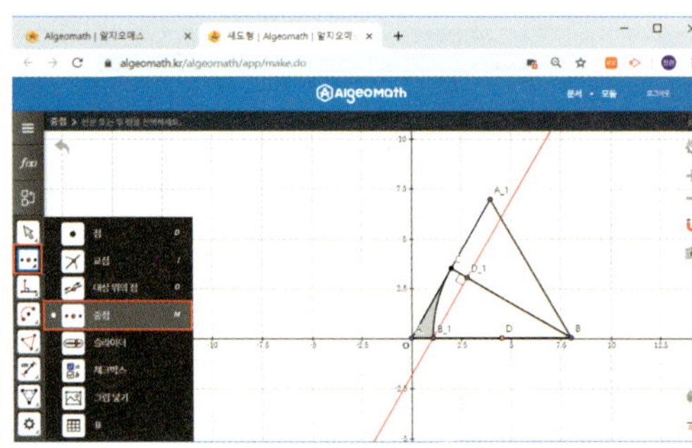

⑬ 교점(, 단축키 I) 기능을 이용하여 생성한 수선과 $\overline{BC}$의 교점을 생성합니다. 점 D_1이 생성됩니다.

⑭ 중점(, 단축키 M) 기능을 이용하여 점 B와 점 B_1의 중점 D를 생성합니다.

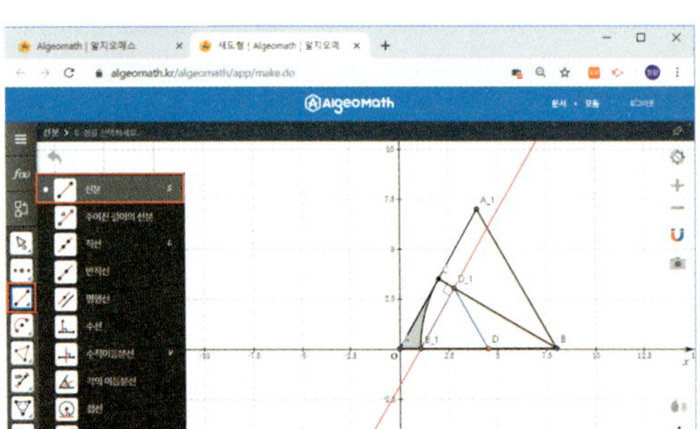

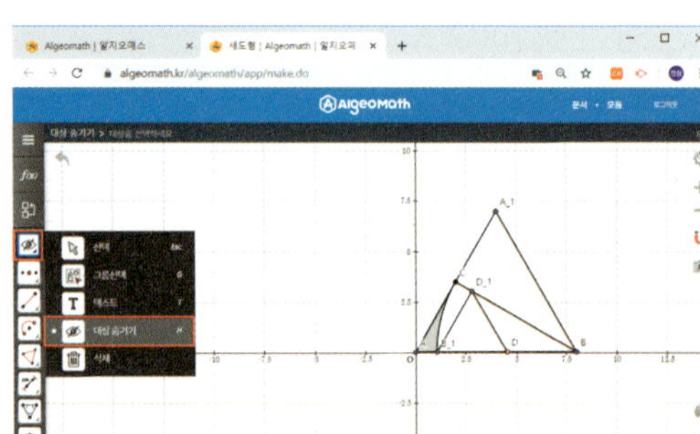

⑬ 선분(, 단축키 S) 기능을 이용하여 점 B_1과 점 D_1을 잇는 선분, 점 D와 점 D_1을 잇는 선분을 생성합니다.

⑭ 대상숨기기(, 단축키 H) 기능을 이용하여 수선을 숨기고, 생성된 선분의 색을 검은색으로 변경합니다.

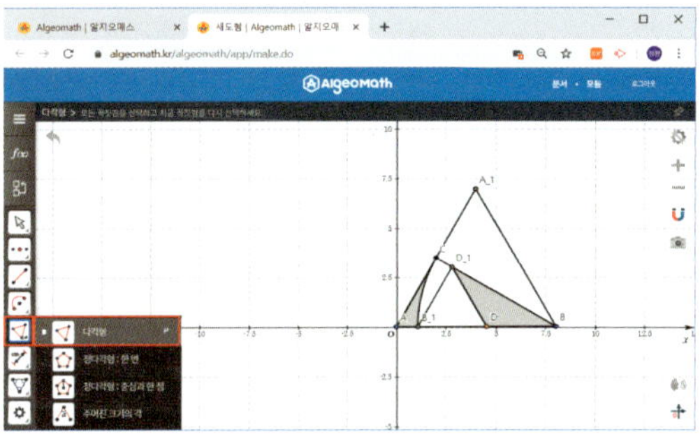

⑮ 다각형() 기능을 이용하여 $\triangle BDD_1$을 생성합니다. 생성된 $\triangle BDD_1$의 스타일을 아래와 같이 변경합니다.
선 : 검은색
면 : 패턴 → 검은색, 20%

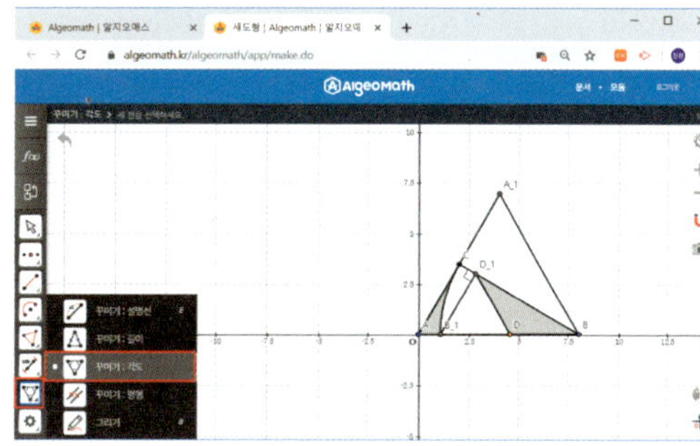

⑯ 꾸미기:각도() 기능을 선택하고 점 C → 점 D_1 → 점 B_1을 선택합니다. 생성된 직각의 색을 검은색으로 변경합니다.

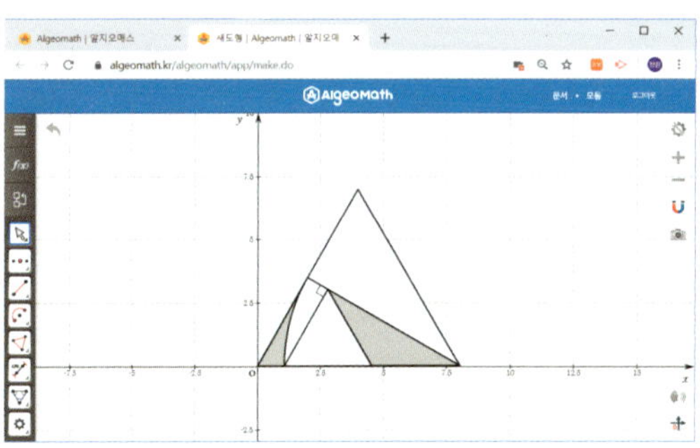

⑰ 대상숨기기(, 단축키 H) 기능을 이용하여 모든 점을 숨깁니다.

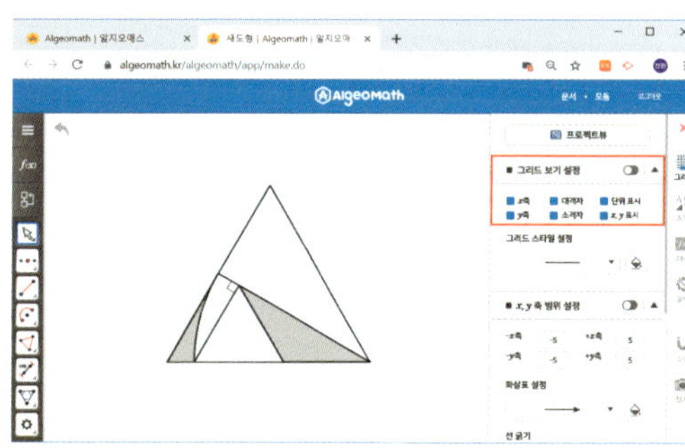

⑱ [환경설정] - [그리드 보기 설정]에서 모두 비활성화합니다.

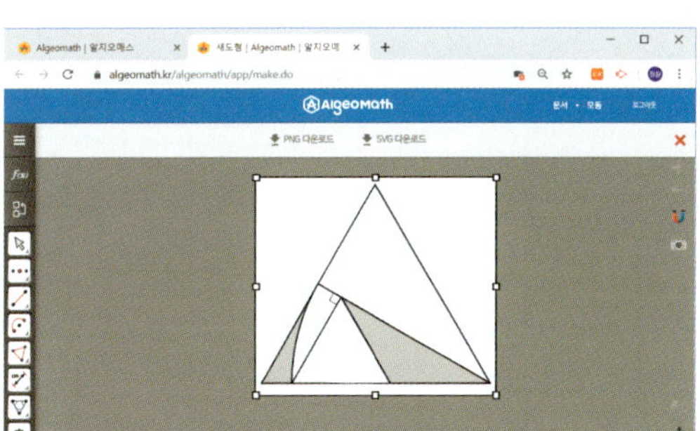

⑲ [캡처하기] 기능을 사용하여 도형을 그림파일로 저장합니다.

● 2단계 한글에서 디자인 마무리하기

한글프로그램에서 **글상자**와 **수식**을 사용하여 각각의 위치에 글상자를 배치합니다. 이 예제 문항은 문항의 길이가 길어 R_1의 도형만 디자인한 결과를 나타내었습니다.

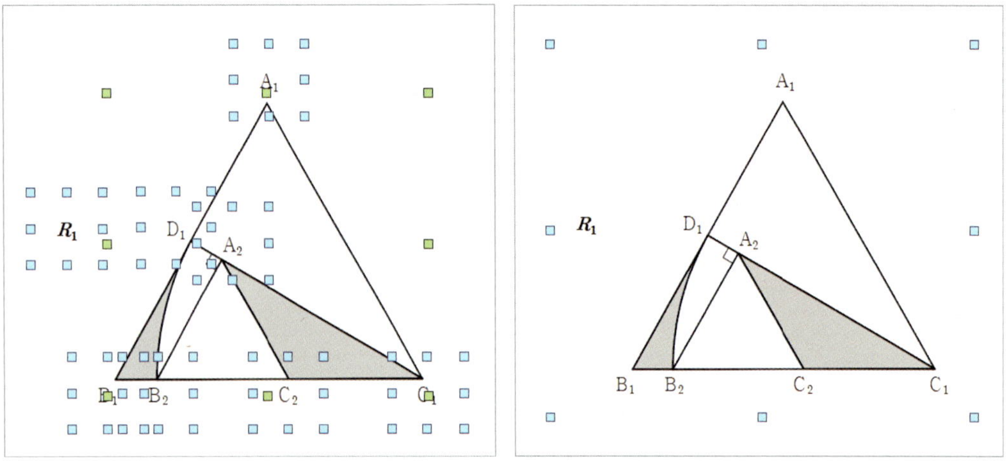

선생님들께 드리는 작은 Tip

AlgeoMath에서 도형을 그리는 단계가 매우 많아짐에 따라, R_2 도형은 아래와 같이 제시합니다. 이처럼 AlgeoMath 도형을 이용하면 깔끔하고 어렵지 않게 무한등비급수 도형을 작도할 수 있습니다.

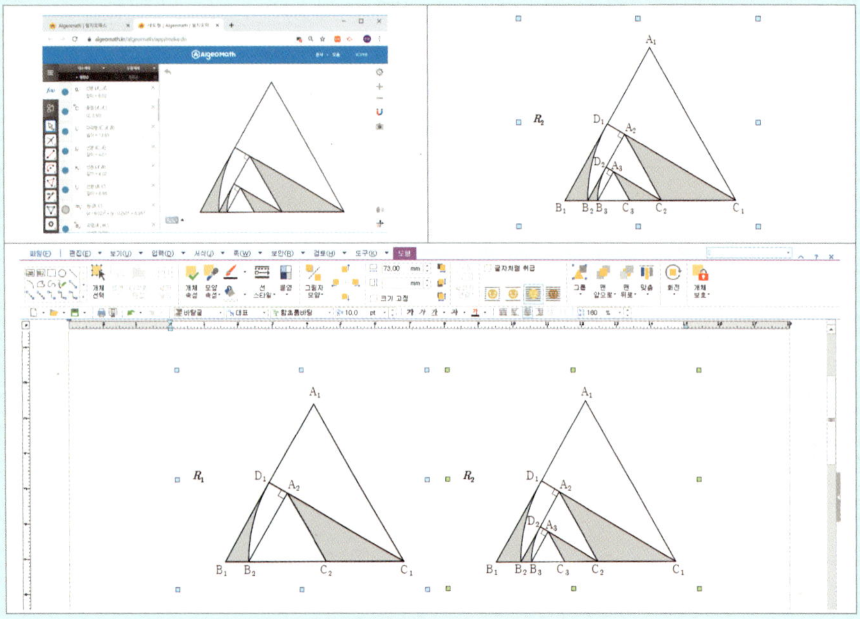

CHAPTER 05

문항 디자인에 응용하기

들어가기 전에

이번 Chapter에서는 시험 문항을 디자인할 때, 알아두면 굉장히 편리한 AlgeoMath 도형의 기능들과 EBS Math에 등재되어 있는 벤다이어그램 그리기 어플 활용, 할글프로그램의 기능에 대하여 설명하였습니다.

SECTION 01에서는 점의 크기를 일괄적으로 조정하는 방법에 대해 설명합니다.

수정사항이 생겨서 숨긴 점을 다시 찾아야 될 경우, 숨긴 점을 다시 찾는 작업은 여간 번거로운 것이 아닙니다. 따라서 이런 번거로움을 줄이기 위한 방법에 대해 설명하였습니다.

SECTION 02에서는 화면에 그려진 모든 선분, 직선, 도형의 모서리의 색상을, SECTION 03에서는 화면에 그려진 모든 함수들의 색상을 일괄적으로 변경하는 방법에 대해 설명합니다.

하나하나 클릭하면서 바꾸는 것이 번거로우셨던 분들께는 좋은 정보가 될 것이라 생각합니다.

SECTION 04에서는 글상자의 속성 중 [선 없음]으로 글상자를 선택하고 편집하는데 어려움을 겪는 경우에 대한 해결책을 제시합니다. [선 없음]의 속성을 갖는 글상자가 빨간색 점선으로 나타나 편집 시 더욱 용이하게 됩니다.

SECTION 05에서는 EBS Math에 등재되어 있는 벤다이어그램 그리기 어플을 이용하여 벤다이어그램을 디자인하는 방법에 대해 설명합니다. AlgeoMath 도형으로 할 수는 없지만, 알아두면 편리한 기능들에 대해 설명하였습니다.

SECTION 06, 07에서는 공학적 도구를 이용하지 않고 순수 한글프로그램만을 이용하여 작성할 수 있는 문항 그래픽을 설명하였습니다. 많은 선생님께서 그리기 다소 부담스러워 하는 그래픽 중 SECTION 06에서는 히스토그램을, SECTION 07에서는 함수의 대응표를 그리는 방법을 자세히 설명하였습니다.

마지막 **SECTION 08**에서는 교육과정에 제시된 다양한 수식에 대한 입력과 설명을 담았습니다. 시험문제를 출제하거나 문서를 작성할 때 도움이 될 것이라 생각합니다.

SECTION 01 점의 크기를 일괄적으로 조정하기

선생님들께서 앞의 대상숨기기(👁, 단축키 *H*) 기능을 활용하여 문항을 제작한 이후, 수정을 위해 대수 창에서 점을 찾는 매우 번거로운 경험을 하셨을 수도 있습니다. 만일, 마지막 편집프로그램으로 넘기기 전에 점의 크기를 작게 만들고, 수정이 필요한 경우 점의 크기를 조절하여 수정할 점을 쉽게 찾을 수 있다면 편집이 조금 더 편리하지 않을까요? 이번 SECTION에서는 점의 크기를 일괄적으로 조정하는 방법에 대해 설명하고자 합니다.

❶ 화면 우측 위의 환경설정(환경설정 ⚙) 아이콘을 클릭합니다.

❷ 도형 아이콘을 클릭할 때 나오는 ■ 점 설정에서 점의 크기를 조절합니다.
(화면 좌측은 기본 4pt로 되어 있는 모습이며, 우측은 0pt로 변경한 모습입니다.)

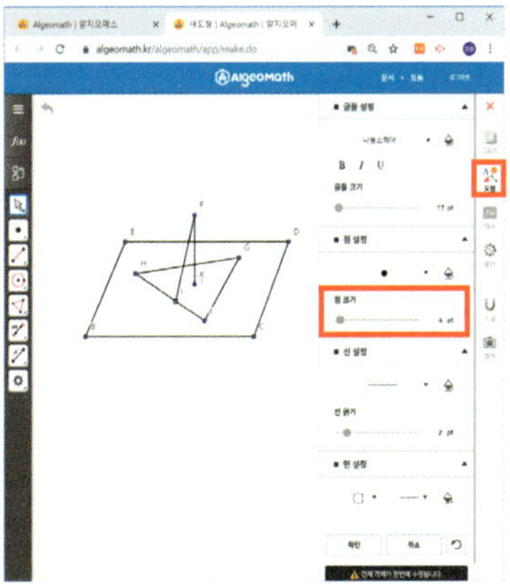

[그림 5-1] 점 크기 변경 전 (4pt)

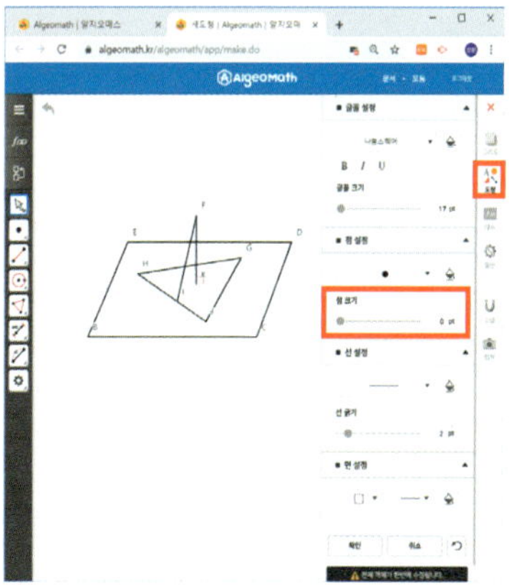

[그림 5-2] 점 크기 변경 후 (0pt)

이 방법을 응용하여 문항 그래픽 디자인에 적용하면, 수정사항이 생겨 해당되는 점을 번거롭게 찾는 일에서 자유로워질 수 있을 것입니다.

SECTION 02 선분, 직선, 도형의 모서리를 한 번에 검은색으로 바꾸기

문항 그래픽을 디자인할 때 선분, 직선, 도형의 모서리를 하나하나 클릭하면서 검은색으로 바꾸는 작업 역시 다소 번거로운 작업입니다. 이번 SECTION에서는 이러한 번거로움을 줄여줄 수 있는 AlgeoMath 도형의 한 기능에 대해 설명하고자 합니다.

❶ 화면 우측 위의 환경설정(환경설정) 아이콘을 클릭합니다.

❷ 도형 아이콘을 클릭할 때 나오는 ■ 선 설정에서 선의 색을 변경할 수 있는 아이콘( )을 클릭합니다.

❸ 검은색을 클릭하면 대상들의 색이 한 번에 바뀌게 됨을 확인할 수 있습니다.

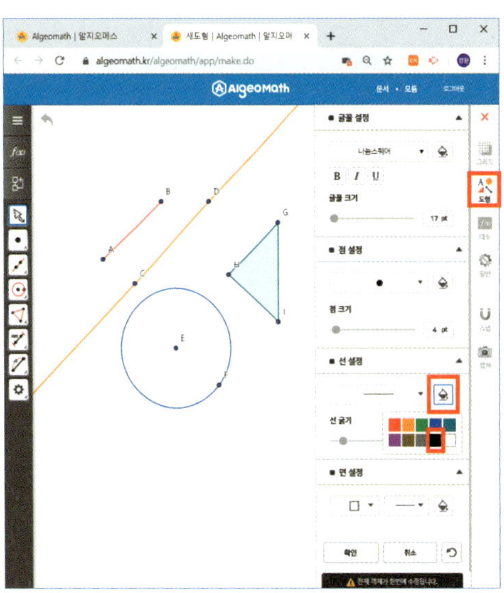

[그림 5-3] 도형의 선 스타일 변경 전

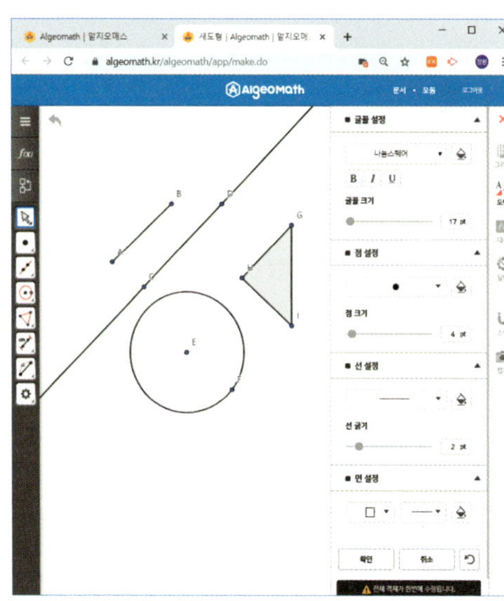

[그림 5-4] 도형의 선 스타일 변경 후

SECTION 03 그려진 그래프의 색을 한 번에 검은색으로 바꾸기

SECTION 02와 비슷하게 이번에는 그려진 그래프들의 색을 한 번에 검은색으로 바꾸는 기능에 대해 설명하고자 합니다.

❶ 화면 우측 위의 환경설정(환경설정) 아이콘을 클릭합니다.
❷ 대수 아이콘을 클릭할 때 나오는 ■ 선 설정에서 선의 색을 변경할 수 있는 아이콘( )을 클릭합니다.
❸ 검은색을 클릭하면 대상들의 색이 한 번에 바뀌는 것을 확인할 수 있습니다.

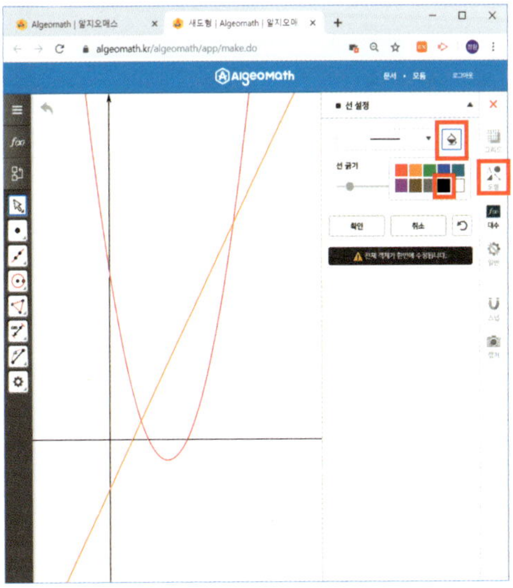

[그림 5-5] 그래프의 선 스타일 변경 전

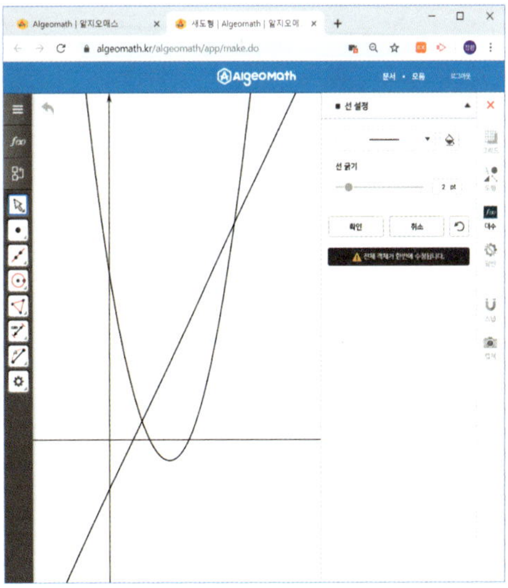

[그림 5-6] 그래프의 선 스타일 변경 전

SECTION 04 글상자를 클릭하기 어려운 경우

많은 예제들을 실습하실 때, 글상자 개체 속성이 [선 없음]으로 설정하게 되다보니 선이 보이지 않아 편집에 어려움을 겪는 경우가 종종 있습니다. 여러 개의 개체를 선택할 때나 개체들에 여러 개 포개져 위치하는 경우 어려움이 더욱 커지게 됩니다.

이 경우!

[보기] - [표시/숨기기] - [투명 선]을 선택하거나
[보기]를 클릭하면 나오는 [기본 도구 상자]에서 [투명 선]을 클릭합니다.

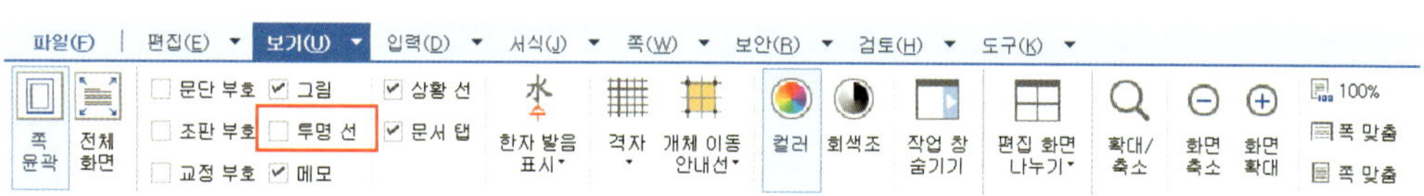

'선 없음'으로 선택한 곳이 **빨간색 점선**으로 표현되어 개체를 더 편히 수정할 수 있습니다.

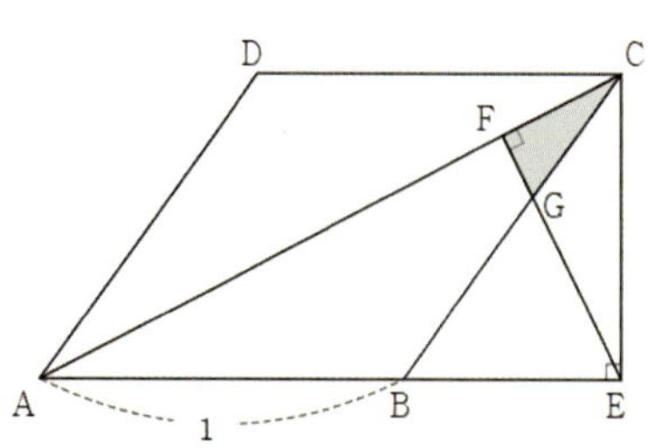

[투명 선]을 선택하기 이전

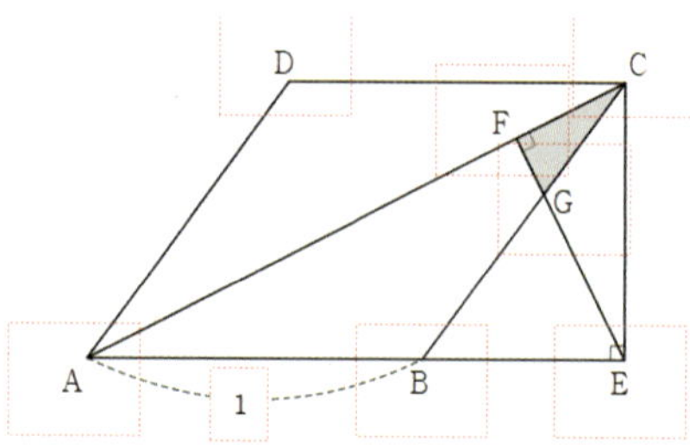

[투명 선]을 선택한 이후

SECTION 05 벤다이어그램을 이용한 문항 출제하기

[집합] 단원을 학생들과 함께 공부할 때 각종 평가에서 벤다이어그램을 그리는 것은 매우 어려운 작업입니다. EBS Math에 공개되어 있는 [벤다이어그램 그리기] 앱은 선생님들의 어려움을 덜어주는 매우 좋은 도구 역할을 수행할 수 있어 잠시 소개하고자 합니다.

01 http://www.ebsmath.co.kr/에 접속합니다.

02 [고교수학] → [집합과 명제] → [집합]을 클릭합니다.

03 [벤다이어그램 그리기]라는 프로그램을 클릭합니다.

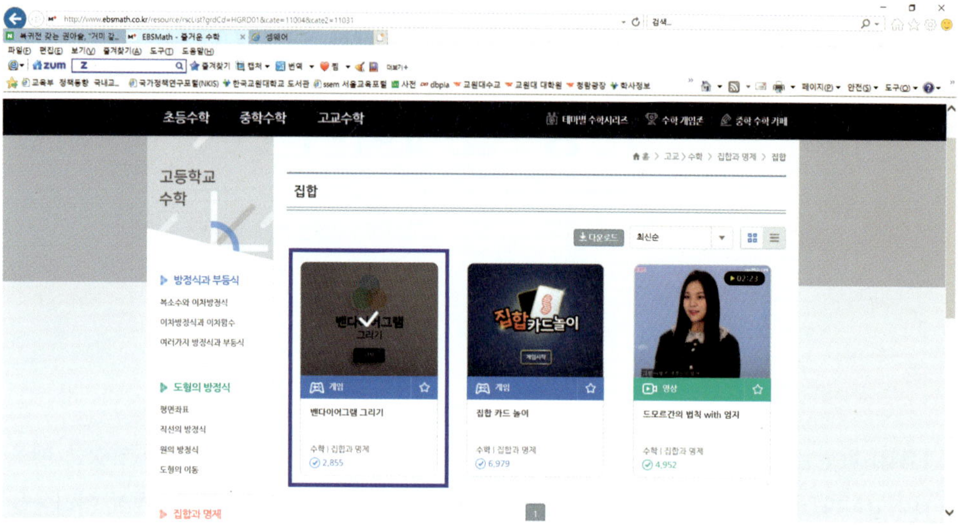

04 [시작] 버튼을 클릭합니다.

05 집합의 개수(1개, 2개, 3개)에 따라 그릴 수 있는 벤다이어그램이 정리되어 있습니다. 사용을 원하는 벤다이어그램을 선택하면 됩니다.

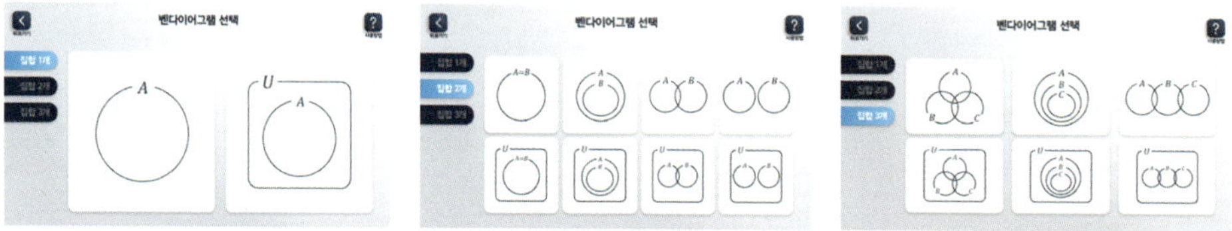

06 벤다이어그램을 구성하는 화면입니다.

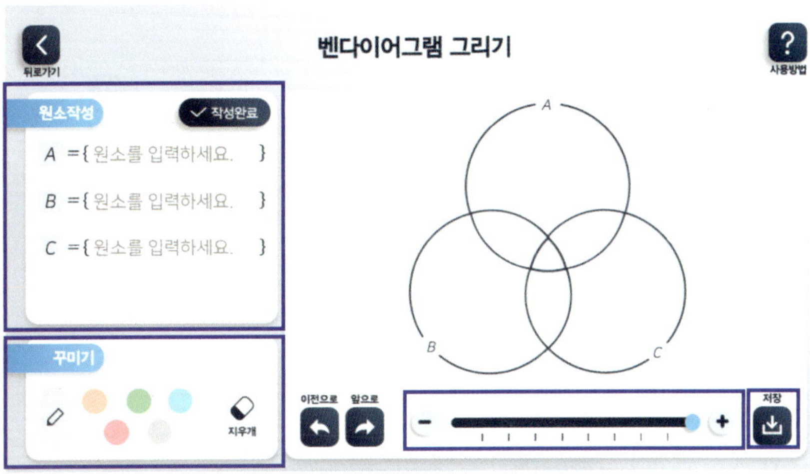

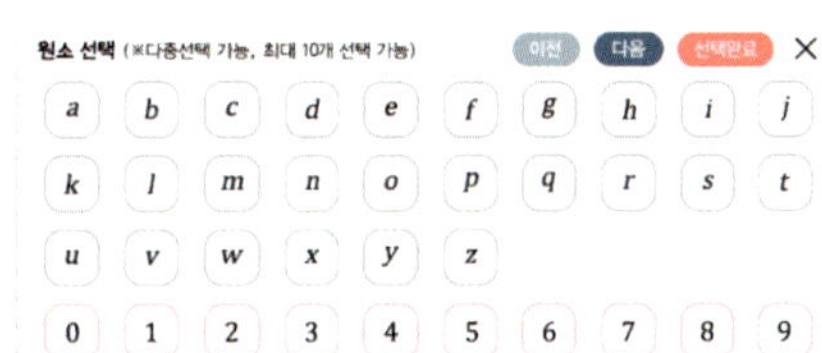

❶ [원소작성]에 있는 '원소를 입력하세요'라는 문구를 클릭하면 원소를 입력할 수 있는 키보드가 생성됩니다. 한 원소를 입력하고 다른 원소를 입력할 때에는 [다음] 버튼을, 모든 원소를 입력했을 경우에는 [선택완료] 버튼을 클릭합니다.

> 예) {1, 2, 34} 입력 시
>
> 1 → 다음 → 2 → 다음 → 3 → 4 → 선택완료 → ✓ 작성완료

한 가지 더 설명하면, 집합의 이름을 변경할 경우 '음영 처리된 집합 이름'을 클릭하면 변경할 수 있습니다.

❷ [꾸미기] 탭에서 색상을 선택하고 원하는 위치를 클릭하면 음영 처리된 벤다이어그램을 구성할 수 있습니다.

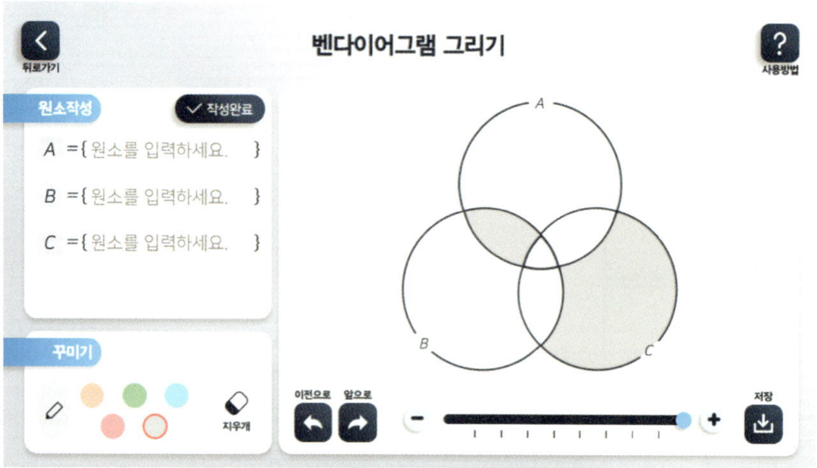

❸ [크기조절] 탭을 이용하여 벤다이어그램의 크기를 조절할 수 있습니다.

❹ [저장] 버튼을 이용하여 그림파일로 저장할 수 있습니다.

07 저장된 그림파일을 한글로 이동시켜서 [글상자]와 [수식]으로 편집하면 아래와 같이 다양한 벤다이어그램을 생성할 수 있습니다.

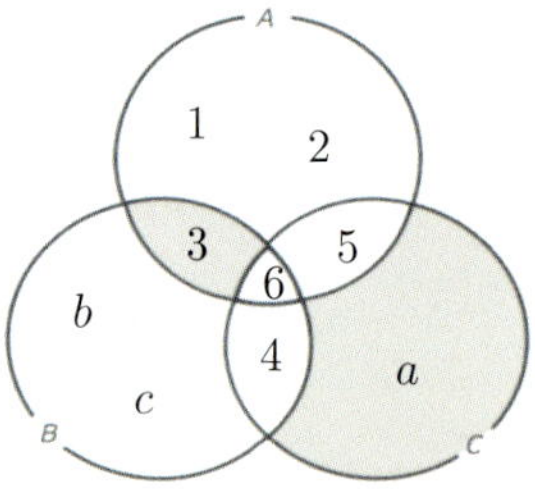

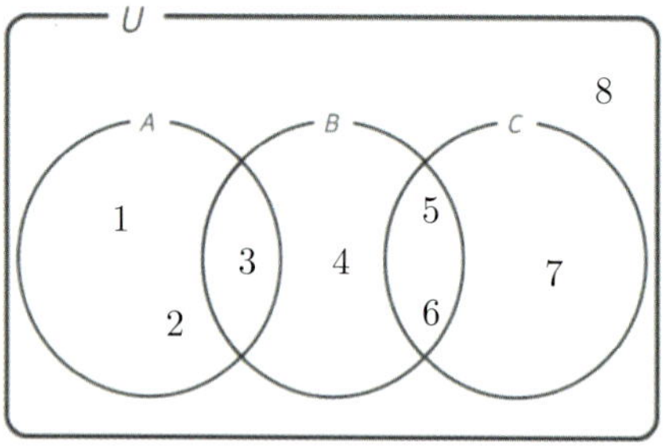

SECTION 06 히스토그램 그래픽하기

시험문제에 제시하는 히스토그램은 한글프로그램만으로도 만들 수 있습니다. 그림은 [2018년 국가수준 학업성취도평가 중3 8번 문항]입니다.

8. 다음은 어느 학급의 모든 학생을 대상으로 한 달 동안의 도서관 방문 횟수를 조사하여 나타낸 히스토그램이다. 이에 대한 설명으로 옳은 것은?

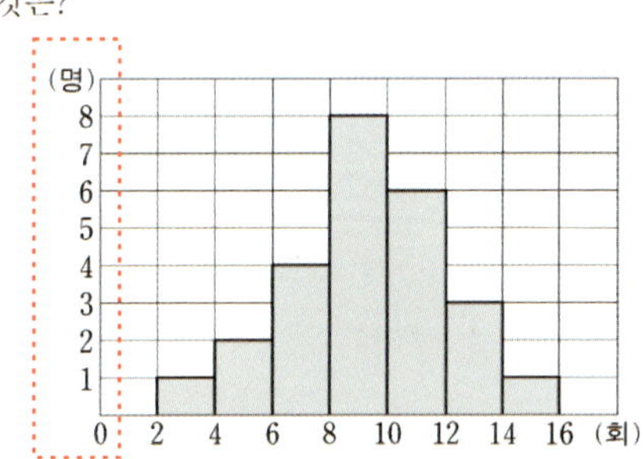

① 이 학급의 학생은 모두 30명이다.
② 도서관을 10회 이상 방문한 학생은 10명이다.
③ 14회 이상 16회 미만인 계급의 도수가 가장 크다.
④ 도서관을 6회 방문한 학생이 속한 계급의 도수는 2이다.
⑤ 도서관을 8회 이상 12회 미만 방문한 학생은 전체 학생의 50%이다.

이 문항을 디자인할 때, 명수를 표현한 왼쪽 열과 횟수를 표현한 가장 아랫줄을 표현하는데 다소 어려운 부분이 있습니다. 하지만 앞서 설명한 [글상자]를 이용하면 이 문항을 손쉽게 작성할 수 있습니다. 아래 단계별로 설명하였습니다.

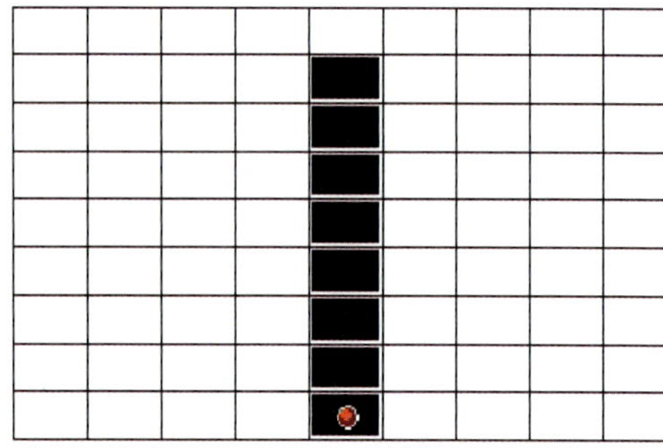

❶ 한글에서 표 만들기($ctrl+n+t$)를 통해 9줄, 9칸의 표를 생성합니다.

❷ 도수를 표현할 영역을 선택합니다. 셀 합치기(단축키 M)를 실행합니다.

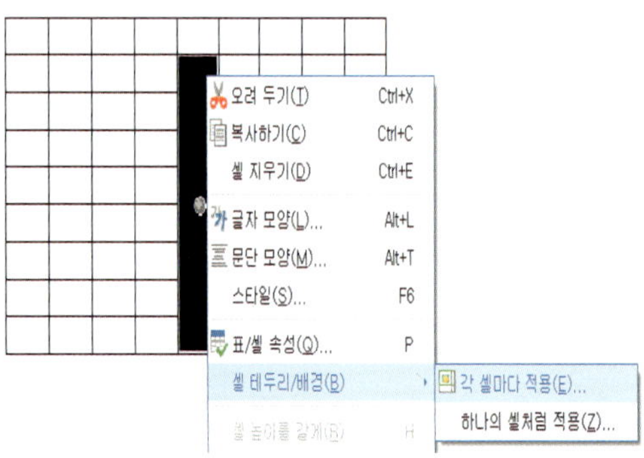

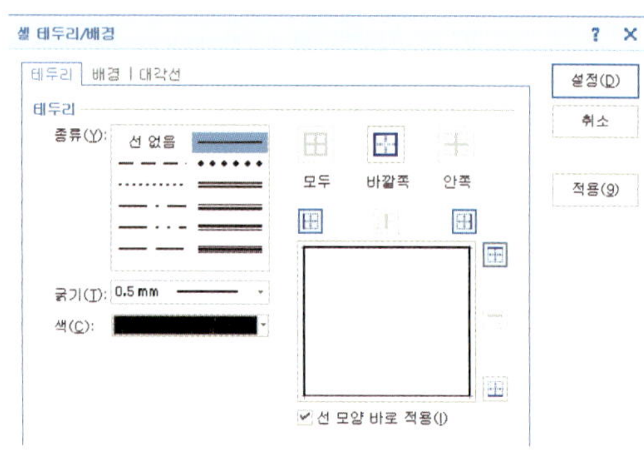

❸ 합쳐진 셀을 선택하고 마우스 오른쪽 버튼을 클릭합니다.
[셀 테두리/배경] → [각 셀마다 적용]을 클릭합니다.

❹ [셀 테두리/배경]에서 굵기를 0.5 좌측, 우측, 위쪽을 차례로 선택합니다.

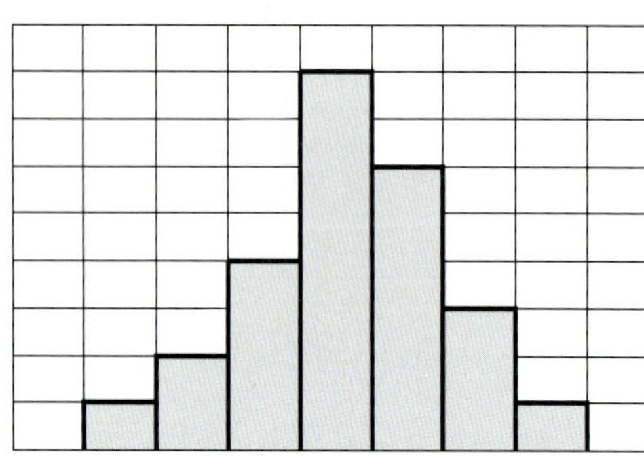

❺ [배경]을 클릭합니다. 채우기 색을 회색으로 변경하고 설정을 클릭합니다.

❻ 나머지 영역도 앞의 단계를 반복하여 원하는 서식으로 변경합니다.

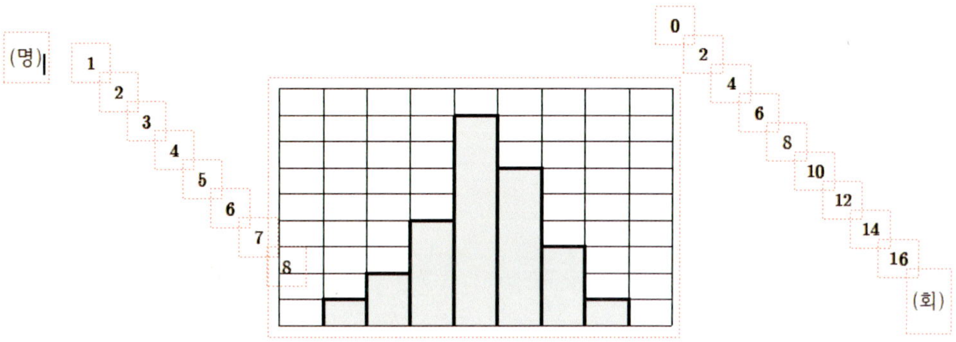

❼ 중요! 글상자를 하나 생성하고, ⑥에서 완성된 표를 글상자 속에 넣어줍니다. 이후, 왼쪽 열과 아랫줄에 들어갈 수 및 글자를 글상자를 이용하여 생성합니다.

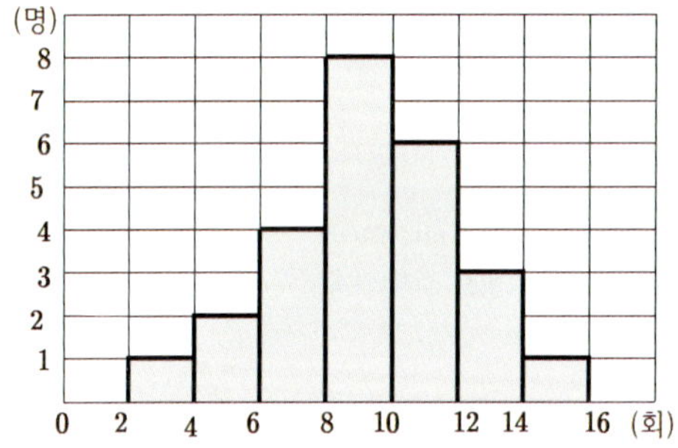

❽ 각각의 글상자를 위치에 맞게 배치합니다.

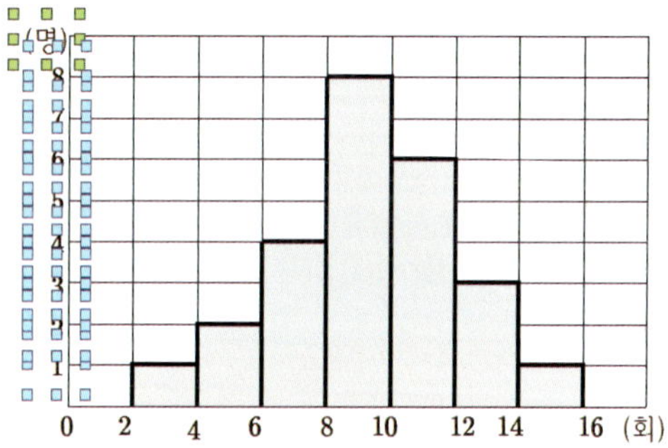

❾ 왼쪽열의 글상자들을 선택하고 [맞춤] → [오른쪽 맞춤], [맞춤] → [세로 간격을 동일하게]를 선택합니다. 그 이후 원하는 위치에 맞게 미세조정을 실시합니다.

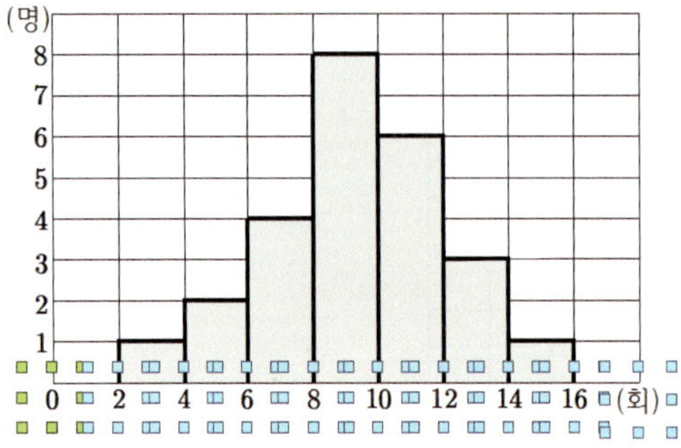

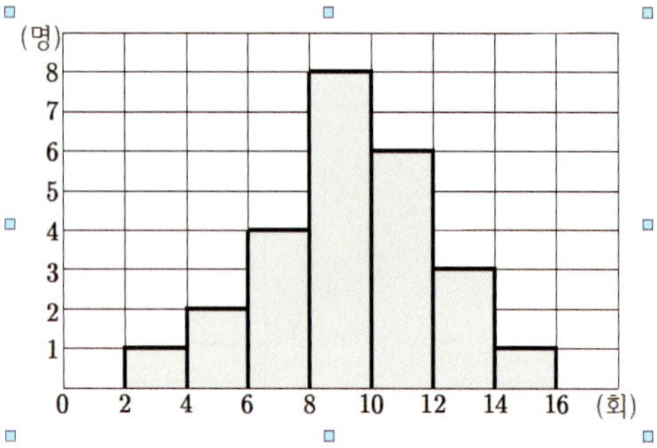

⑩ 비슷한 방식으로 아랫줄의 글상자들을 선택하고 [맞춤] → [위쪽 맞춤], [맞춤] → [가로 간격을 동일하게]를 선택합니다. 그 이후 원하는 위치에 맞게 미세조정을 실시합니다.

⑪ 모든 객체를 선택하고 [그룹 묶기(단축키 G)]를 실행합니다. 하나의 그래픽이 완성됩니다.

선생님들께 드리는 작은 Tip

⑦단계를 거치지 않고 표를 그 자체로 둘 경우 ⑫단계에서 실행할 **[그룹 묶기]**에서 표가 하나의 객체로 만들어지지 않는 현상이 발생하게 됩니다. ⑦단계는 이러한 현상을 방지하기 위한 조치입니다.

SECTION 07 함수의 대응을 표현한 그림 그래픽하기

고등학교에서는 함수를 집합과 집합 사이의 대응의 관점으로 제시하는 것을 볼 수 있습니다. 특히 일대일 함수, 일대일 대응 함수 등을 표현하기 위해 화살표를 사용한 대응표를 문항에 제시한 사례를 볼 수 있습니다. 대표적인 사례는 [2017학년도 9월 모의평가 나형 5번] 문항을 들 수 있습니다.

2019학년도 수능 나형, 홀수 16번 문항

5. 그림은 두 함수 $f: X \to Y$, $g: Y \to Z$를 나타낸 것이다.

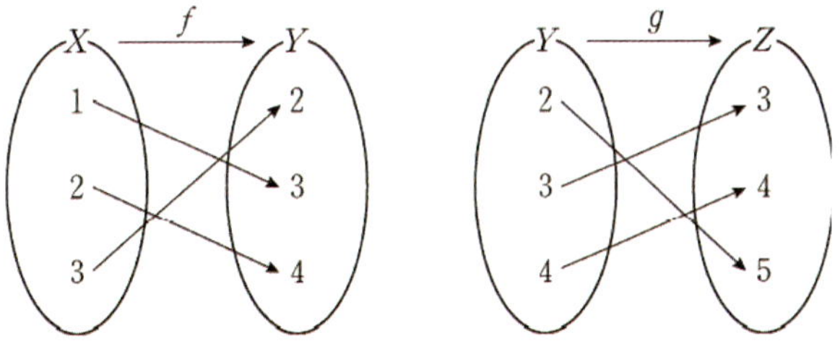

$(g \circ f)(3)$의 값은? [3점]

① 1　② 2　③ 3　④ 4　⑤ 5

위 그림은 AlgeoMath를 사용하여 그리는 것이 아니라, 한글프로그램의 기능만으로 그릴 수 있습니다. 아래 단계별로 자세히 설명해 놓았습니다.

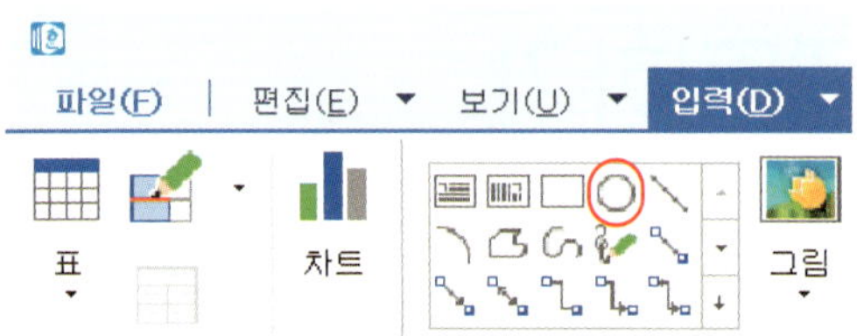

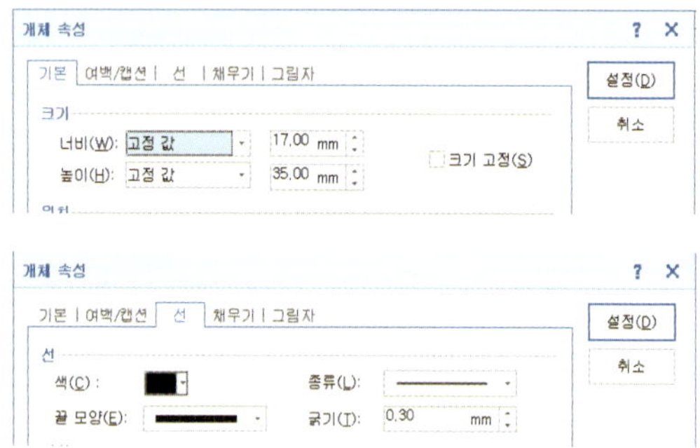

❶ [입력] → 그리기 도구 [타원]을 선택하고 임의의 크기로 그려줍니다.

❷ [기본] 탭에 너비는 17, 높이는 35로 [선] 탭에서 굵기 0.3으로 변경합니다.

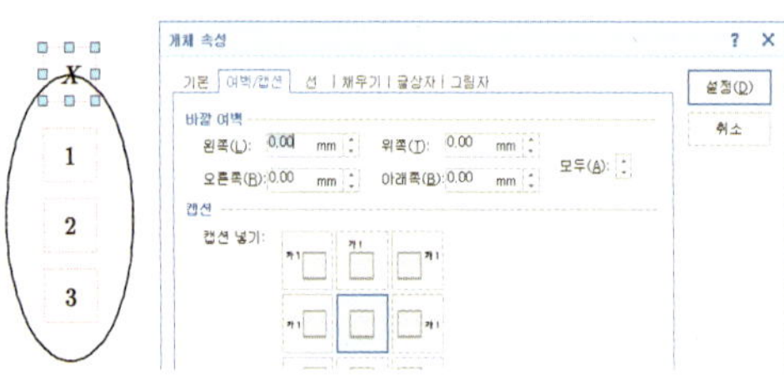

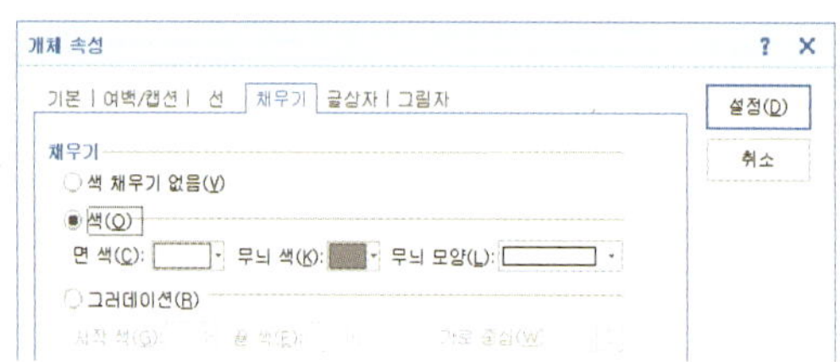

❸ [글상자]를 생성하고 타원안에 글상자를 배치합니다.

❹ 중요! X가 속한 글상자 수정

글상자를 클릭한 후 오른쪽 버튼을 누르면 나오는 [개체속성]을 클릭합니다.

- [여백/캡션] 탭 - [바깥여백]을 모두 0으로 만들어줍니다.
- [채우기] 탭 - 흰색으로 채워줍니다.
- X가 속한 글상자의 크기를 최소화합니다.

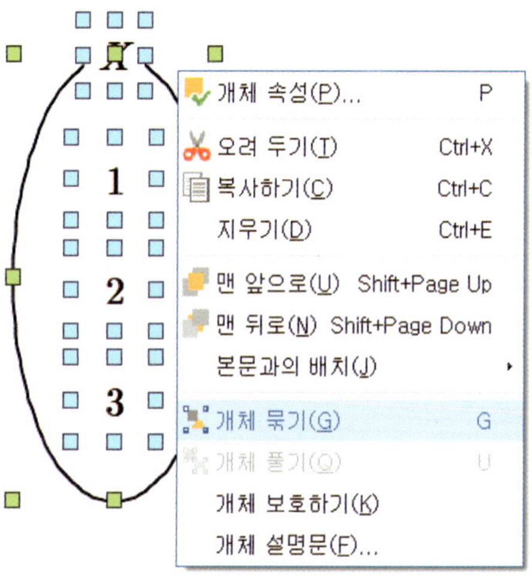

❺ 모든 객체를 선택하고 [개체 묶기(G)]를 실행합니다.

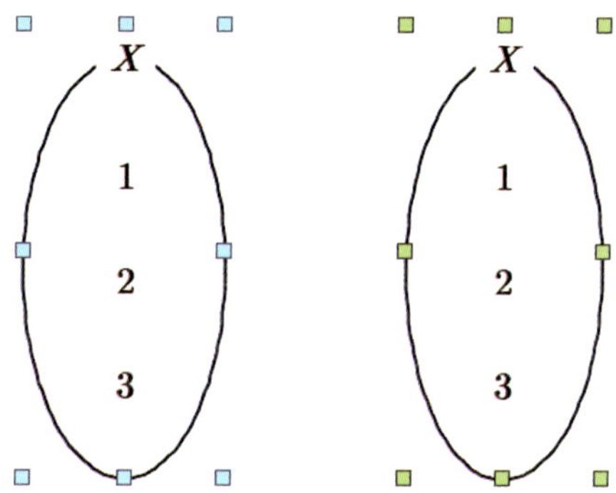

❻ 생성된 개체를 복사하여 하나 더 생성합니다.

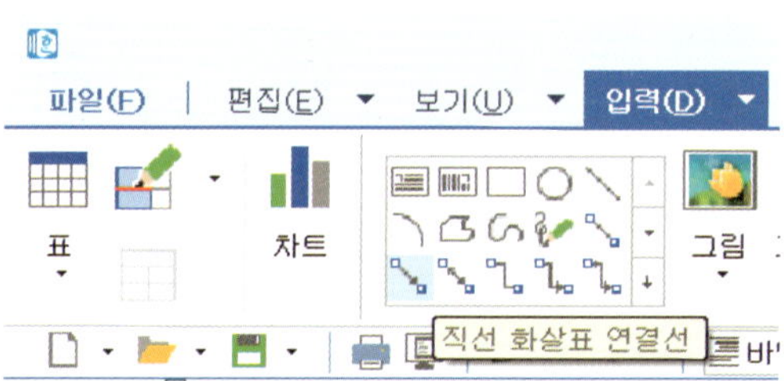

❼ [입력] → 그리기 도구 [직선 화살표 연결선]을 선택하고 화살표를 그립니다

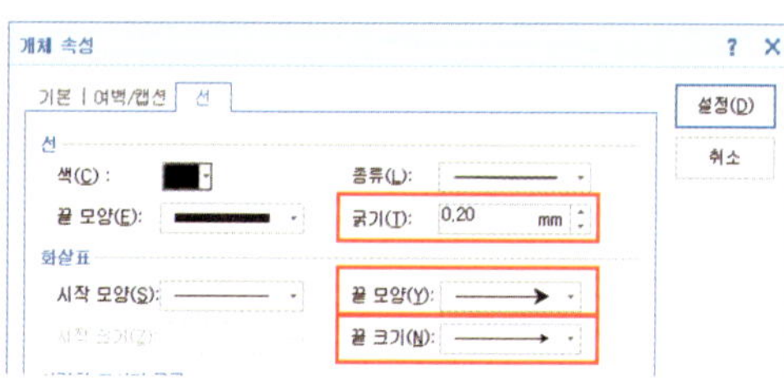

❽ 화살표의 속성을 변경합니다.

- 굵기 : 0.2mm
- 끝 모양 : 날카로운 화살표(네번째)
- 끝 크기 : 작은 폭 작은 높이(첫번째)

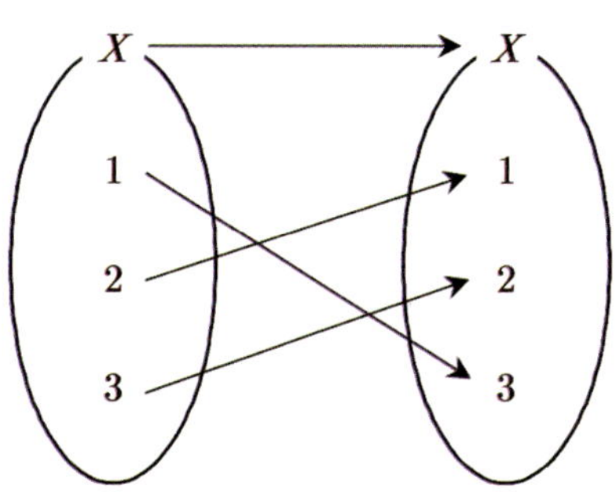

❾ 화살표를 그림과 같이 배치합니다.

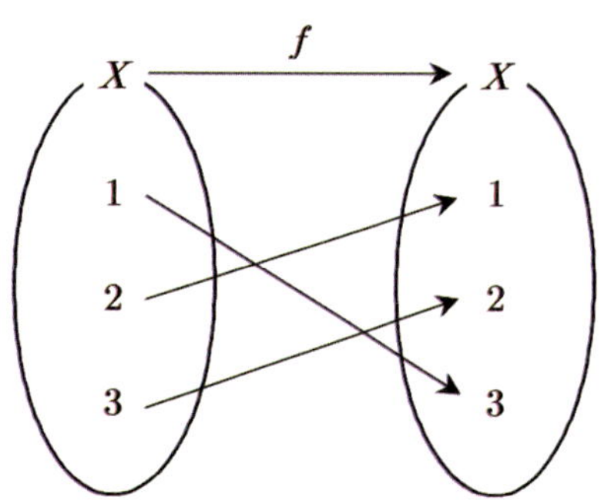

❿ f가 포함된 글상자를 생성합니다.

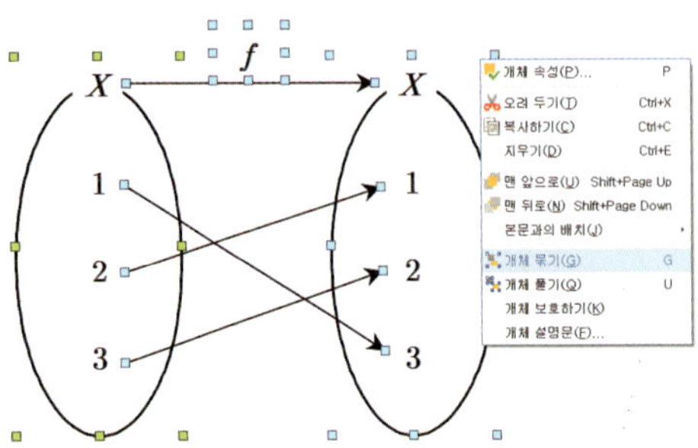

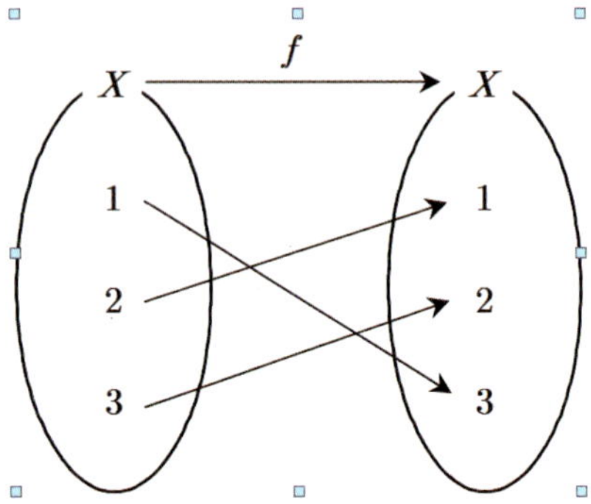

⓫ 모든 객체들을 선택하고 [개체 묶기(G)]를 실행합니다.

⓬ 대응을 표현한 하나의 그래픽이 완성됩니다.

SECTION 08 2015 개정 교육과정 속 한글 수식 편집

01 일반적인 내용들

❶ 수식입력에서 빼침표시 ` (키보드 1의 왼쪽에 있는 버튼)은 한 칸을 띄우는 역할을 합니다.

❷ 여러 가지 규칙들이 있기는 하지만, 출력된 시험지에서 가독성이 높도록 작성하는 것이 상위 규칙입니다.

❸ 각종 수식의 표현이 혼란스러울 때는 교육부고시 제2015-74호 [별책 8] 수학과 교육과정과 최근 실시된 수능 및 모의평가 문제지, 교과서를 참고하여 방향을 잡는 것이 좋습니다.

02 2015 개정 교육과정 [수학]

영역	핵심 개념	수식	수식 설명
문자와 식	다항식	i	i
	방정식과 부등식	$a+bi$	a + bi
		$\overline{a+bi}$	{bar{a+bi}}
기하	도형의 방정식	$f(x,\ y)=0$	f(x,``y)=0 [Tip 1]
수와 연산	집합과 명제 [Tip 2]	$a \in A$	a``IN``A
		$b \notin B$	b``NOTIN``B
		$\varnothing$	EMPTYSET
		$A\ SUBSET\ B$	A``SUBSET``B
		$A\ \$UBSET\ B$	A``NOTSUBSET``B
		$A = B$	A``=``B
		$A \cup B$	A`` SMALLUNION``B
		$A \cap B$	A`` SMALLINTER ``B
		U	U

영역	핵심 개념	수식	수식 설명
수와 연산	집합과 명제 [Tip 3]	A^C	A^C
		$A-B$	A-B
		$n(A)$	n(A)
		$\sim p$	sim p
		$p \rightarrow q$	p`` -> ``q p`` rarrow ``q (소문자)
		$p \Rightarrow q$	p`` RARROW``q (대문자)
		$p \leftarrow q$	p``larrow``q
		$p \Leftarrow q$	p``LARROW``q
		$p \Leftrightarrow q$	p``LRARROW``q
함수	함수와 그래프	$f:X \rightarrow Y$	f:X``->``Y
		$g \circ f$	g` CIRC`f
		$(g \circ f)(x)$	(g` CIRC `f)(x)
		$y=g(f(x))$	y=g(f(x))
		f^{-1}	f^-1
		$y=f^{-1}(x)$	y=f^-1 (x)
확률과 통계	경우의 수	${}_n\mathrm{P}_r$	{}_n {rmP}_{r}
		$n!$	n!
		${}_n\mathrm{C}_r$	{}_n {rmC}_{r}

선생님들께 드리는 작은 Tip

1. 일반적으로 수식에서 빈칸은 `(‘1’키 좌측)을 이용해줍니다.
2. 일반적으로 집합은 기울임(이탤릭)체로 씁니다.
3. 순열, 조합에서 사용되는 기호 P, C는 로마자(rm)로, 기타 n, r은 기울임(이탤릭: it)체로 씁니다.

03 2015 개정 교육과정 [수학 Ⅰ]

영역	핵심 개념	수식	수식 설명
해석	지수함수와 로그함수	$\sqrt[n]{a}$	root {n} of {a} [Tip 1]
		$\log_a N$	log_a [Tab] N [Tip 2] log_a{N}
		$\log N$ [Tip 3]	logN
	삼각함수	$\sin x$	sinx
		$\cos x$	cosx
		$\tan x$	tanx
대수	수열	a_n	a_n
		$\{a_n\}$	left{ a_n right}
		$\sum_{k=1}^{n} a_k$	sum _{k=1} ^{n} a _{k} [Tip 4]

선생님들께 드리는 작은 Tip

1. '수식 창'에 들어간 후 $ctrl+r$을 누르면 sqrt { } 형태가 나타납니다.
2. log_a까지 입력 후 [Tab]를 입력한 후에 N을 입력해도 됩니다.
3. log, sin, cos, tan를 입력하면 '로마자'로 자동적으로 변환됩니다.
4. '수식 창'에 들어간 후 $ctrl+s$를 누르면 sum _{ } ·{ } 형태가 나타납니다.

04 2015 개정 교육과정 [수학II]

영역	핵심 개념	수식	수식 설명
해석	함수의 극한과 연속	$[a,b]$, (a,b), $[a,b)$, $(a,b]$	[a,b], (a,b), [a,b), (a,b]
		$\lim_{x \to a} f(x)$	lim_{x->a} {f(x)} [Tip 1]
		$\lim_{x \to a-} f(x)$	lim_{x->a-} {f(x)}
		$\lim_{x \to a+} f(x)$	lim_{x->a+} {f(x)}
	미분	Δx, Δy	DELTAx, DELTAy [Tip 2]
		$f'(x)$, y'	f"(x), y" [Tip 3]
		$\frac{dy}{dx}$	{dy} over {dx} [Tip 4]
		$\frac{d}{dy} f(x)$	{d} over {dy}f(x)
	적분	$\int f(x)dx$	int _{ } ^{ } {f(x)}dx [Tip 5]
		$\int_a^b f(x)$	int _{a} ^{b} {f(x) }
		$[F(x)]_a^b$	[F(x)]_a^b

선생님들께 드리는 작은 Tip

1. '수식 창'에 들어간 후 $ctrl+l$을 누르면 lim _{ } { } 형태가 나타납니다.
2. Δ(DELTA) 입력 시 '대문자'로 입력해야 합니다.
3. $f'(x)$, y' 및 입력 시 `을 사이에 넣어주면 띄어쓰기 효과를 낼 수 있습니다.
4. '수식 창'에 들어간 후 $ctrl+o$를 누르면 { } over { } 형태가 나타납니다.
5. '수식 창'에 들어간 후 $ctrl+i$를 누르면 int _{ } ·{ } { } 형태가 나타납니다.

05 2015 개정 교육과정 [미적분]

영역	핵심 개념	수식	수식 설명
해석	수열의 극한	$\lim_{n \to \infty} a_n$	lim _{n->inf} {a_n} [Tip 1]
		$\sum_{n=1}^{\infty} a_n$	sum _{n=1} ^{inf }a_n [Tip 2]
	미분법	e, e^x	e, e^x
		$\ln x$, $\sec x$, $\csc x$, $\cot x$	lnx, secx, cscx, cotx [Tip 3]
		$f''(x)$, y''	f"(x), y"
		$\frac{d^2 y}{dx^2}$	{d^2 y} over {dx^2} [Tip 4]
		$\frac{d^2}{dx^2} f(x)$	{d^2} over {dx^2}f(x)

선생님들께 드리는 작은 Tip

1. '수식 창'에 들어간 후 *ctrl*+'*l*'을 누르면 ' lim _{ } { } ' 형태가 나타납니다.
2. '수식 창'에 들어간 후 *ctrl*+'*s*'를 누르면 ' sum _{ } ·{ } ' 형태가 나타납니다.
3. ln, sec, csc, cot는 '수식 창'에서 입력하면 '로마자'로 자동 변경됩니다.
4. '수식 창'에 들어간 후 *ctrl*+'*o*'를 누르면 ' { } over { } ' 형태가 나타납니다.

06 2015개정 교육과정 [확률과 통계]

<table>
<tr><th>영역</th><th>핵심 개념</th><th>수식</th><th>수식 설명</th></tr>
<tr><td rowspan="13">확률과
통계</td><td rowspan="2">경우의 수</td><td>$_{n}\Pi_{r}$</td><td>{}_n SMALLPROD_r</td></tr>
<tr><td>$_{n}\mathrm{H}_{\mathrm{r}}$</td><td>{}_n {rmH}_r [Tip 1]</td></tr>
<tr><td rowspan="2">확률
[Tip 2]</td><td>$\mathrm{P}(A)$</td><td>{rmP}(A)</td></tr>
<tr><td>$\mathrm{P}(B|A)$</td><td>{rmP}(B`|`A)</td></tr>
<tr><td rowspan="9">통계</td><td>$\mathrm{P}(X=x)$</td><td>{rmP}(X=x)</td></tr>
<tr><td>$\mathrm{E}(X),\ \mathrm{V}(X)$</td><td>{rmE}(X),`{rmV}(X)</td></tr>
<tr><td>$\sigma(X)$</td><td>sigma(X)</td></tr>
<tr><td>$\mathrm{B}(n, p)$</td><td>{rmB}(n,`p)</td></tr>
<tr><td>$\mathrm{N}(m, \sigma^2)$</td><td>{rmN}(m,`sigma^2`)</td></tr>
<tr><td>$\mathrm{N}(0, 1)$</td><td>{rmN}(0,`1)</td></tr>
<tr><td>$\overline{X}$</td><td>BARX</td></tr>
<tr><td>$S^2,\ S$</td><td>S^2 ,`S</td></tr>
</table>

선생님들께 드리는 작은 Tip

1. 'rm'을 넣지 않을 경우, 로마자가 아닌 이탤릭체가 되니 주의하세요.
2. [중요] 확률의 P는 기울임이 없는 '로마자'이고, 사건을 나타내는 A, B 등은 기울임이 있는 '이탤릭체'입니다.

07 2015개정 교육과정 [기하]

영역	핵심 개념	수식	수식 설명
기하	평면벡터	$\overrightarrow{\mathrm{AB}}$	vec {rmAB} [Tip 1, 2]
		$\vec{a}$	vec {a}
		$\lvert\vec{a}\rvert$	| vec {a} |
		$\vec{a} \cdot \vec{b}$	vec { a}``·``vec { b} [Tip 3]
	공간도형과 공간좌표	$\mathrm{P}(x, y, z)$	{rmP}(x,``y,``z)

선생님들께 드리는 작은 Tip

1. 점 A,B는 기울임이 없는 '로마자' 표현으로 해주세요.
2. '수식 창'에 들어간 후 $ctrl+d$를 누르면 vec { } 형태가 나타납니다.
3. 내적 '·' 표시는 수식 창에서 cdot을 입력하면 됩니다.

책을 마무리하며

2016년부터 많은 선생님들과 함께 교사연구단으로 활동하는 시간들은 AlgeoMath에 대해 깊게 이해할 수 있는 기회였습니다. 이 책을 구성하고 집필하는 과정 동안 선생님들께 도움이 되었으면 좋겠다는 마음을 가지고 한 Chapter씩 작성하였습니다.

아직은 고등학교 과정 속에서 AlgeoMath가 구현하는 기능이 다양하거나 고도화되어 있지 않은 것은 사실입니다. 오히려 기존의 공학적 도구의 기능들이 더 고도화되었기 때문에 수업자료를 제작하고 사용하기에는 아직 많은 발전이 필요하다고 생각합니다.

하지만 문항 디자인에 관련된 기능만큼은 다른 프로그램과 비교했을 때 매우 뛰어난 장점들이 매우 많다고 개인적으로 판단하기에 이 책을 출간하게 되었습니다.

AlgeoMath가 시험문항 디자인에 특화된 장점들은 크게 아래와 같습니다.

1. 편리한 인터페이스

점, 선분, 도형, 그래프를 클릭하면 각각의 [속성] 탭이 열리고, 굵기, 색 등을 비롯한 다양한 특징들을 원하는 대로 손쉽게 변경할 수 있는 기능들은 AlgeoMath의 큰 장점 중 하나라고 생각됩니다.

2. 편리한 단축키 기능

AlgeoMath는 자주 사용하는 기능들에 대해 [단축키] 기능을 지원합니다. 단축키를 사용하고 하나하나 문항을 디자인하다 보면 편리한 AlgeoMath의 기능에 감탄할 것입니다.

3. 캡처하기 기능

[캡처하기] 기능은 AlgeoMath의 가장 강력한 장점 중 하나라고 생각됩니다. 원하는 영역만을 조정하고 캡처할 수 있으며, 캡처된 부분을 수정하면 x축과 y축을 자동으로 인식하여 표현해주는 기능은 선생님들께 큰 도움을 드릴 수 있는 AlgeoMath의 기능 중 하나라고 생각됩니다.

4. 꾸미기 기능

각을 표현하고, 선분 길이가 같음을 표현해주고, 모서리와 변의 길이를 표현해주는 등의 [꾸미기 기능]은 선생님들께서 이용하면 이용할수록 감탄하실 수 있는 기능이라고 생각됩니다.

AlgeoMath가 선생님들을 배려하기 위해 만들어졌다는 기존의 철학을 기억해주셨으면 좋겠습니다.

기타 다양한 장점들이 있지만, 문항 디자인 시에 AlgeoMath가 갖는 장점들에 대해 위와 같이 설명하였습니다. 2019년 말, 대수 고도화가 진행되면 고등학교 과정에서 구현할 수 있는 많은 기능들이 생기고 수많은 교수 학습 자료가 나올 것이라 생각됩니다.

책을 마무리하면서 다음과 같은 말씀을 드리고자 합니다.

꼭 AlgeoMath가 아니어도 괜찮습니다.
선생님들께서 기존에 익숙하게 사용하신 공학적 도구가 있으시다면
그 프로그램을 사용해서도 원하시는 그래픽을 디자인하실 수 있습니다.
하지만 AlgeoMath는 그 어떤 공학적 도구보다 더 편리하고, 더 깔끔한 그래픽을 선생님들께 선물해 드릴 수 있을 것이라 감히 말씀드립니다.

그동안 시험문제를 출제하시면서 많은 고생을 하신 선생님들께 조금이나마 도움이 되길 바라는 마음을 담아 이 책을 마칩니다. 감사합니다.